ニコイチ化学
講義編

知識量を増やす参考書

代々木ゼミナール
西村淳矢

Niko-ichi Chemistry
makes learning easy
because it's a two-in-one
textbook and workbook

2 in 1
Chemistry

Gakken

はじめに

こんにちは。代々木ゼミナール化学講師の西村淳矢です。

「受験で化学が必要だけど，成績がなかなか上がらない」

「化学はどうやって勉強したらわからない」

毎年，化学を教えていると，このような声をよく耳にします。対策を始めたばかりの受験生であれば，不安に思うのも無理はありません。では，どうすれば化学の成績は上がるのでしょうか？

私は次の２つが重要だと考えます。

1 単元の内容を正確に理解し，知識を身につける。

2 計算問題の解法を押さえ，問題を解き定着させる。

いわば，**「理論と実践」**の両方が成績向上のカギとなるのです。

この本は，講義編と演習編の２冊構成になっており，**①単元の理解（講義編）と②解法の定着（演習編）**の両方をカバーしています。

「講義編」は，各単元の内容をくわしく，そしてわかりやすく解説している参考書です。予備校の授業を受ける感覚で読み進められるでしょう。また，覚えるべき重要語句を赤字で記し，特に重要な内容はPointにまとめているので，どこを覚えればいいか明確にしています。

計算問題は得意だけど，知識に不安がある人は，この「講義編」で身につけるべき知識を一通り復習してから，「演習編」に進むとよいです。もちろん，「演習編」と一緒にバランスよく進めるのもよいでしょう。

自分に合った使い方ができる『ニコイチ化学』。この一冊を仕上げるだけで，入試問題を解くための基礎力が確実に身につきます。この本を仕上げたあとは過去問演習などを行い，入試に向けてさらに得点力を向上させていきましょう！

『ニコイチ化学』がみなさんの受験勉強の最強の相棒となることを願ってやみません。みなさんの健闘を祈ります！

西村 淳矢

contents

第1章 化学基礎

第2章 理論化学

本書の使い方

本書はタイトルにもある通り，「講義編」という参考書と「演習編」という問題集が“ニコイチ”となっているものです。そのため，知識量と計算力が問われる化学の教科の特性に対して，最適な学習が可能です。また，２冊が分冊になっていることで，多様な学習方法が実現可能です。

1 交互に進める

講義編と演習編をバランスよく進めていくのは，効果的な進め方の一つです。

2 苦手分野から進める

知識問題と計算問題で，自分が苦手だと思っている方から進めていくのもおすすめです。

3 勉強場所によって変える

講義編は電車移動中に，演習編は家で取り組むなど，勉強する場所で変えるのもおすすめです。

講義編の使い方

講義編は，赤フィルター対応の誌面で知識の整理に最適です。この一冊を読むことで，入試化学で問われる基本的な知識を身につけることができます。

重要事項がまとめられており，くり返し読んで知識を定着できるようにできています。

☑ チェック問題

各テーマの最後には確認問題が入っています。入試問題で力試しができます。

第1章

化学基礎

テーマ 1

元素の周期表

① 元素記号とその名称を覚えよう！
② 周期表の特徴を理解しよう！
③ 周期表の元素の分類を覚えよう！

1 元素記号

化学では元素記号を使って物質を表現します。例えば，水は H_2O，二酸化炭素は CO_2 などです。中学校の理科でも勉強しましたね。

化学の基本である元素記号を覚えておかないと，化学の勉強を進めることができませんので，まずはゴロ合わせで**1～20 番までの元素記号と名前を覚えて**おきましょう。

Point 001 元素記号のゴロ合わせ

元素記号のゴロ合わせは次の通り。

水	兵	リー	ベ	ボ	ク	の		フ	ネ
H	He	Li	Be	B	C	N	O	F	Ne

七	曲が	る	シッ	プ	ス	クラ	ー	ク	か
Na	Mg	Al	Si	P	S	Cl	Ar	K	Ca

国公立大の二次試験や私大の試験を受ける人は，36番までの元素記号と名前を覚えておいた方がいいでしょう。**Point 001** の続きとなる19～36番元素のゴロ合わせを書いておきますね。がんばって，36番の元素まで暗記しておこう！

閣	下	スコッチ	バクロマン	テツコ	に	ドア	が
K	Ca	Sc Ti	V Cr Mn	Fe Co	Ni	Cu Zn	Ga

ゲ	アッ	セ	ブル	ク
Ge	As	Se	Br	Kr

2 元素の周期表

元素を**原子番号**(➡ p.17)順に表にまとめたものを，元素の**周期表**といいます。この原型をつくったのはロシアの科学者**メンデレーエフ**です。

周期表の縦の列を**族**，横の行を**周期**とよび，現在の周期表は全部で18族，第7周期まで元素が存在しています。**Point 002**にまとめてあるように，17族や18族など，特定のグループには特別な名前が付けられているので，それらは暗記しておきましょう。

元素の周期表

	1	2	3	4	5	6	7	8	9	10	11	12	13	14	15	16	17	18
1	H																	He
2	Li	Be											B	C	N	O	F	Ne
3	Na	Mg											Al	Si	P	S	Cl	Ar
4	K	Ca	Sc	Ti	V	Cr	Mn	Fe	Co	Ni	Cu	Zn	Ga	Ge	As	Se	Br	Kr
5	Rb	Sr	Y	Zr	Nb	Mo	Tc	Ru	Rh	Pd	Ag	Cd	In	Sn	Sb	Te	I	Xe
6	Cs	Ba	La ~Lu	Hf	Ta	W	Re	Os	Ir	Pt	Au	Hg	Tl	Pb	Bi	Po	At	Rn
7	Fr	Ra	Ac ~Lr	Rf	Db	Sg	Bh	Hs	Mt	Ds	Rg	Cn	Nh	Fl	Mc	Lv	Ts	Og

実は周期表に含まれる元素の単体の中で，常温・常圧で液体で存在するものが2つ，気体で存在するものが11存在するんだ。

常温で液体：Br_2(臭素)，Hg(水銀)

常温で気体：H_2，N_2，O_2，F_2，Cl_2

貴ガス(He，Ne，Ar，Kr，Xe，Rn)

周期表の**1,2,13〜18族**元素を**典型元素**といい，**縦に並んだ元素どうしの性質が似ている**という特徴があります。また，**3〜12族**までを**遷移元素**といい，縦よりも**横に並んだ元素の性質が似ている**という特徴がありますよ。この違いをわかりやすくまとめておきましょう！

Point 003 典型元素と遷移元素

名称	族	特徴
典型元素	**1,2,13〜18族** 元素	① 金属元素と非金属元素が約半分ずつ存在 ② **縦**に並んだ元素で性質がよく似ている ③ 価電子数(➡p.18)が決まっており，周期律(➡p. 22)がはっきりしている
遷移元素	**3〜12族** 元素	① すべて**金属元素** ② **横**に並んだ元素の性質がよく似ている ③ 価電子数が**1または2**と少なく，周期律がはっきりしない ④ **複数の酸化数**(➡p.59)をとるものが多い ⑤ **有色**のイオンや化合物が多く存在する

- **アルカリ金属**：1族の金属元素。単体は反応性が高く，1価の陽イオン(➡p.19)になりやすい。
- **アルカリ土類金属**：2族元素。2価の陽イオンになりやすい。
- **ハロゲン**：17族元素。1価の陰イオンになりやすい。単体は二原子分子で存在。
- **貴ガス**：18族元素。安定で反応性に乏しい。すべて単原子分子で存在。

一般に，非金属元素は**陰イオンになりやすい性質**をもっており，これを**陰性**といいます。

金属元素は**陽イオンになりやすい性質**をもっており，これを**陽性**といいます。その性質は貴ガスを除き，周期表の**右上**の元素ほど**陰性が強く**，**左下**の元素ほど**陽性が強く**なっています。

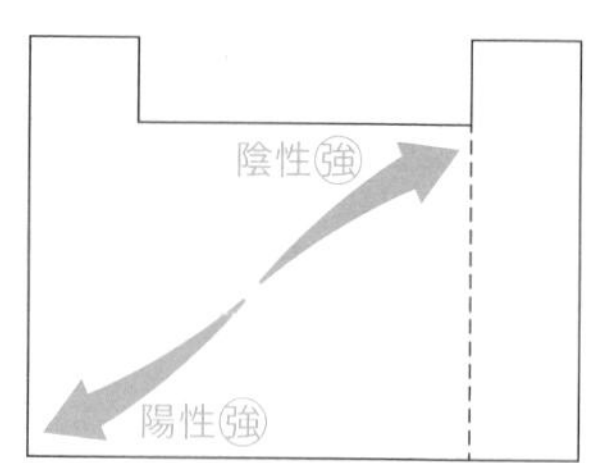

イオンに関しては p.19 で詳しく説明しますね！

周期表は，正誤問題でよく出題されるよ。例えば，「典型元素はすべて金属元素からなる」という文を読んで，誤りとすぐ判断できるかな？正誤判定できるように，表の細かいところまで覚えておこうね。

☑ チェック問題

01 次の文を読み，問いに答えよ。

元素の周期表はロシアの科学者(**ア**)によりその原型がつくられ，現在では元素の(**イ**)順に配列されている。周期表の縦の列を(**ウ**)，横の行を(**エ**)という。第1周期には2種類，第2，第3周期には(**オ**)種類，第4周期には(**カ**)種類の元素が存在する。1，2族および13族から18族までの元素を(**キ**)，3族から12族までの元素を(**ク**)と呼ぶ。(**キ**)の中で特に1族の金属元素を(**ケ**)，2族元素を(**コ**)，17族元素を(**サ**)，18族元素を(**シ**)という。

問1　文中の(**ア**)〜(**シ**)に適当な語句を入れよ。

問2　次の①〜⑤の元素のうち，(**ク**)を選べ。

① B　② Ca　③ Fe　④ Si　⑤ P

解答

問1

ア	メンデレーエフ	**イ**	原子番号
ウ	族	**エ**	周期
オ	8	**カ**	18
キ	典型元素	**ク**	遷移元素
ケ	アルカリ金属	**コ**	アルカリ土類金属
サ	ハロゲン	**シ**	貴ガス

問2　③

テーマ 2

物質の分離

① 物質の分類法を理解しよう！
② 同素体の種類と性質を覚えよう！
③ 混合物の分離操作を理解しよう！

1 物質の分類

物質には，**それ以上分離することができない純物質**と，**物理的操作によって分離することのできる混合物**があります。純物質は，水 H_2O，酸素 O_2 のように「元素記号を組み合わせた化学式で書き表すことができる」と理解しておきましょう。さらに純物質には，**一種類の元素からなる単体**と，**二種類以上の元素からなる化合物**があります。

Point 004 物質の分類

- 純物質
  - 単体：1種類の元素からなる物質
    - 例 酸素 O_2，鉄 Fe など
  - 化合物：2種類以上の元素からなる物質
    - 例 水 H_2O，二酸化炭素 CO_2 など
- 混合物：2種類以上の純物質が混ざりあっている物質
  - 例 空気：窒素 N_2＋酸素 O_2＋その他…
  - 塩酸：塩化水素 HCl＋水 H_2O

「空気」「塩酸」「石油」は純物質じゃなくて混合物だ。間違えやすいので注意しよう！　ちなみに「ドライアイス」は二酸化炭素 CO_2 の固体だから純物質だよ。

2 同素体

単体には酸素 O_2 とオゾン O_3 のように，同じ元素からなるが性質の異なるものが存在し，これを**同素体**といいます。同素体をもつ元素には**硫黄** S，**炭素** C，**酸素** O，**リン** P があり，同素体の名称もしっかり覚えておきましょう。

同素体が存在する元素は「SCOP(スコップ)」と覚えておくとよいでしょう！

Point 005 同素体

●**同素体**：同じ元素からなり，性質の異なるもの

元素名	同素体	性質
硫黄S	単斜硫黄	黄色，S_8分子
	斜方硫黄	黄色，S_8分子，**常温で安定**
	ゴム状硫黄	鎖状構造，弾力性あり
炭素C	ダイヤモンド	非常に硬い，無色の結晶
	黒鉛	やわらかい，**電気伝導性**あり
	フラーレン	サッカーボール状構造
酸素O	酸素O_2	**無色**・**無臭**の気体
	オゾンO_3	**淡青色**・**特異臭**の気体
リンP	黄リン	黄色，有毒，自然発火する
	赤リン	赤褐色，毒性少ない

3 混合物の分離

①ろ過

固体と液体の混合物は，**ろ過**という方法で分離します。ろ過とは，**ろうと**にろ紙を敷き，そこに**固体と液体の混合物を流し込むことで，固体だけをこし分ける方法**です。中学校の理科でも行う操作なので，一度は見たことはあるでしょう！　ろ過の実験操作に関して，以下の２点が狙われるので注意してくださいね。

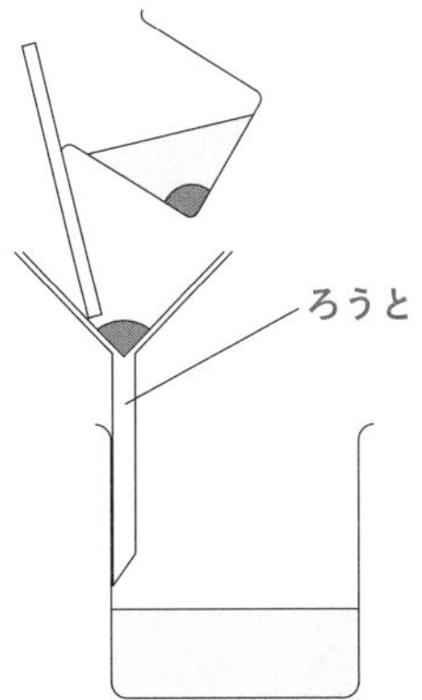

注意点

①液体は**ガラス棒を伝わらせながら**注ぐ

②ろうとの足は**ビーカーにつけて**おく

ろうとの足をビーカーにつけておかないと液体がはねて飛び散るから，ろうとの足はビーカーにつけておく必要があるんだね。

②蒸留

混合物を**加熱することで液体の物質のみを蒸発させ，冷却させることで再び凝縮させて分離する方法**を**蒸留**といいます。例えば，海水から水を取り出すときには，枝付きフラスコに入れた海水を沸騰させて水だけを蒸発させ，**リービッヒ冷却管**で冷却させることで液化させて分離します。蒸留の実験操作では，以下の5点に注意しておきましょう！

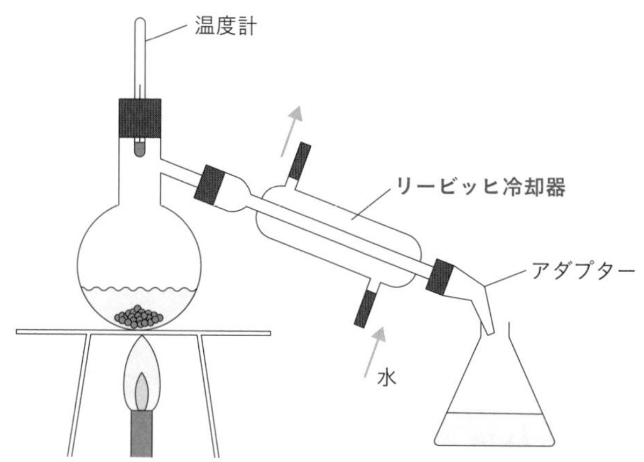

注意点

①突沸を防ぐため，フラスコには**沸騰石**を加える
②フラスコ内の液量はフラスコの体積の**半分以下**にする
③温度計は，枝付きフラスコの**枝の横**に設置する
④リービッヒ冷却器には，水を**下から上に向けて**流す
⑤三角フラスコに密栓をしない

沸点の違いを利用して2種類以上の混合物を分離することを分留といい，石油や空気の成分を分離するときに使われるよ。

③抽出

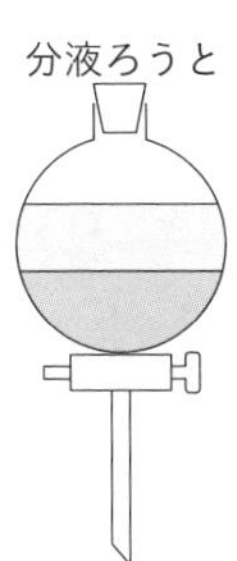

物質の溶解度の違いを利用し，特定の物質だけを溶媒に溶かし出す方法を**抽出**といいます。例えば，大豆の成分から油脂だけをヘキサンという溶媒に溶かし出すことができるんですね。この実験操作では，**分液ろうと**という実験器具を使います。

④昇華法

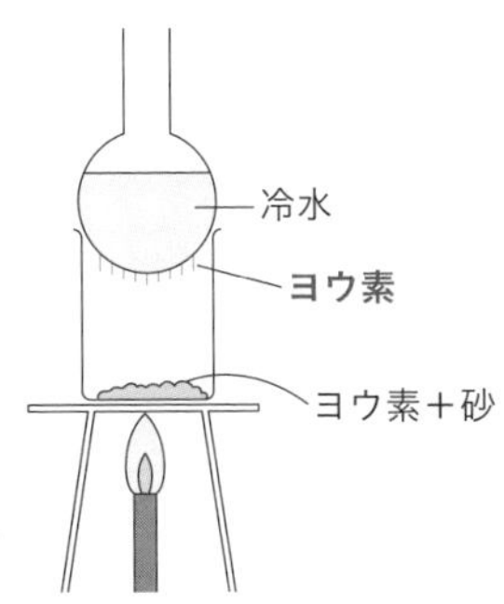

固体の物質が直接気体へ状態変化することを，**昇華**といいます。**ヨウ素**のような昇華性の物質が砂などに混ざっている場合，その混合物を加熱することで**ヨウ素だけを昇華させ，冷却させることで再び固体に戻し分離する**ことができるのです。この方法を**昇華法**といいます。

⑤再結晶

少量の不純物を含む固体を分離するときは，溶媒に加熱して溶かし，冷却することで析出させて分離します。この方法を**再結晶**といいます。再結晶では，不純物は少量しか含まれていないため濃度が小さく，冷却しても溶けたままで固体として析出しないため，目的物質だけを純粋な結晶として析出させることができるのです。

結晶を一度溶かして，冷やすことで再び結晶として析出させるため，再結晶とよばれるんだね！

⑥クロマトグラフィー

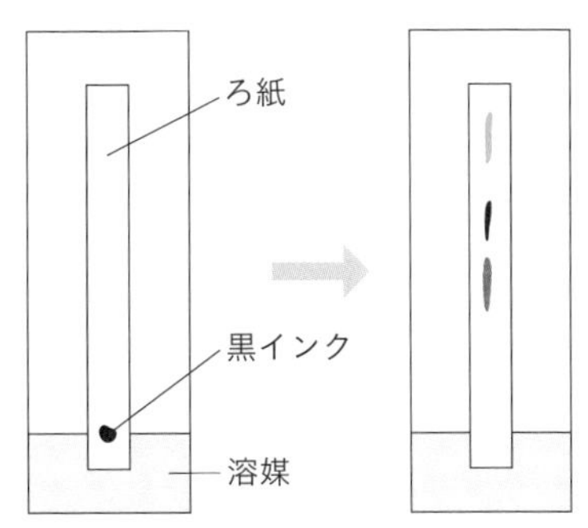

黒インクの色素を分離するときには，ろ紙に黒インクを染み込ませ，その紙を溶媒に浸すことで分離します。この方法を**ペーパークロマトグラフィー**といいます。これは，**色素によって紙との吸着力が異なる**ため，溶媒が移動するときに**吸着力の**

弱い色素は大きく移動し，吸着力の強い色素はあまり移動しないため，分離することができるのです。一般に，吸着力の違いを利用して混合物を分離することを**クロマトグラフィー**といいます。

Point 006 混合物の分離

- **ろ過**：液体中の固体(沈殿物など)を，ろ紙を用いて分離
- **蒸留**：加熱して蒸発させ，冷却することで再び凝縮させ分離
- **抽出**：目的物質だけ溶かす溶媒を加え，溶かし出し分離
- **昇華法**：昇華する物質のみを加熱することで昇華させ，冷却し固体として分離
- **再結晶**：溶媒に加熱して溶かし，目的物質だけ冷却して析出させ分離
- **クロマトグラフィー**：吸着力の違いを利用し分離

チェック問題

02 次の分離操作(1)～(6)に最も適した方法を，下の①～⑥から選べ。

(1) 少量の塩化ナトリウムを含む硝酸カリウムから，硝酸カリウムだけを取り出す。

(2) 塩化銀の沈殿を含む水から塩化銀を取り出す。

(3) インクに含まれているさまざまな色素を分離する。

(4) 砂の混ざったヨウ素からヨウ素を取り出す。

(5) ワインからエタノールを取り出す。

(6) 牛乳の中の乳脂肪分を取り出す。

① 蒸留　② 抽出　③ ペーパークロマトグラフィー

④ 昇華法　⑤ ろ過　⑥ 再結晶

解答

(1) ⑥　(2) ⑤　(3) ③　(4) ④　(5) ①　(6) ②

テーマ

3 原子の構造

① 原子の構造を理解し，その名称を覚えよう！
② 原子やイオンの電子配置が答えられるようにしよう！
③ イオンの化学式を覚え，組成式が書けるようにしよう！

1 原子の構造

物質はとても小さな粒子である原子(約 10^{-10}m)からできています。その原子は，原子核のまわりに**負の電荷**をもつ電子が存在する構造をしており，原子核は**正の電荷**をもつ陽子と，**電荷をもたない**中性子からできています。まずは，原子の構造をしっかり覚えましょう！

Point 007 原子の構造

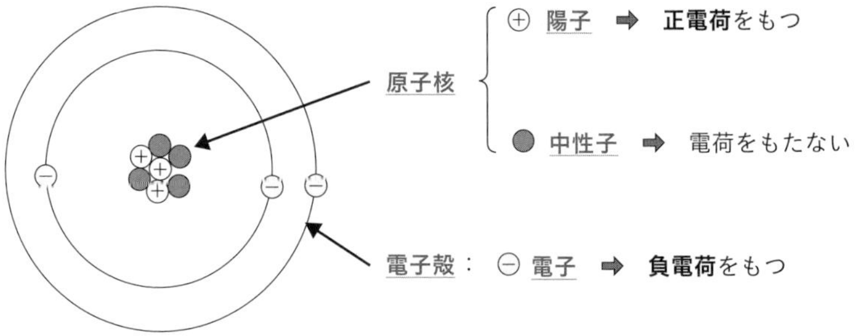

原子核 { ⊕ 陽子 ➡ **正電荷**をもつ / ● 中性子 ➡ 電荷をもたない }

電子殻： ⊖ 電子 ➡ **負電荷**をもつ

原子の種類は，陽子の数で決まっています。ですから，**陽子の数**のことを，**原子番号**といいます。さらに，電子は陽子や中性子に比べてはるかに軽い(約 $\frac{1}{1840}$ しかない)ので，原子の質量は**陽子の数**＋**中性子の数**で決まっており，これを**質量数**といいます。原子番号は元素記号の**左下**に，質量数は元素記号の**左上**に書く決まりなんですね。

また，同じ種類の原子でも，**中性子数の異なるもの**があり，これを**同位体**といいます。

Point 008　原子番号と質量数

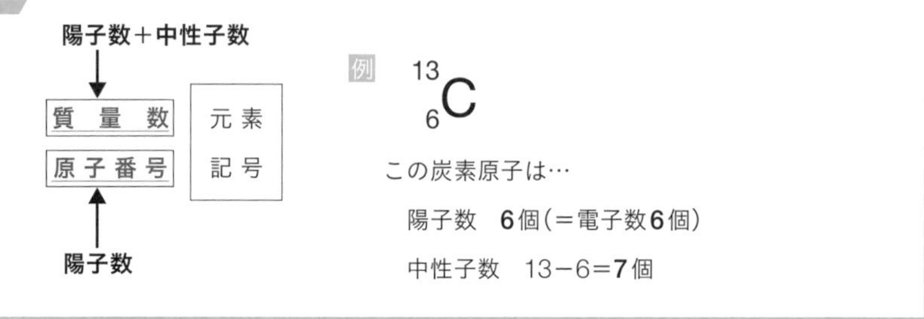

陽子数＋中性子数
質量数
原子番号
元素
記号
陽子数
例
$^{13}_{6}C$
この炭素原子は…
陽子数　6個(＝電子数6個)
中性子数　13－6＝7個

2 電子配置

電子が存在する**電子殻**は，原子核のまわりに**何層にも重なっています**。電子殻は内側から**K殻**，**L殻**，**M殻**，**N殻**…と名前が付けられていて，それぞれ**2個**，**8個**，**18個**，**32個**…の電子を収容することができます。すなわち，**内側から n 番目の電子殻に，$2n^2$ 個の電子を収容することができる**わけです。

Point 009　電子配置

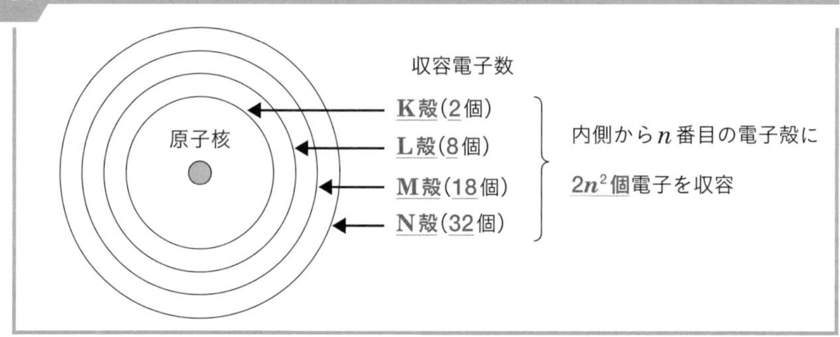

電子は，**エネルギーの低い内側の電子殻から満たされます**。例えば，原子番号11のナトリウムNaは電子を11個もつので，その電子配置は，**K殻に2個，L殻に8個，M殻に1個**と満たされます。

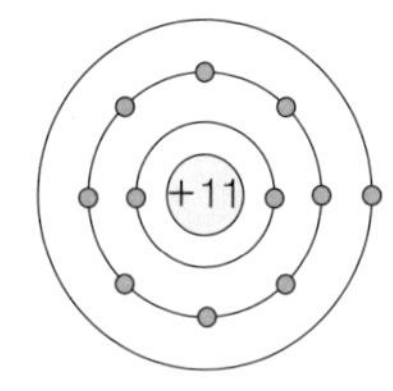

例 Naの電子配置

最も外側の電子殻にある電子(**最外殻電子**)は，**反応や結合に関わる電子**なので**価電子**といいます。ただし，18族元素(貴ガス元素)の原子は反応しないので，**価電

子数は0となります。周期表は，**価電子数の等しい元素どうしを縦に並べてつくられたもの**といえますね。

3 イオン

電荷をもった原子(団)を**イオン**といいます。原子が安定イオンになるときには，**電子を出したり受け取ったりして，安定な貴ガスの電子配置になろう**とします。価電子の数が少ない原子は電子を失い**陽イオン**となり，価電子の数が多い原子はさらに電子を受け取り**陰イオン**となります。

①**陽イオン**になる原子 ➡ **価電子数が1〜3**の原子

例　ナトリウム

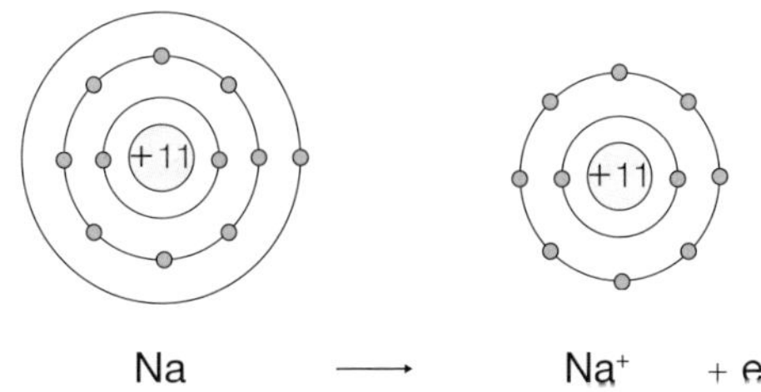

②**陰イオン**になる原子 ➡ **価電子数が5〜7**の原子

例　硫黄

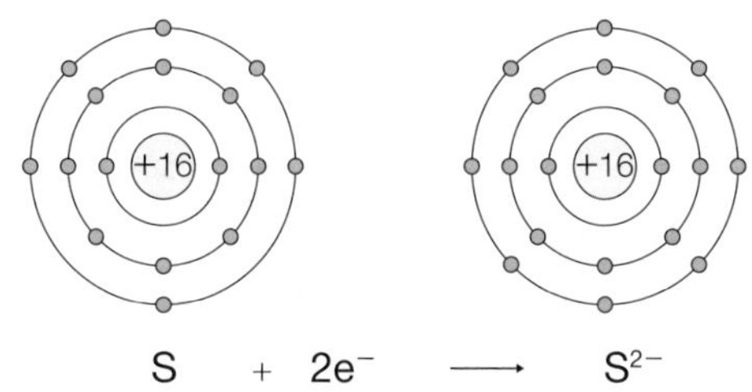

原子がイオンになるときに授受したイオンの数を，イオンの価数といいます。このように，価電子数が1の原子は**1価の陽イオン**に，価電子数が2の原子は**2価の陽イオン**に，価電子数が7の原子は**1価の陰イオン**に……と，**族に安定なイオンの価数が決まって**います。まとめておきましょう。

Point 010 周期表とイオンの関係

周期＼族	1	2	13	14	15	16	17	18
1	H							He
2	Li	Be	B	C	N	O	F	Ne
3	Na	Mg	Al	Si	P	S	Cl	Ar
価電子数	1	2	3	4	5	6	7	0
イオンの価数	+1	+2	+3	(+4)	-3	-2	-1	×

「NaはNa^{+}になる」など，どの元素の原子が何の価数のイオンになるのかは，すぐに答えられるようにしておこうね！

イオンの名称は陽イオンと陰イオンで命名法が異なります。陽イオンは元素名のあとに「**〜イオン**」とつけます。例えば，Na^{+}は**ナトリウムイオン**となります。また，陰イオンは，元素名の最後の文字をとり「**〜化物イオン**」とつけます。例えば，O^{2-}は**酸化物イオン**となります。また，複数の原子からなる**多原子イオン**は1つずつ覚えておきましょう！

陽イオン

K^{+}：**カリウムイオン**

Ca^{2+}：**カルシウムイオン**

Al^{3+}：**アルミニウムイオン**

陰イオン

F^{-}：**フッ化物イオン**

Cl^{-}：**塩化物イオン**

S^{2-}：**硫化物イオン**

多原子イオン

NH_4^{+}：**アンモニウムイオン**

OH^{-}：**水酸化物イオン**

SO_4^{2-}：**硫酸イオン**

CO_3^{2-}：**炭酸イオン**

NO_3^{-}：**硝酸イオン**

HCO_3^{-}：**炭酸水素イオン**

イオンからなる物質の化学式は，**電荷がつり合うように**書きます。例えば，Na^{+}とO^{2-}からなる物質では，＋と－がつり合うようにするとNa^{+}：O^{2-}＝2：1で結合するとわかりますね。これより，化学式はNa_2Oとなります。また，**名称は化学式の後ろから読む**ので，Na_2Oは「**酸化ナトリウム**」とよばれます。また，多原子イオンが2つ以上になるときには，(　)をつけましょう。

	塩化物イオン Cl^-	水酸化物イオン OH^-	酸化物イオン O^{2-}	硫酸イオン SO_4^{2-}
ナトリウムイオン Na^+	塩化ナトリウム $NaCl$	水酸化ナトリウム $NaOH$	酸化ナトリウム Na_2O	硫酸ナトリウム Na_2SO_4
カルシウムイオン Ca^{2+}	塩化カルシウム $CaCl_2$	水酸化カルシウム $Ca(OH)_2$	酸化カルシウム CaO	硫酸カルシウム $CaSO_4$
アルミニウムイオン Al^{3+}	塩化アルミニウム $AlCl_3$	水酸化アルミニウム $Al(OH)_3$	酸化アルミニウム Al_2O_3	硫酸アルミニウム $Al_2(SO_4)_3$

☑ チェック問題

03 次の文を読み，問いに答えよ。

原子は，原子核のまわりを(**ア**)が取り巻いた構造をしている。原子核は正の電荷をもつ(**イ**)と，電荷をもたない(**ウ**)からなる。原子の種類は(**イ**)の数で決まっており，これを(**エ**)という。また，(**ア**)の質量は(**イ**)や(**ウ**)に比べとても小さく，原子の質量は(**イ**)と(**ウ**)の数の和で決まる。これを(**オ**)という。また，(**イ**)の数は同じであるが(**ウ**)の数が異なる原子も存在し，これを(**カ**)という。

問1　文中の(**ア**)～(**カ**)に適当な語句を入れよ。

問2　次の(1)～(4)の原子の(**イ**)の数と(**ウ**)の数を答えよ。

(1)　^{2}H　　(2)　^{19}F　　(3)　^{31}P　　(4)　^{40}Ca

問3　次の(1)～(4)の電子配置を答えよ。

(1)　Li　　(2)　O　　(3)　Cl　　(4)　Ar

問4　次の①～④のイオンのうち，電子配置の同じものを２つ選べ。

①　Al^{3+}　　②　Be^{2+}　　③　Cl^-　　④　O^{2-}

解答

問1　**ア**　電子　　**イ**　陽子　　**ウ**　中性子　　**エ**　原子番号　　**オ**　質量数
カ　同位体

問2　(1)　陽子　1　　中性子　1(2−1=1)　　(2)　陽子　9　　中性子　10(19−9=10)
(3)　陽子　15　　中性子　16(31−15=16)　　(4)　陽子　20　　中性子　20(40−20=20)

問3　(1)　K2L1　　(2)　K2L6　　(3)　K2L8M7　　(4)　K2L8M8

問4　①，④(Neと同じ電子配置K2L8)

テーマ

元素の周期律

① それぞれの周期律の定義を覚えよう！
② それぞれの周期律のグラフとその傾向を押さえよう！
③ 周期律からわかる元素の性質を理解しよう！

1 周期律

周期表は似た性質をもつ元素どうしを縦に並べてあります。ということは，**元素は周期ごとに同じような性質が繰り返される**ことになりますね。これを元素の**周期律**といいます。例えば，**Point 010** を見ると，価電子数は「**1，2，3，4，5，6，7，0，1，2，3，4，5，6，7…**」と，周期的に数値が繰り返されていますね。

2 イオン化エネルギー

電子を1つ失って1価の陽イオンになるときに吸収するエネルギーを**イオン化エネルギー**といいます。実は，原子やイオンはエネルギーをもっており，その**エネルギーが大きいほど不安定な状態**になるのですね。

よって，多くのエネルギーを吸収するということは，不安定なイオンになるということになるので，**イオン化エネルギーの小さい原子ほど，陽イオンになりやすい**ということがいえますね。

①陽イオンになりやすい原子

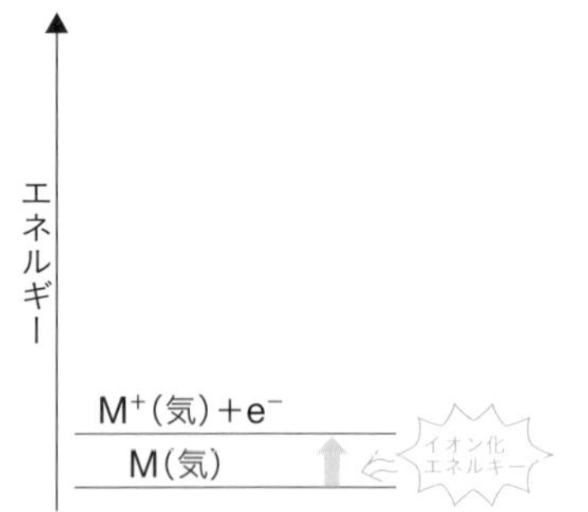

②陽イオンになりにくい原子

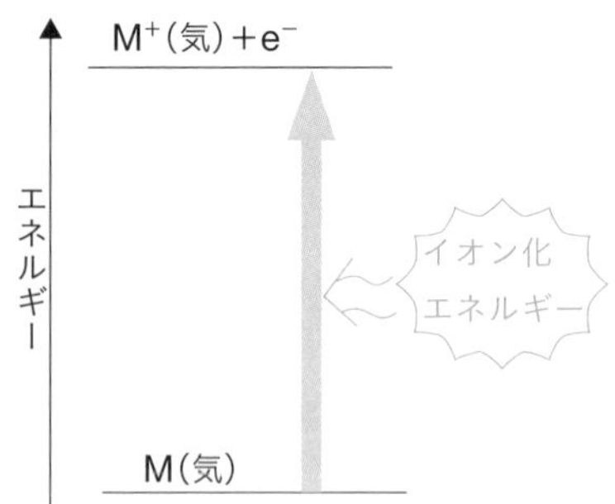

イオン化エネルギーのグラフと，その傾向を押さえておきましょう。周期表の**右上の元素ほど陽イオンになりにくく，その値が大きい**ことがわかりますね！ イオン化エネルギーが最大の元素は**He**になります。

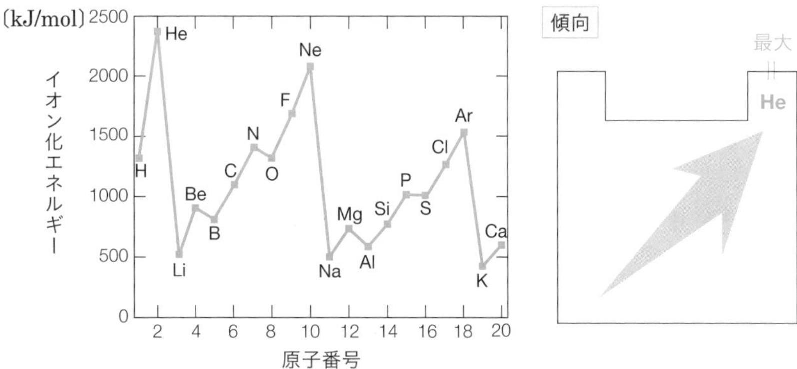

周期律は，定義・傾向・グラフの形をセットで覚えていくと，いろいろな問題に対応できるよ。

3 電子親和力

電子を1つ受け取って1価の陰イオンになるときに放出するエネルギーを，**電子親和力**といいます。原子が，より多くのエネルギーを放出すると，原子のもつエネルギーが少なくなるため，安定な陰イオンになることができますね。だから，**電子親和力の大きい原子ほど，陰イオンになりやすい**といえます。

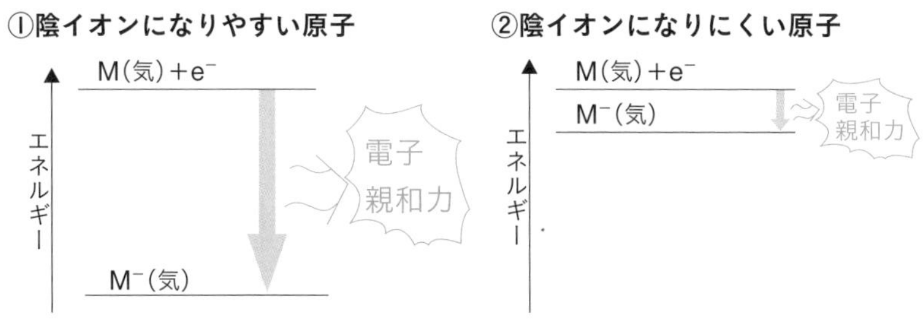

電子親和力のグラフと，その傾向を押さえておきましょう。イオン化エネルギーほどはっきりした傾向が見えませんが，**17族元素であるハロゲンが最も陰イオンになりやすいため，同じ周期ではその値が最大になる**ことがわかりますね！

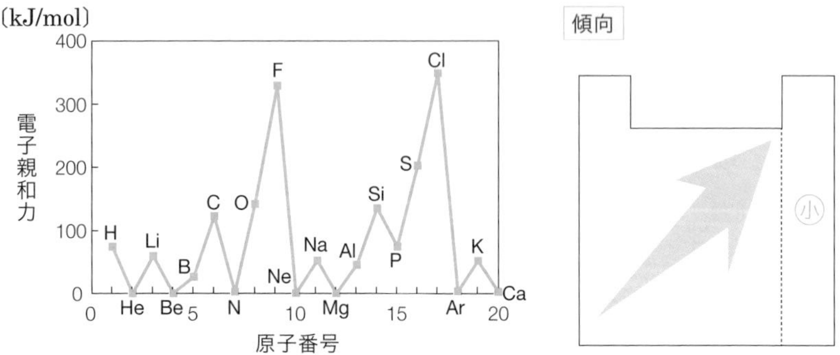

4 電気陰性度

電子(対) (➡ p.28)**を引き付ける力の強さを数値で表したもの**を電気陰性度といいます。電気陰性度は，イオン化エネルギーや電子親和力と同様に，**周期表の右上の元素ほど大きな値**となり，F が最大になります。

ただし，貴ガスは反応せず，電子を引き付けたりしないので，値自体が**存在しない(定義されていない)**ことになります。電気陰性度のグラフと，その傾向を押さえておきましょう。

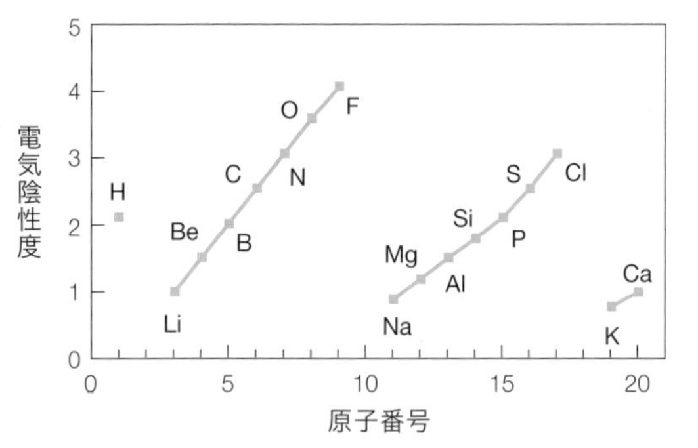

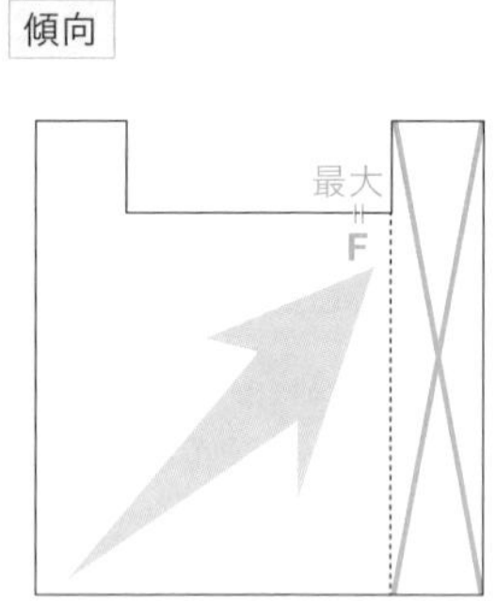

Point 011 元素の周期律

●**イオン化エネルギー**：1価の**陽イオン**になるときに**吸収**するエネルギー　傾向　**小さい**ほど陽イオンになりやすい

●**電子親和力**：1価の**陰イオン**になるときに**放出**するエネルギー
傾向　**大きい**ほど陰イオンになりやすい

●**電気陰性度**：電子(対)を引き付ける力の強さ
傾向　**大きい**値ほど陰性が強い

☑ チェック問題

04 次の文を読み，問いに答えよ。

原子から1個の電子を取り去り，1価の(**ア**)になるとき吸収されるエネルギーを(**イ**)という。(**イ**)の値が小さいほど(**ア**)になりやすく，同一周期の元素では，原子番号が大きいほどその値は(**ウ**)くなる。また，周期表の元素の中で(**イ**)が最大なのは，(**エ**)である。

一方，原子が1個の電子を受け取り，1価の(**オ**)になるとき放出されるエネルギーを(**カ**)という。(**カ**)の値が大きいほど(**オ**)になりやすく，同一周期では(**キ**)元素が最も大きい値となる。

原子間の電子対を引き付ける力の強さを数値で表したものを(**ク**)といい，周期表の元素の中で(**ク**)が最大なのは，(**ケ**)である。

問1　文中の(**ア**)～(**ケ**)に適当な語句を入れよ。

問2　次の①～⑤の元素のうち，(**イ**)の値が最も小さいものを選べ。
①　Al　②　N　③　Na　④　Ne　⑤　K

問3　**問2**の①～⑤の元素のうち，(**ク**)の値が最も大きいものを選べ。

解答

問1　**ア**　陽イオン　**イ**　イオン化エネルギー　**ウ**　大き　**エ**　ヘリウム
オ　陰イオン　**カ**　電子親和力　**キ**　ハロゲン　**ク**　電気陰性度
ケ　フッ素

問2　⑤(周期表の最も左下にある元素)

問3　②(貴ガスを除き，周期表の最も右上にある元素)

化学結合

① 化学結合の種類を覚えよう！
② 原子間に生じる結合の種類を判断できるようになろう！
③ それぞれの結晶と性質を押さえよう！

1 イオン結合とイオン結晶

金属元素と非金属元素の原子どうしが結合するときはそれぞれ陽イオンと陰イオンとなり，**静電気力(クーロン力)**で結合します。これを**イオン結合**といいます。静電気力とは**プラスとマイナスの電荷が引き合おうとする力**のことです。

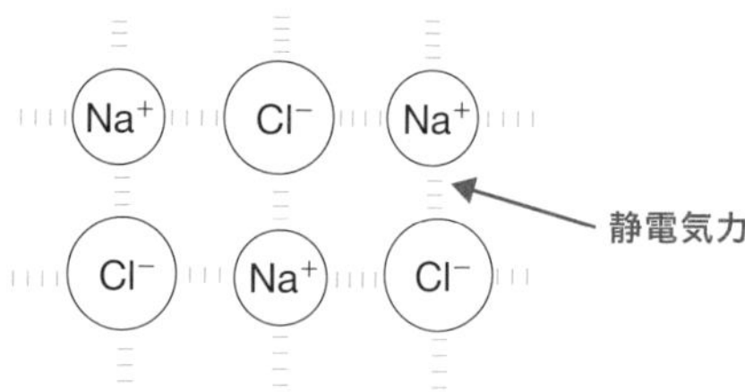

イオン結合により，陽イオンと陰イオンが規則正しく配列してできた結晶を**イオン結晶**といいます。イオン結晶の性質をまとめておきましょう。

性質

①結晶は**硬くてもろく**，融点が**高い**ものが多い
②水に**溶けやすい**ものが多い
③結晶では電気を通さないが，**水溶液や融解液は電気を通す**

結晶の状態ではイオンが移動できないけど，水に溶かしたり，融解したりするとイオンが移動できるようになるので電気が通るのです。

2 金属結合と金属結晶

金属元素の原子どうしが結合するときには，**価電子が自由に動き回り，金属の陽イオンどうしを結び付けます**。この結合を**金属結合**といい，**自由に動き回る電子**を**自由電子**といいます。

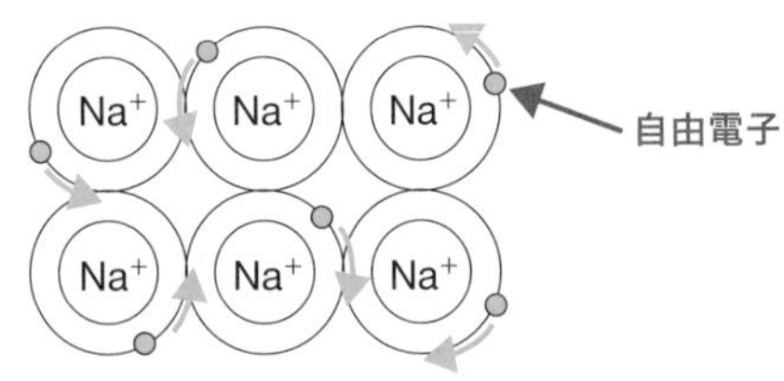

金属は**多数の金属原子が金属結合で結び付いた金属結晶**になっているのです。金属結晶には次のような性質があります。

性質

①結晶は電気をよく通す

②**展性**・**延性**があり，**薄く広げたり，伸ばしたり**することができる

金属結晶は自由電子をもっているため，電気を通すよ。また，粒子の配列がずれても自由電子が移動でき，結合が保たれるため，自由に変形させることができるのも特徴だ！

3　共有結合

非金属元素の原子どうしは，お互いが不対電子を共有し結合します。これを**共有結合**といいます。例えば，水素原子 H とフッ素原子 F が結合するときには，お互いが**電子を1個ずつ貸し借りして結合する**ことで，水素原子は **He** と同じ，フッ素原子は **Ne** と同じ，貴ガスの**安定な電子配置**をとることができますね。

例

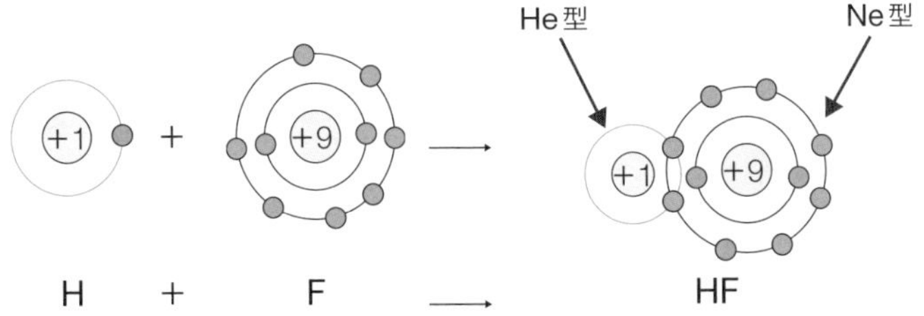

上の図のように，電子配置を図で描くのは面倒なので，次ページの図のように**価電子**だけを元素記号のまわりに・で書き表します。これを**電子式**といいます。

H・ + ・F： ⟶ H：F：← 非共有電子対

不対電子　　共有電子対

このとき，HとFで**共有している電子対**を**共有電子対**，Fがもつ電子対のように，**原子間で共有していない電子対**を**非共有電子対**といいます。ちなみに，対になっていない電子を**不対電子**といいます。

Q 電子式ってどうやったらうまく描けますか？

A 電子式を描くコツは，原子のもつ価電子の数を考えることと，原子の周りの電子を8個(Hは2個)にすることだな。チェック問題を解いてみよう！

多数の原子が共有結合により結び付いた**共有結合の結晶**には，炭素からなる**ダイヤモンド**や**ケイ素 Si**，**二酸化ケイ素 SiO_2**(石英，水晶)などがあります。共有結合はとても強いので，共有結合の結晶は次のような性質をもちます。

性質

①非常に**硬く**，融点が**とても高い**

②水に**溶けにくく**，**電気伝導性はない**

4　配位結合

他の分子や陰イオンの非共有電子対を利用する結合を**配位結合**といいます。例えば，水分子の酸素原子のもつ非共有電子対を水素イオンに提供して配位結合すると，**オキソニウムイオン H_3O^+** ができるんですね。

H：O：H ＋ H^+ ⟶ [H：O：H / H]$^+$

非共有電子対

H_2O ＋ H^+ ⟶ H_3O^+

ただし，配位結合してしまうと，その結合は残りの共有結合と区別できなくなります。例えば，**オキソニウムイオン H_3O^+ の3本のO－H結合は区別できません。**

☑ チェック問題

05 次の文を読み，問いに答えよ。

陽イオンと陰イオンは，イオン間の(**ア**)力により(**イ**)結合を形成する。金属原子どうしは，価電子が規則正しく配列した原子間を(**ウ**)となり動き回ることにより(**エ**)結合を形成する。非金属元素の原子は，お互いが(**オ**)を出し合うことで(**カ**)を形成し，(**キ**)結合を形成する。

また，オキソニウムイオンのように，水分子の(**ク**)を利用して水素イオンが結合することを(**ケ**)結合という。

問1　文中の(**ア**)～(**ケ**)に適当な語句を入れよ。

問2　次の①～④の分子のうち，(**カ**)と(**ク**)が最も多いものをそれぞれ選べ。

① H_2O　② CO_2　③ NH_3　④ N_2

解答

問1 **ア** 静電気(クーロン)　**イ** イオン　**ウ** 自由電子　**エ** 金属
オ 不対電子　**カ** 共有電子対　**キ** 共有　**ク** 非共有電子対
ケ 配位

問2 (**カ**) 共有電子対が最も多いもの ②
(**ク**) 非共有電子対が最も多いもの ②

解説

問2 それぞれの電子式は以下のように描ける。

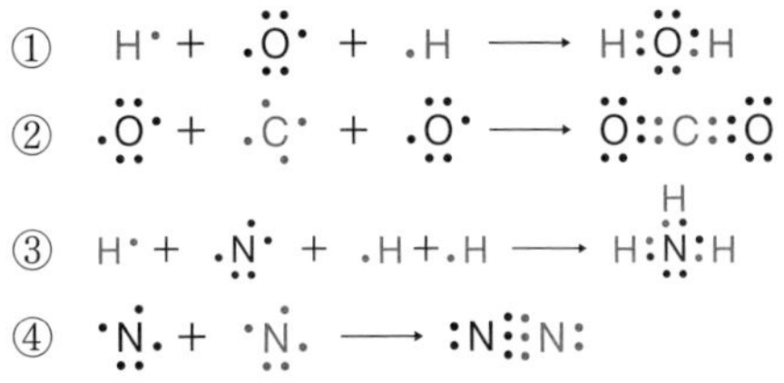

① H・ + ・Ö・ + ・H ⟶ H:Ö:H

② ・Ö・ + ・Ċ・ + ・Ö・ ⟶ Ö::C::Ö

③ H・ + ・Ṅ・ + ・H + ・H ⟶ H:N̈:H（N の上に H）

④ ・N̈・ + ・N̈・ ⟶ :N⋮⋮N:

	① H_2O	② CO_2	③ NH_3	④ N_2
共有電子対	2組	4組	3組	3組
非共有電子対	2組	4組	1組	2組

テーマ

分子の形と極性

① 分子の形が推測できるようになろう！
② 極性分子か無極性分子かを判断できるようになろう！
③ 分子間力を理解し，沸点との関係をつかもう！

1　分子の形

分子の形は中心原子のもつ電子対の反発によって決まります。例えば，水 H_2O の分子は，中心原子の O は電子対を４組もつため，**その４組の電子対がお互いの反発を避けようとして，正四面体の頂点に位置します**。非共有電子対を含めずに考えると，水分子は折れ線形になります。次の Point 012 にある分子の形はすべて推測できるようにしておきましょうね！

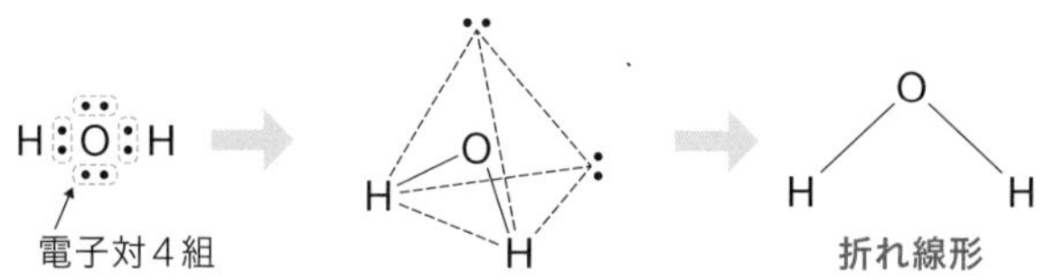

ちなみに，２組の電子対は**直線形**に，３組の電子対は**正三角形**の頂点に位置することになります。ただし，電子対の反発を考えるときは，二重結合や三重結合も１組と考えます。

Point 012　分子の形

	メタン	アンモニア	二酸化炭素	三フッ化ホウ素
分子式	CH_4	NH_3	CO_2	BF_3
電子式	H H:C:H H	H H:N:H	O::C::O	:F: :F:B:F:
構造	H C H　H　H	N H　H　H	O＝C＝O	F B F　F
形	正四面体形	三角すい形	直線形	正三角形

2 極性

電気陰性度の異なる2つの原子が共有結合しているとき，その**共有電子対は電気陰性度の大きい原子に引き寄せられ，電荷の偏りが生じます**。これを共有結合の極性といいます。

$$^{\delta+}\mathrm{H} : \mathrm{F}^{\delta-}$$
（$\delta+$（デルタ）：すこしプラス　$\delta-$：すこしマイナス）

分子全体として極性をもたないものを無極性分子，**分子全体として極性をもつもの**を極性分子といいます。これは**結合間に生じる極性が分子全体で打ち消されるか打ち消されないか考える**ことで判断できます。

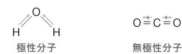

極性分子　　無極性分子

Point 013 極性分子と無極性分子

- 無極性分子：分子全体として**電荷の偏りをもたない**分子
  例　水素 H_2，二酸化炭素 CO_2，メタン CH_4　など
- 極性分子：分子全体として**電荷の偏りをもつ**分子
  例　水 H_2O，アンモニア NH_3，塩化水素 HCl　など

分子の形と極性は予測できるようにしよう。分子の極性の有無は，結合間の極性を矢印（ベクトル）で考えて，そのベクトルが打ち消されるか打ち消されないかを考えるとわかりやすいよ。

3 分子間力

①ファンデルワールス力

すべての分子には，分子と分子の間にファンデルワールス力という**とても弱い引力**がはたらいているのです。ファンデルワールス力は，分子量（➡ p.35）が大きい分子ほど強くはたらきます。

②水素結合

電気陰性度のとても大きいF，O，Nの水素化合物（HF，H_2O，NH_3）では極性が大きく，Hが正に，F，O，Nが負に帯電しているため，分子間に静電気力がはたらきます。これを**水素結合**といいます。

例　H_2O

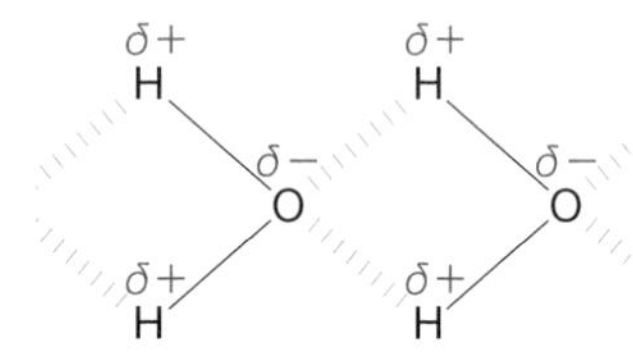

酸素Oは水素Hよりも電気陰性度が大きいため，O－H間の共有電子対がOに引き寄せられることにより，O原子は負に，H原子は正に帯電するんだね。すると，負に帯電したOと他の分子の正に帯電したHの間に静電気的引力が生じ，これが水素結合になるんだね。

4　分子間力と物質の沸点

液体の分子間には分子間力がはたらいており，気体は分子間力がほとんどはたらいてないため，物質が液体から気体に状態変化するときは，**分子間にはたらく分子間力を振り切る**必要があります。よって，**分子間力が強いほど沸点は高く**なります。沸点の大小関係は次のようにまとめることができます。

Point 014　分子間力と物質の沸点

ルール１　一般に，**分子量の大きい**物質ほど**沸点が高い**

➡　分子間にはたらくファンデルワールス力が強いため

例　メタン CH_4 ＜エタン C_2H_6 ＜プロパン C_3H_8…

ルール２　**水素結合**を形成する物質は，**沸点が異常に高い**

➡　水素結合はファンデルワールス力よりも強いため

例　水 H_2O ＞硫化水素 H_2S　（➡p.33）

分子間にはたらく力が強い方が，その結合を振り切るためのエネルギーがたくさん必要だから沸点が高いってことだ！

グラフは14〜17族元素の水素化合物の沸点を表しています。基本的に**分子量が大きくなるほど沸点が高く**なるため，グラフは右上がりになるのですが，**水素結合**をつくる HF，H_2O，NH_3 は**沸点が異常に高い**ことがわかりますね。

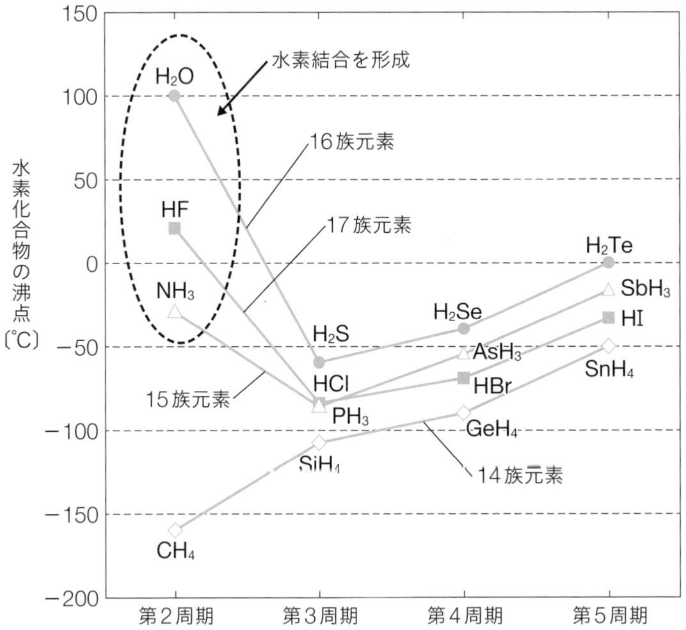

5　分子結晶

多数の分子が分子間力で規則正しく配列してできた固体を**分子結晶**といいます。例えば，**二酸化炭素の結晶**である**ドライアイス**や**ヨウ素** I_2 の結晶が分子結晶にあたります。分子間力はとても**弱い**ため，分子結晶には次のような性質があるんですね。

性質

①**やわらかく**，融点が**低い**

②**昇華性**(固体が気体へ状態変化する性質)をもつものが多い

Q どうして分子結晶はやわらかいんですか？

A 分子間力はとても弱い結合なので，少しのエネルギーを加えるだけで分子の配列がずれるから，やわらかく融点が低いんだね。他に，氷も水分子が水素結合で結びついた分子結晶なんだよ。

チェック問題

06 次の文を読み，問いに答えよ。

原子間の電子対を引き付ける力の強さを数値で表したものを(**ア**)といい，(**ア**)が異なる原子が結合する場合，電子対は(**ア**)の強い原子に引き寄せられるため結合間に(**イ**)が生じる。例えば，(**ウ**)形のアンモニア分子は，水素原子より窒素原子の方が(**ア**)が大きく，分子全体として電荷の偏りがあるため(**エ**)分子という。また，アンモニア分子は分子間に(**オ**)結合を形成するため，(**オ**)結合を形成しないメタンよりも沸点が(**カ**)い。

問1　文中の(**ア**)～(**カ**)に適当な語句を入れよ。

問2　次の①～⑤の分子のうち，(**エ**)分子をすべて選べ。

①　H_2　②　H_2O　③　CO_2　④　CH_4　⑤　N_2

問3　三フッ化ホウ素BF_3の電子式を書き，分子の形を答えよ。

解答

問1　**ア**　電気陰性度　**イ**　極性　**ウ**　三角すい　**エ**　極性　**オ**　水素　**カ**　高

問2　②

問3　電子式

```
   :F:
 ‥ ‥ ‥
:F:B:F:
 ‥   ‥
```

分子の形　正三角形

テーマ

7 物質量

① 原子量，分子量，式量，物質量の定義を理解しよう！
② 原子量，分子量，式量の計算ができるようになろう！
③ 物質量(mol)の計算が確実にできるようになろう！

1 原子量

原子はとても小さくて軽いので，見ることも重さをはかることもできません。だから，原子の“**質量の比**”で考えることにするのです。**質量数 12 の炭素(^{12}C)の質量を 12 と決めたときの他の原子の質量**を原子の相対質量といい，例えば，^{1}H は 1，^{16}O は 16 となります。

原子には同位体(➡ p.17)が存在するものがあります。例えば，塩素原子には，天然に ^{35}Cl が 75%，^{37}Cl が 25% 存在します。だから，天然に存在する塩素原子の相対質量の平均値は，**それぞれの相対質量に存在比をかける**ことで，下の式のように求めることができますね。この値を，原子量といいます。

例　塩素　^{35}Cl：75%, ^{37}Cl：25%

$$(\text{塩素の原子量}) = \underbrace{35 \times \frac{75}{100}}_{^{35}Cl} + \underbrace{37 \times \frac{25}{100}}_{^{37}Cl} = 35.5$$

分子式を構成する元素の原子量の総和を分子量といい，**分子の相対質量**を表します。また，**組成式**(成分元素の原子数の比を表す化学式)**を構成する元素の原子量の総和**を式量といいます。いずれも，ただ原子量を足し算するだけで求めることができます。原子量，分子量，式量をあわせて，化学式量とよぶことにします。

例　原子量：H＝1.0，C＝12，O＝14，Na＝23，Cl＝35.5，Ca＝40

CO_2 の分子量：(C の原子量)＋(O の原子量)×2＝12＋16×2＝44

H_2O の分子量：(H の原子量)×2＋(O の原子量)＝1.0×2＋16＝18

NaCl の式量：(Na の原子量)＋(Cl の原子量)＝23＋35.5＝58.5

$CaCl_2$ の式量：(Ca の原子量)＋(Cl の原子量)×2＝40＋35.5×2＝111

Point 015 化学式量

●**原子量**：$^{12}C = 12$ としたときの原子の相対質量の同位体の平均値
➡ **(相対質量)×(原子量)の和** で求められる。
●**分子量**：分子式の構成元素の原子量の和
●**式量**：組成式の構成元素の原子量の和
➡ 原子量を足し合わせることで計算できる。

分子量や式量は暗算で求められるようにしておこう！　これからずっと使うことになる値だからね。

2 物質量(mol)

化学の計算問題では，物質量 "mol" という単位をよく使います。この単位は**"個数のまとまり"**を表す単位なんですね。具体的には，**6.02×10^{23} 個のまとまりが 1 mol** と決められています。ちなみに，この数(6.02×10^{23})を**アボガドロ数**といいます。

1 mol の質量は「化学式量に g をつけた値」となり，この 1 mol あたりの質量を**モル質量**〔g/mol〕といいます。

また，気体の体積は，0℃，1.013×10^5 Pa(標準状態という)において 1 mol あたり 22.4 L になります！　これは気体の種類によらず変わらないんですね。この 1 mol あたりの体積を**モル体積**〔L/mol〕といいます。

Point 016 物質量

● 1 mol あたりの
- 個数：**6.0×10^{23} 個 /mol**（**アボガドロ定数**という）
- 質量：**化学式量 g/mol**（**モル質量**という）
- 気体の体積：**22.4 L/mol**（**モル体積**という）

注　本来，化学では「個」という単位はつけない(アボガドロ定数の単位は〔/mol〕)が，本書ではわかりやすく〔個 /mol〕という単位をつけて表記することとします。

3　物質量の計算

物質量〔mol〕の計算をするときは，**“単位を考えて計算する”** ことがとても大切です！　例えば，二酸化炭素の質量と体積を求めるときの立式を考えてみましょう。

例題 1　二酸化炭素0.25 molの質量は何gか。また，その体積は0℃，1.013×10^5 Paで何Lか。有効数字 2 桁で答えよ。(原子量：C＝12，O＝16)

解　0.25 mol ×44 g/mol ＝11 g　（$\text{mol}\times\frac{\text{g}}{\text{mol}}$ ＝gのイメージ）

0.25 mol ×22.4 L/mol ＝5.6 L

計算するとき，〔mol〕から〔g〕を出したければ，**〔mol〕に〔g/mol〕をかければ計算できる**わけです。単位を分数のように考えてみるとよいでしょう！

例題 2　水4.5 gは何molか。(原子量：H＝1.0，O＝16)

解　$\frac{4.5\ \text{g}}{18\ \text{g/mol}}$ ＝0.25 mol

これも同じように考えましょう！　〔g〕から〔mol〕を出したければ，**〔g〕を〔g/mol〕で割れば計算できます。**

Q mol計算のコツを教えてください！　それと……，問題が解けるようになるためには，問題をたくさん解くしかないですか？

A ここで説明したように，単位を考えて計算することがコツだ。「単位は計算のヒント」だからね。演習編パターン2でたくさん問題を解いて，計算に慣れていこう。演習編ではよく出る計算のパターンもまとめておいたから，参考にしてね。

注　有効数字

有効数字とは，測定をしたときの「意味のある数字」のことです。入試問題の解答で「有効数字●桁で答えよ」とあるとき，**“0 以外の数字から●桁目まで答えればよい”** と理解しておきましょう！　よって，●＋1 桁目を四捨五入すればよいのです。例えば，

計算結果		有効数字2桁	有効数字3桁
0.035843…	➡	0.036 (3.6×10^{-2})	0.0358 (3.58×10^{-2})
4825	➡	4.8×10^{3}	4.83×10^{3}

これを守らないと**減点されることもある**ので，指示に従いましょう。また，割り切れない問題などは，途中計算は“**指定の有効数字より1桁多く計算**”するのが決まりです。

試験問題で有効数字の桁数を指定されることは多いので，しっかり理解しておこう！

チェック問題

07 次の文を読み，問いに答えよ。

質量数12の炭素原子の質量を12としたときの，他の原子の質量を原子の(**ア**)といい，(**ア**)に天然に存在する同位体の存在比をかけた平均値を(**イ**)という。分子式を構成する元素の(**ア**)の総和を(**ウ**)といい，組成式やイオンの化学式を構成する元素の(**ア**)の総和を(**エ**)という。

1 molは，6.0×10^{23}個の粒子の集団であり，この数を(**オ**)数という。物質1 molの質量は，(**イ**)や(**ウ**)にgを付けた値と等しく，これを(**カ**)といい，g/molという単位で表す。また，気体1 molが0℃，1.013×10^{5} Paで占める体積は(**キ**)Lであり，これを(**ク**)といい，L/molという単位で表す。

問　文中の(**ア**)～(**ク**)に適当な語句または数値を入れよ。

解答

ア　相対質量　**イ**　原子量　**ウ**　分子量　**エ**　式量　**オ**　アボガドロ
カ　モル質量　**キ**　22.4　**ク**　モル体積

➡関連　演習編パターン1,2

テーマ

8 溶液の濃度

① 濃度の定義を覚えよう！
② 基本的な濃度の計算ができるようになろう！
③ 溶液の調製方法を理解しよう！

1 濃度の定義

水に物質を溶解させると均一な液体になり，これを溶液といいますね。例えば，砂糖を水に溶かすときを考えてみましょう。水のように**物質を溶かす液体**を溶媒，砂糖のように**溶媒に溶ける物質**を溶質，**均一に混ざり合った液体**を溶液といいます。これらは基本用語なので，覚えておきましょう。

高校の化学で使う濃度には，次の3つがあります。これらは定義なので，きちんと暗記しておきましょうね！

Point 017 濃度の定義

●**質量パーセント濃度**〔%〕: 溶液の質量に対する溶質の割合

$$\text{質量パーセント濃度〔\%〕} = \frac{\text{溶質の質量〔g〕}}{\text{溶液の質量〔g〕}} \times 100$$

●**モル濃度**〔mol/L〕: 溶液１L中に溶解している溶質の物質量

$$\text{モル濃度〔mol/L〕} = \frac{\text{溶質の物質量〔mol〕}}{\text{溶液の体積〔L〕}}$$

●**質量モル濃度**〔mol/kg〕: 溶媒１kgに溶解する溶質の物質量

$$\text{質量モル濃度〔mol/kg〕} = \frac{\text{溶質の物質量〔mol〕}}{\text{溶媒の質量〔kg〕}} \times 100$$

では，基本的な濃度計算をやってみましょう！

例題１　塩化ナトリウム20 gを水100 gに溶かしたときの質量パーセント濃度は何%か。有効数字2桁で求めよ。

解　$\dfrac{20\ \text{g}}{100 + 20\ \text{g}} \times 100 = 16.6\cdots \fallingdotseq 17\ \%$

例題2　グルコース$C_6H_{12}O_6$ 9.0 gを溶かした水溶液500 mLのモル濃度は何mol/Lか。有効数字2桁で求めよ。(原子量：H＝1.0, C＝12, O＝16)

解 $\dfrac{\dfrac{9.0\,\cancel{g}}{180\,\cancel{g}/mol}}{0.50\,L}$ ＝0.10 mol/L

濃度の計算をするときも，molの計算同様**単位に注目**しよう。

例えば，例題3では「**〔mol/L〕に〔L〕をかけると〔mol〕になる**」と考えてみればいいでしょう。

例題3　0.20 mol/L水酸化ナトリウム水溶液250 mLに含まれる水酸化ナトリウムの質量は何gか。有効数字2桁で求めよ。(原子量：H＝1.0, O＝16, Na＝23)

解 $0.20\,\cancel{mol}/\cancel{L} \times \dfrac{250}{1000}\,\cancel{L} \times 40\,g/\cancel{mol}$ ＝2.0 g

NaOH〔mol〕

Q うーん，濃度の計算は難しいですね。やはり練習あるのみですか？

A そうだね。濃度計算は苦手な人が多い単元だ。でも，濃度の計算にはいくつかのパターンがあるので，それを押さえておくといいよ。演習編パターン3にまとめたから，例題や練習問題も解いてみよう！

2　濃度の調製

決まった濃度の溶液をつくるときには，**メスフラスコ**という実験器具を使います。まず**試料を正確にはかり取り，少量の純水で溶かしメスフラスコに入れ，標線まで純水を入れる**ことで決まった濃度の溶液をつくることができます。

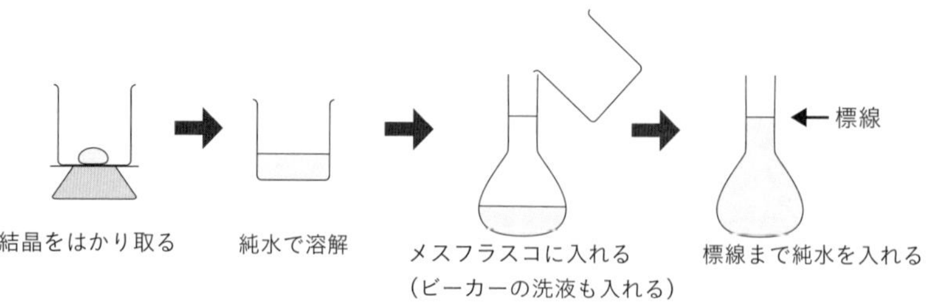

液面を正確に標線に合わせるため，最後の数滴は駒込（こまごめ）ピペットを用いて純水を滴下するんだ。

チェック問題

08 次の文を読み，問いに答えよ。

液体に物質が溶けて均一になることを(**ア**)といい，(**ア**)によってできた液体を溶液という。溶液中の溶質の割合を濃度といい，濃度には溶液の質量に対する溶質の質量の割合を表す(**イ**)濃度や，溶液 1 L 中に含まれる溶質の物質量を表す(**ウ**)濃度などが用いられる。

0.10 mol/L の塩化ナトリウム水溶液を調製するときは，0.10 mol の塩化ナトリウムを正確にビーカーにはかり取り，少量の純水で溶かし(**エ**)に移す。ビーカーを洗浄しその洗液もすべて(**エ**)に移したのち，(**オ**)まで純水を加える。

問　文中の(**ア**)～(**オ**)に適当な語句を入れよ。

解答

ア　溶解　**イ**　質量パーセント　**ウ**　モル　**エ**　メスフラスコ　**オ**　標線

→ 関連　演習編パターン3

テーマ9 化学反応式と反応量

① 化学反応式がつくれるようになろう！
② 化学反応の量的関係を理解しよう！
③ 反応量の計算ができるようになろう！

1 化学反応式の立式

化学の問題では化学反応式がよく出てきます。中学校のときも「$2H_2+O_2 \longrightarrow 2H_2O$」などの化学反応式を書きましたね。まずは，この化学反応式のつくり方から理解しましょう。**炭素と水素からなる物質は，完全燃焼させると二酸化炭素 CO_2 と水 H_2O になる**ことは知っておきましょう。

Point 018 化学反応式の立式

Step1 反応物と生成物の化学式を書く。
Step2 ある物質の係数を１とし，両辺の元素の数が等しくなるように係数をつける。
Step3 分数が含まれる場合，全体を整数倍し，簡単な整数比とする。

例題１ エタン C_2H_6 が完全燃焼するときの化学反応式を書け。

Step1 $C_2H_6 + O_2 \longrightarrow CO_2 + H_2O$

Step2 （H×6，C×2，O：2×2+3=7）

$$1C_2H_6 + \frac{7}{2}O_2 \longrightarrow 2CO_2 + 3H_2O$$

×2

Step3 $2C_2H_6 + 7O_2 \longrightarrow 4CO_2 + 6H_2O$

2 反応量の計算

化学反応式の係数は**反応する物質の数**を表しています。

例えば，「$2H_2+O_2 \longrightarrow 2H_2O$」という化学反応式は，「**２個の水素分子と１個の酸素分子が反応して，２個の水分子ができる**」という意味です。だから，個数のまとまりである mol は**化学反応式の係数と比例する**んですね！

Point 019 化学反応式の量的関係

化学反応式の**係数は物質量(mol)と比例**する

例　$2C_2H_6 + 7O_2 \longrightarrow 4CO_2 + 6H_2O$

0.40 mol　1.4 mol　0.80 mol　1.2 mol　(係数と比例)

2 : 7 : 4 : 6

例題2　メタンCH_4 4.0gを完全燃焼したときに生じる水は何gか。また，反応に必要な酸素は0℃，1.013×10^5 Paで何Lか。有効数字2桁で求めよ。(原子量：H＝1.0，C＝12，O＝16)

解　メタンの物質量は，$\dfrac{4.0\ \text{g}}{16\ \text{g/mol}} = 0.25\ \text{mol}$

化学反応式は，$CH_4 + 2O_2 \longrightarrow CO_2 + 2H_2O$

0.25　0.50　0.25　0.50〔mol〕

生成する水は，$0.25\ \text{mol} \times 2 \times 18\ \text{g/mol} = 9.0\ \text{g}$

H_2O〔mol〕

反応に必要な酸素は，$0.25\ \text{mol} \times 2 \times 22.4\ \text{L/mol} = 11.2 \fallingdotseq 11\ \text{L}$

O_2〔mol〕

チェック問題

09 次の化学反応式を答えよ。

(1) ブタンC_4H_{10}を完全燃焼させる。

(2) アンモニアNH_3を燃焼させると，一酸化窒素と水が得られる。

(3) 黄鉄鉱FeS_2を燃焼させると，二酸化硫黄と酸化鉄(Ⅲ)Fe_2O_3が得られる。

解答

(1) $2C_4H_{10} + 13O_2 \longrightarrow 8CO_2 + 10H_2O$

(2) $4NH_3 + 5O_2 \longrightarrow 4NO + 6H_2O$

(3) $4FeS_2 + 11O_2 \longrightarrow 8SO_2 + 2Fe_2O_3$

➔ 関連　演習編パターン4

テーマ

10 酸・塩基の定義とpH

① 酸・塩基の定義を理解しよう！
② 酸・塩基の種類を覚え，価数と強弱が答えられるようにしよう！
③ pHの計算ができるようになろう！

1 酸・塩基の定義

ここから新しい単元「酸と塩基」を扱います。中学校でも軽く扱った内容ではありますが，定義からきちんと勉強していきましょうね。

水に溶かすと**水素イオン H^+** を出す物質のことを**酸**といい，塩酸のように1つあたり H^+ **を1つ出すことのできる酸**を**1価の酸**，硫酸のように1つあたり H^+ **を2つ出すことのできる酸**を**2価の酸**と，1つあたりに**出すことができる水素イオン H^+ の数**を酸の**価数**といいます。

塩酸　$HCl \longrightarrow H^+ + Cl^-$（1価の酸）
硫酸　$H_2SO_4 \longrightarrow 2H^+ + SO_4^{2-}$（2価の酸）

それに対し，水に溶かすと**水酸化物イオン OH^-** を出す物質のことを**塩基**といいます。塩基では，**出すことできる水酸化物イオン OH^- の数**が塩基の**価数**となります。ここまで説明したのが，**アレニウスの定義**です。

水酸化ナトリウム　$NaOH \longrightarrow Na^+ + OH^-$（1価の塩基）
水酸化カルシウム　$Ca(OH)_2 \longrightarrow Ca^{2+} + 2OH^-$（2価の塩基）

このアレニウスの定義を拡張させたのが**ブレンステッド・ローリーの定義**です。ブレンステッド・ローリーの定義では，**水素イオンを渡す物質**を**酸**，**水素イオンを受け取る物質**を**塩基**と定義します。

例　$\underset{酸}{HSO_4^-} + \underset{塩基}{H_2O} \longrightarrow SO_4^{2-} + H_3O^+$（$H^+$：$HSO_4^-$ → H_2O）　　$\underset{塩基}{HCO_3^-} + \underset{酸}{H_2O} \longrightarrow H_2CO_3 + OH^-$（$H^+$：$H_2O$ → HCO_3^-）

ブレンステッド・ローリーの定義では，水のように反応により酸とも塩基ともはたらく物質もあるんだ。

Point 020 酸・塩基の定義

●アレニウスの定義

- 酸：水中で**水素イオン H^+** を放出する物質
- 塩基：水中で**水酸化物イオン OH^-**を放出する物質

●ブレンステッド・ローリーの定義

- 酸：水素イオン H^+ を**渡す**物質
- 塩基：水素イオン H^+ を**受け取る**物質

2 酸・塩基の種類

酸には，弱酸と強酸があり，その違いは電離度(電離する割合)で決まっています。塩酸のように**溶液中で完全に電離する**(電離度$\alpha = 1$)酸を強酸，酢酸のように**一部しか電離していない**(電離度$\alpha \ll 1$)酸を弱酸といい，強酸の電離は「$\longrightarrow$」，弱酸の電離は「$\rightleftarrows$」で表します。下の表にまとめてある酸・塩基はきちんと覚えておきましょう。

塩酸　$HCl \longrightarrow H^+ + Cl^-$ (強酸)

　　0.10　　0.10 mol/L　➡　電離度$\alpha = 1.0$

酢酸　$CH_3COOH \rightleftarrows H^+ + CH_3COO^-$ (弱酸)

　　0.10　　0.0010 mol/L　➡　電離度$\alpha = \dfrac{0.0010}{0.10} = 0.010$

Point 021 酸・塩基の種類

	強酸	弱酸	強塩基	弱塩基
1価	塩酸 HCl 硝酸 HNO_3	酢酸 CH_3COOH	$NaOH$ KOH	アンモニア NH_3
2価	硫酸 H_2SO_4	シュウ酸 $H_2C_2O_4$ ※$(COOH)_2$とも書く 炭酸 H_2CO_3	$Ca(OH)_2$ $Ba(OH)_2$	$Mg(OH)_2$ $Cu(OH)_2$
3価		リン酸 H_3PO_4		$Al(OH)_3$

Q 先生，アンモニアはOH^-をもっていないのに，なぜ塩基になるんですか？

A いい質問だね。アンモニア水と反応してOH^-を出すことができる（$NH_3 + H_2O \rightleftarrows NH_4^+ + OH^-$）ので，1価の弱塩基なんだね。それから，強塩基は「アルカリ金属とCa以下のアルカリ土類金属の水酸化物」と覚えるといいよ。

3 pH（水素イオン指数）

酸性，塩基性の強弱はpH（水素イオン指数）という数値で表すんですね。それでは，pHの定義から説明しましょう！

まず知っておいてほしいのが，**必ず水溶液の水素イオン濃度と水酸化物イオンの濃度の積は一定の値となる**ということのです。この値を水のイオン積といいます。

水のイオン積　$K_w = [H^+][OH^-] = 1.0 \times 10^{-14}$ (mol^2/L^2)

水が電離して生じる**水素イオンH^+と水酸化物イオンOH^-の濃度は等しい**ので，中性の溶液では

$[H^+] = 1.0 \times 10^{-7} (mol/L) = [OH^-]$

という関係が成立しますね。

酸性溶液では，H^+の濃度が増加するのですが，**$K_w = [H^+][OH^-]$の値は一定に保たれるので，OH^-の濃度が減少します**ね。だから，

$[H^+] > 1.0 \times 10^{-7} (mol/L) > [OH^-]$

という関係が成立します。同じように考えると，塩基性溶液では水酸化物イオン濃度が増加するので，

$[H^+] < 1.0 \times 10^{-7} (mol/L) < [OH^-]$

という関係が成立します。

しかし，モル濃度だと数値がとても小さくなるのでわかりにくいですね。この**水素イオン濃度の常用対数をとって－をつけたものが**pH（水素イオン指数）になります。pHと液性には次のような関係があります。

Point 022 水素イオン濃度とpH

● pH（水素イオン指数）の定義

$pH = -\log_{10}[H^+]$ ⇔ $[H^+] = 10^{-pH}$

酸性 強	←						中性						→	塩基性 強
pH	0	1	2	3	4	5	6	7	8	9	10	11	12	13	14
$[H^+]$	10^{0}	10^{-1}	10^{-2}	10^{-3}	10^{-4}	10^{-5}	10^{-6}	10^{-7}	10^{-8}	10^{-9}	10^{-10}	10^{-11}	10^{-12}	10^{-13}	10^{-14}
$[OH^-]$	10^{-14}	10^{-13}	10^{-12}	10^{-11}	10^{-10}	10^{-9}	10^{-8}	10^{-7}	10^{-6}	10^{-5}	10^{-4}	10^{-3}	10^{-2}	10^{-1}	10^{0}

例　0.010 mol/L希硫酸のpH（$\log_{10}2 = 0.30$）

希硫酸は2価の強酸なので，$H_2SO_4 \longrightarrow 2H^+ + SO_4^{2-}$のように電離するため，水素イオン濃度は，

$[H^+] = 0.010 \times \mathbf{2} = 0.020 = 2.0 \times 10^{-2}$ mol/L

よって，pHは，

$pH = -\log_{10}(2 \times 10^{-2}) = 2 - \log_{10}2 = 1.7$

☑ チェック問題

10 次の問いに答えよ。

問1　次のうち，2価の強酸を選び，記号で答えよ。

①　塩酸　　②　酢酸　　③　硝酸　　④　硫酸

問2　次の下線を付した物質のうち，ブレンステッドの酸としてはたらいているものはどれか。すべて選べ。

(1) ア$\underline{HCOOH}$ ＋ イ$\underline{H_2O}$ $\rightleftharpoons$ $H_3O^+ + HCOO^-$

(2) ウ$\underline{NH_3}$ ＋ エ$\underline{H_2O}$ $\rightleftharpoons$ $NH_4^+ + OH^-$

(3) オ$\underline{H_2SO_3}$ ＋ カ$\underline{H_2O}$ $\rightleftharpoons$ $HSO_3^- + H_3O^+$

解答

問1　④

問2　(1) **ア**　(2) **エ**　(3) **オ**

➜ 関連　演習編パターン5

テーマ

11 中和反応と塩

① 中和反応の化学反応式が書けるようになろう！
② 塩の分類を覚えよう！
③ 塩の液性が判断できるようになろう！

1 中和反応

酸と塩基を混ぜると反応し，お互いの性質を打ち消しあいます。この反応のことを**中和反応**といいます。中和反応では，**酸の水素イオン H^+ と塩基の水酸化物イオン OH^- が反応し，水 H_2O ができる**んです。このとき，水以外に生じる，**酸の陰イオンと塩基の陽イオンが結び付いた物質**を**塩**(えん)といいます。

中和反応の化学反応式をつくるときには，**H^+ と OH^- の数が等しくなるように係数をつけて**あげればいいんですね。例えば，塩酸(1価の酸)と水酸化カルシウム(2価の塩基)が反応するときには，**HCl に係数2をつけることで，2つずつの H^+ と OH^- が反応する**ことになります。

$$2HCl + Ca(OH)_2 \longrightarrow CaCl_2 + 2H_2O$$

塩(塩化カルシウム)

例　硫酸と水酸化ナトリウムの中和反応

$$H_2SO_4 + 2NaOH \longrightarrow Na_2SO_4 + 2H_2O$$

塩(硫酸ナトリウム)

アンモニアが中和するときだけは水ができないので注意しておこう！
($HCl + NH_3 \longrightarrow NH_4Cl$)

2 塩の分類

硫酸と水酸化ナトリウムが反応するとき，硫酸のもつ2つの H^+ のうち，1つしか中和しないとどんな物質が生じるでしょうか。硫酸の H^+ が1つあまり，塩の中に H^+ が含まれてしまいます($NaHSO_4$ となる)。このように，**酸の H^+ が残っている塩**のことを**酸性塩**といいます。

$$H_2SO_4 + NaOH \longrightarrow NaHSO_4 + H_2O$$

同様に，**塩基の OH^- が残っている塩**のことを塩基性塩といいます。

Point 023 塩の分類

- 酸性塩：酸の H^+ が残っている塩　例 $NaHSO_4$，$NaHCO_3$
- 塩基性塩：塩基の OH^- が残っている塩　例 $CaCl(OH)$, $MgCl(OH)$
- 正塩：H^+ も OH^- も残っていない塩　例 Na_2SO_4，$CaCl_2$

酸性塩は「酸性を示す塩」という意味ではないよ。塩の分類は液性とは関係ないからね。勘違いしている人が多いので注意しておこう！

3 塩の液性

塩を水に溶かすと何性を示すでしょうか？「酸と塩基が中和したんだから中性を示すに決まってるでしょ」と思った人…違うんですね。正塩は**もとの酸・塩基のうち強い方の性質を示す**んです。例えば，酢酸ナトリウム CH_3COONa は**弱酸**である酢酸 CH_3COOH と**強塩基**である水酸化ナトリウム $NaOH$ からできた塩なので，**強い方の性質**である塩基性を示すんですね！ ただし，**硫酸水素ナトリウム** $NaHSO_4$ のような酸性塩はこの考え方が使えないので，酸性を示すと覚えておきましょう。

Point 024 塩の液性

- 正塩の水溶液はもとの酸・塩基のうちの**強い方の性質**を示す

酸	塩基	液性	例
強酸	強塩基	中性	$NaCl$, K_2SO_4, $Ca(NO_3)_2$
強酸	弱塩基	酸性	NH_4Cl, $CuSO_4$, $Mg(NO_3)_2$
弱酸	強塩基	塩基性	Na_2CO_3, CH_3COONa, $NaHCO_3$

例外　$NaHSO_4$：酸性

では，酢酸ナトリウム CH_3COONa 水溶液が塩基性を示す本当の理由を説明しましょう！ CH_3COONa が水に溶けると完全にイオンに電離します。

$$CH_3COONa \longrightarrow CH_3COO^- + Na^+$$

酢酸が弱酸で電離度がとても小さい(電離しにくい)ため，溶液中で生じた**酢酸イオン CH_3COO^- は水の H^+ を受け取り酢酸 CH_3COOH に戻ろう**とします。このとき **OH^- を生じる**ため塩基性を示します。

この反応を，**塩の加水分解**といいます。

$$CH_3COO^- + H_2O \rightleftarrows CH_3COOH + \mathbf{OH^-}$$

それに対し，強酸は完全に電離するので，強酸が電離したイオンである Cl^- などは加水分解しないんですね。

☑ チェック問題

11 次の問いに答えよ。

問1　次の酸と塩基が中和するときの化学反応式を書け。

(1)　硝酸と水酸化バリウム

(2)　硫酸と水酸化ナトリウム

(3)　リン酸と水酸化カルシウム

(4)　硫酸とアンモニア

問2　次の塩**(ア)**～**(ク)**に関して問に答えよ。

(ア)　$CaCl_2$	**(イ)**　$NaHCO_3$	**(ウ)**　KNO_3
(エ)　$CuSO_4$	**(オ)**　NH_4Cl	**(カ)**　$NaHSO_4$
(キ)　CH_3COONa	**(ク)**　$CaCl(OH)$	

(1)　**(ア)**～**(ク)**を①酸性塩，②塩基性塩，③正塩に分類せよ。

(2)　**(ア)**～**(キ)**の水溶液の液性を④酸性，⑤塩基性，⑥中性のうちいずれの性質を示すか分類せよ。

解答

問1　(1)　$2HNO_3 + Ba(OH)_2 \longrightarrow Ba(NO_3)_2 + 2H_2O$

(2)　$H_2SO_4 + 2NaOH \longrightarrow Na_2SO_4 + 2H_2O$

(3)　$2H_3PO_4 + 3Ca(OH)_2 \longrightarrow Ca_3(PO_4)_2 + 6H_2O$

(4)　$H_2SO_4 + 2NH_3 \longrightarrow (NH_4)_2SO_4$

問2　(1)　①　**イ，カ**　②　**ク**　③　**ア，ウ，エ，オ，キ**

(2)　④　**エ，オ，カ**　⑤　**イ，キ**　⑥　**ア，ウ**

テーマ

12 中和滴定実験

① 中和滴定の実験操作を理解しよう！
② 実験器具の使い方，洗い方を覚えよう！
③ 中和滴定の計算問題を解けるようにしよう！

1 中和滴定実験

中和反応が過不足なく起こるとき，反応する酸と塩基の物質量〔mol〕は決まっているので，中和反応を利用すると酸や塩基の濃度を決定することができます。このように，**中和反応を利用して，酸や塩基の濃度を測定する実験**を中和滴定といいます。それでは，その実験操作を説明していきましょう。

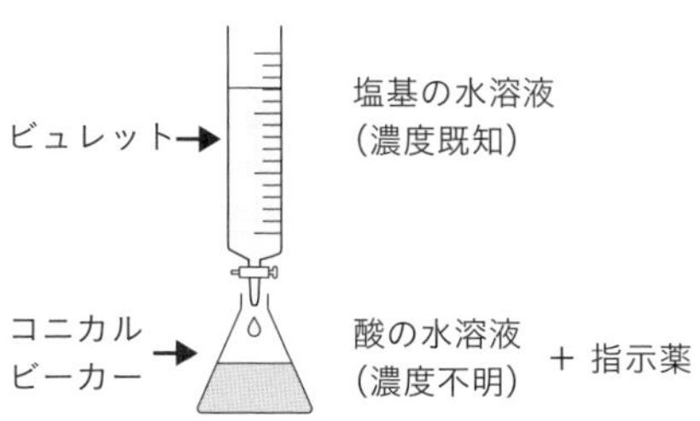

中和滴定実験の操作

Step1 **濃度のわからない酸の水溶液**をコニカルビーカー(または三角フラスコ)にホールピペットを用いて正確にはかりとる。

Step2 **濃度のわかっている塩基の水溶液**をビュレットに入れる。

Step3 ちょうど中和が完了するまで塩基の水溶液をビュレットから滴下し，その滴下量を読み取る。

このとき，酸と塩基の水溶液を逆にしてもかまいません。ここで問題になってくるのが「**中和が完了したところ(中和点)をどう判断するのか**」です。当然，溶液は無色透明なので，中和点を目で見て判断することはできません。そこで，指示薬を加え，**その色の変化で中和点を判断する**ことになります。

中和滴定では，滴定曲線と指示薬，実験器具，計算の3つを押さえよう。
これから説明していくね。

2 滴定曲線と指示薬

中和滴定のときの**コニカルビーカー内の pH の変化をグラフに表したもの**を**滴定曲線**といい，酸・塩基の強弱によりグラフが異なります。まずは，**酸と塩基の強弱の組み合わせとグラフの概形が判断できるように**しておきましょう。滴定では薄い水溶液は用いないので，**pH が 7 から遠いほど酸・塩基が強く，7 に近いと弱い**と考えれば問題ないでしょう！

Point 025 滴定曲線と指示薬

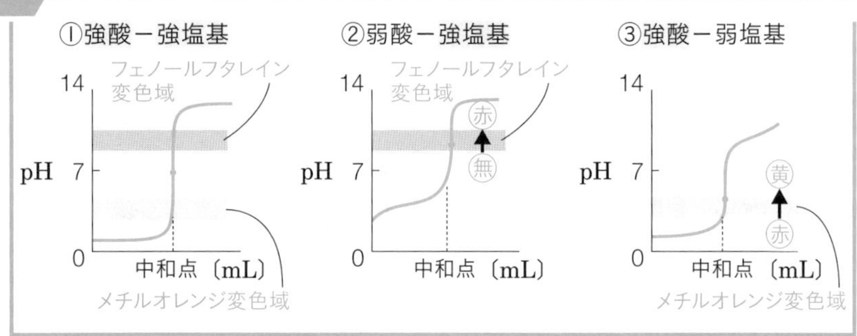

②の滴定では中和点が**塩基性側**に，③の滴定では中和点が**酸性側**にあることがわかるでしょうか。これは，**中和点で生成する塩の液性と一致して**います。だから，②の滴定では**塩基性側で色が変化する**フェノールフタレインを，③の滴定では**酸性側で色が変化する**メチルオレンジを，指示薬として使う必要があります。

①の滴定では**メチルオレンジ，フェノールフタレインのどちらも使うことができます**よ。

Point 026 指示薬

●**指示薬**：pH により色調が変化する物質

- **メチルオレンジ** ➡ **強酸**を使うときに使用(酸性側：赤，中性側：黄)
- **フェノールフタレイン** ➡ **強塩基**を使うときに使用(中性側：無色，塩基性側：赤)

3 実験器具

中和滴定にはいろいろな実験器具を使います。**溶液をつくったり薄めたりするときに使うメスフラスコ，溶液を正確にはかりとるときに使うホールピペット，溶液を滴下しその体積をはかるビュレット**などです。器具の名前，使い方，洗い方をきちんと覚えておきましょうね！

ホールピペットとビュレットは管状になっているので，水洗いすると管内に水滴が残りますね。そのため，**はかりとる溶液で洗ってから**器具を使うことになります。この操作を**共洗い**といいます。

また，体積を正確にはかる実験器具は，**ガラスが膨張するので加熱乾燥禁止**ですよ。

Point 027 実験器具

名称	メスフラスコ	ホールピペット	ビュレット
器具			
用途	溶液を調製，希釈する	少量の溶液を正確にはかりとる	溶液を滴下し，その体積をはかる
洗浄法	水洗いする	中に入れる溶液で洗う（共洗い）	

指示薬は使い分けと色の変化を，実験器具についてはその名称と使い方，洗い方が答えられるようにしておこう！　名前の最後が「ト」になっている実験器具は「共洗いをする必要がある」と覚えることもできるね。

4　中和反応の計算

中和反応では，酸の水素イオン H^+ と塩基の水酸化物イオン OH^- が過不足なく反応するので，中和点では必ず**酸の H^+ と塩基の OH^- の物質量(mol)は等しく**なりますね。酸のモル濃度〔mol/L〕に体積〔L〕をかけることで〔mol〕を出し，そこに価数をかけることで酸の H^+ の〔mol〕求めることができるため，以下のように計算するとよいでしょう。

Point 028　中和反応の計算

『酸の H^+(mol)』＝『塩基の OH^-(mol)』

$$c\text{〔mol/L〕}\times\frac{v}{1000}\text{〔L〕}\times a=c'\text{〔mol/L〕}\times\frac{v'}{1000}\text{〔L〕}\times b$$

c：酸の濃度〔mol/L〕，　c'：塩基の濃度〔mol/L〕
v：酸の体積〔mL〕，　v'：塩基の体積〔mL〕
a：酸の価数，　b：塩基の価数

例題１　濃度不明の希硫酸20 mLを0.10 mol/L水酸化ナトリウム水溶液で滴定したところ30 mL要した。希硫酸のモル濃度は何mol/Lか。有効数字2桁で求めよ。

解　希硫酸のモル濃度をx〔mol/L〕とする

$$\underbrace{x\text{〔mol/}\cancel{\text{L}}\text{〕}\times\frac{20}{1000}\cancel{\text{L}}\times 2}_{H_2SO_4\text{の}H^+\text{〔mol〕}}=\underbrace{0.10\ \text{mol/}\cancel{\text{L}}\times\frac{30}{1000}\cancel{\text{L}}\times 1}_{NaOH\text{の}OH^-\text{〔mol〕}}$$

$x=0.075$ mol/L

中和滴定の計算も，「演習編パターン5」で問題をこなして完璧にマスターしよう！　わかれば，意外と簡単ですよ。

5　二段滴定

水酸化ナトリウム NaOH と炭酸ナトリウム Na_2CO_3 の混合溶液を希塩酸で中和滴定するときは，中和点が2回現れるので二段滴定といいます。

第一中和点は塩基性なので，指示薬として**フェノールフタレイン**（**赤色**から**無色**に変化）を使い，**水酸化ナトリウム** $NaOH$ **の中和**（反応①）と**炭酸ナトリウム** Na_2CO_3 **が炭酸水素ナトリウム** $NaHCO_3$ **に変化する反応**（反応②）が起こります。

$NaOH + HCl \longrightarrow NaCl + H_2O$　…反応①

$Na_2CO_3 + HCl \longrightarrow NaHCO_3 + NaCl$　…反応②

第二中和点は酸性なので指示薬として**メチルオレンジ**（**黄色**から**赤色**に変化）を使い，**炭酸水素ナトリウム** $NaHCO_3$ **が炭酸** CO_2+H_2O **に変化する反応**（反応③）が起こります。

$NaHCO_3 + HCl \longrightarrow NaCl + CO_2 + H_2O$　…反応③

Point 029 二段滴定

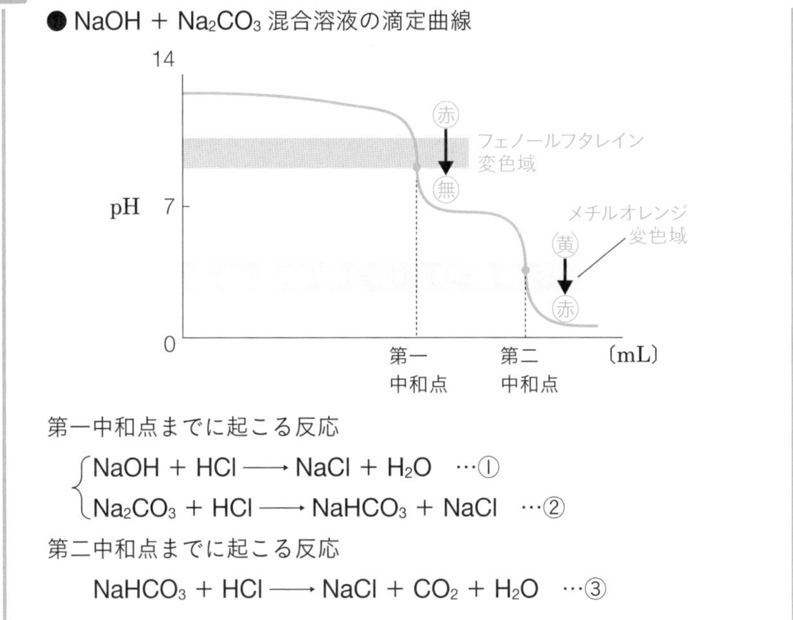

● $NaOH + Na_2CO_3$ 混合溶液の滴定曲線

第一中和点までに起こる反応

$$\begin{cases} NaOH + HCl \longrightarrow NaCl + H_2O & \cdots① \\ Na_2CO_3 + HCl \longrightarrow NaHCO_3 + NaCl & \cdots② \end{cases}$$

第二中和点までに起こる反応

$NaHCO_3 + HCl \longrightarrow NaCl + CO_2 + H_2O$　…③

二段滴定の計算問題では，「**どの反応に何 mL の塩酸が使われたか**」を考えるとよいでしょう！　例えば，**第一中和点から第二中和点までに起こる反応は反応③しかない**わけなので，**第一中和点から第二中和点までの塩酸はすべて反応③に使われる**ことになりますね。

また，**反応②で生じた$NaHCO_3$が反応③で反応する**わけなので，**反応②で使われる塩酸の量と反応③で使われる塩酸の量は必ず同じ**になります。だから，**第一中和点までの塩酸のうち，反応②に使われる分を差し引くと反応①に使われた塩酸が出る**わけです。

あとは，反応式の係数に従ってmol計算をしてみましょう！　少し難しいですが，例題2を考えてみましょう。

例題2　水酸化ナトリウムと炭酸ナトリウムの混合溶液10 mLを0.10 mol/L希塩酸で滴定したところ，30 mL滴下したところで第一中和点に達した。さらに10 mL滴下したところで第二中和点に達した。混合溶液中の水酸化ナトリウムと炭酸ナトリウムの物質量はそれぞれ何molか。

解　滴定曲線は次のようになる。

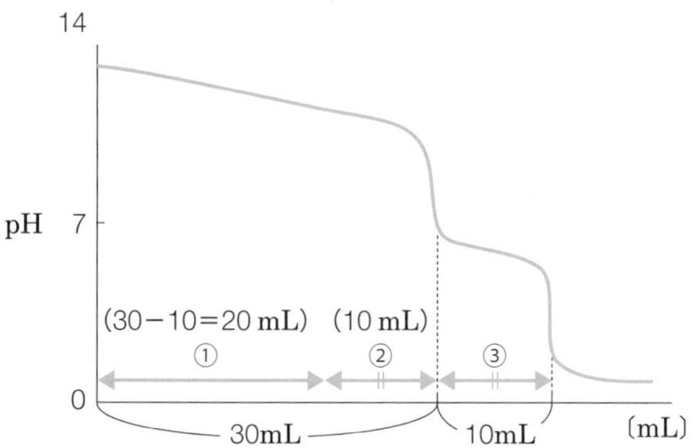

第一中和点までに起こる反応は，

$$\begin{cases} NaOH + HCl \longrightarrow NaCl + H_2O & \cdots① \\ \quad 30-10=20\ \text{mL} & \\ Na_2CO_3 + HCl \longrightarrow NaHCO_3 + NaCl & \cdots② \\ \quad\quad 10\ \text{mL} & \end{cases}$$

第二中和点までに起こる反応は，

$$NaHCO_3 + HCl \longrightarrow NaCl + CO_2 + H_2O \quad \cdots③$$
$$10\ \text{mL}$$

第二中和点に達するまでに必要な**塩酸10 mLはすべて③**に使われている。②と③に使われた塩酸の量は同じなので，**②に使われた塩酸は10 mL**である。

よって，①に使われた塩酸は，第一中和点までに必要な塩酸から②に使われた塩酸を引けばよいので，**30－10＝20 mL** となる。

①式の関係より，水酸化ナトリウムの物質量は，

$$0.10\ \text{mol/L} \times \frac{20}{1000}\ \text{L} = 2.0 \times 10^{-3}\ \text{mol}$$

②式の関係より，炭酸ナトリウムの物質量は，

$$0.10\ \text{mol/L} \times \frac{10}{1000}\ \text{L} = 1.0 \times 10^{-3}\ \text{mol}$$

チェック問題

12 次の文を読み，問いに答えよ。

濃度不明の水酸化ナトリウム水溶液の濃度を決定するには次のような実験を行えばよい。

まず，0.050 mol のシュウ酸二水和物 $H_2C_2O_4 \cdot 2H_2O$ をビーカーに正確にはかり取り，少量の純水で溶かし 1 L の(**ア**)に入れる。さらに，ビーカーを純水で洗浄し，その洗液もすべて(**ア**)に入れ，(**イ**)まで純水を加えることで 0.050 mol/L のシュウ酸標準溶液を調製する。

次に，シュウ酸標準溶液 10 mL を(**ウ**)を用いて正確にコニカルビーカーにはかりとり，指示薬として(**エ**)を加え，(**オ**)に入れた濃度不明の水酸化ナトリウム水溶液を滴下し，溶液の色が(**カ**)色から(**キ**)色に変化するまでの滴下量を測定する。

問　文中の(**ア**)～(**キ**)に適当な語句を入れよ。

解答

ア　メスフラスコ　　**イ**　標線　　**ウ**　ホールピペット
エ　フェノールフタレイン　　**オ**　ビュレット　　**カ**　無　　**キ**　赤

➜ 関連　演習編パターン5,6

テーマ

13 酸化還元反応

① 酸化・還元の定義を覚えよう！
② 酸化数の計算ができるようになろう！
③ 酸化剤・還元剤の判断ができるようになろう！

1 酸化・還元の定義

「酸化」や「還元」という用語は中学校のときも聞いたことあるのではないでしょうか？　中学校では，このように習ったはずですよ！

酸化反応：酸素原子と結び付く反応
還元反応：酸素原子を失う反応

例

$$CuO + H_2 \longrightarrow Cu + H_2O$$

（$H_2 \to H_2O$：酸化，$CuO \to Cu$：還元）

酸化還元反応は必ずしも酸素原子が関与するとは限らないのです。

例えば，銅と塩素の反応($Cu+Cl_2 \longrightarrow CuCl_2$)を考えてみましょう。この反応も酸化還元反応ですが，酸素原子のやり取りではないですね。この反応を次のように分けて書くと，**電子 e^- が授受されている**のがわかるでしょう。本来，酸化還元反応とは，**電子の授受反応**なんですね！

例 $Cu + Cl_2 \longrightarrow CuCl_2$

$Cu \longrightarrow Cu^{2+} + 2e^-$（酸化反応：**電子を渡す**反応）
$Cl_2 + 2e^- \longrightarrow 2Cl^-$（還元反応：**電子を受け取る**反応）

しかし，このように**反応式を分けて書かないと電子の移動の方向はわかりませんね**。だから，**電子の増減を酸化数という数値で判断する**ことになります。

Point 030 酸化・還元の定義

	酸素原子	水素原子	電子 e^-	酸化数
酸化反応	受け取る	渡す	渡す	増加する
還元反応	渡す	受け取る	受け取る	減少する

2 酸化数

酸化・還元を判断する数値として**酸化数**というものを使います。**酸化数**とは**電子の過不足を表す数値**です。電子は負電荷をもつので，**電子が過剰な状態を−，電子が不足している状態を**＋で表します。例えば，**電子が2つ不足していることを酸化数**＋**2**と表します。

酸化数は次のルールに従って計算できるので，覚えておきましょうね！

Point 031 酸化数の計算

●酸化数の計算

ルール1 {単体の酸化数は0，化合物の酸化数は全体で0 / イオンの酸化数はそのイオンの価数と同じ}

ルール2 {アルカリ金属(Na，Kなど)の酸化数は+1 / アルカリ土類金属(Ca，Baなど)の酸化数は+2}

ルール3 水素Hの酸化数は+1

ルール4 酸素Oの酸化数は−2

※ルール1から順に決めていくこと

例題　H_2SO_4のSの酸化数を求めよ。

解　Sの酸化数をxとする。

$$\underbrace{(+1)\times 2}_{H}+\underbrace{x}_{S}+\underbrace{(-2)\times 4}_{O}=0$$

$x=+6$

酸化数の変化を見ることで，酸化数が**増加**しているCuが**酸化**され，酸化数が**減少**しているCl_2が**還元**されていると判断することができます。

0 ⟶ +2　**酸化**

$Cu + Cl_2 \longrightarrow CuCl_2$

0 ⟶ −1　**還元**

このルールに従って計算すると，H_2O_2のO原子の酸化数が，$(+1)\times 2+2x=0$より，−1と求められるね。

3　酸化剤・還元剤

酸化還元反応において相手を**酸化させる物質**を酸化剤，**相手を還元させる物質**を還元剤といいます。**酸化剤は相手を酸化させるため相手から電子を受け取る，すなわち自分自身は還元されている**といえます。酸化剤・還元剤の意味と酸化数の変化を考えると，どの物質が酸化剤か還元剤か判断することができますね！

Point 032　酸化剤・還元剤

- 酸化剤：**相手を酸化**させ，**自身は還元**される物質（＝酸化数は**減少**）
- 還元剤：**相手を還元**させ，**自身は酸化**される物質（＝酸化数は**増加**）

例

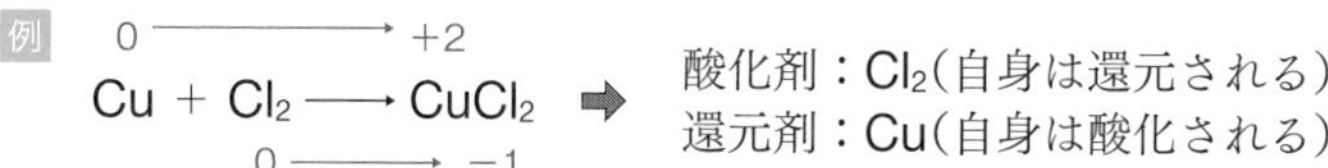

$$\mathrm{Cu} + \mathrm{Cl_2} \longrightarrow \mathrm{CuCl_2}$$

（Cu：0 → +2，Cl：0 → −1）

➡ 酸化剤：Cl_2（自身は還元される）
還元剤：Cu（自身は酸化される）

酸化数が増えたらその物質は酸化されているので還元剤，と判断できるね。酸化数は暗算で求められるようにしておこう！

4　酸化剤・還元剤の半反応式

それでは，酸化還元反応の化学反応式のつくり方を説明します。酸化還元反応の化学反応式は，とても長く丸暗記では対応できません。まずは，**酸化剤（還元剤）が電子を受け取る（渡す）式**である**半反応式**をつくり，そこから e^- を消去して化学反応式をつくります。それでは，半反応式のつくり方をまとめておきますね！

Point 033　半反応式のつくり方

- Step1　それ自身の変化を書く。（暗記しておく）
- Step2　両辺の**酸素 O の数**を，**水 H_2O** で合わせる。
- Step3　両辺の**水素 H の数**を，**水素イオン H^+** で合わせる。
- Step4　両辺の**電荷**を，**電子 e^-** で合わせる。

それでは，過マンガン酸イオン MnO_4^-（硫酸酸性条件下）が酸化剤としてはたらくときの半反応式をつくってみましょう！　ちなみに，MnO_4^-が酸化剤としてはたらくと Mn^{2+} になることは覚えておいてくださいね！

Step1　$MnO_4^- \longrightarrow Mn^{2+}$（ここは暗記しておく）

Step2　$MnO_4^- \longrightarrow Mn^{2+} + 4H_2O$

Step3　$MnO_4^- + 8H^+ \longrightarrow Mn^{2+} + 4H_2O$

Step4　$MnO_4^- + 8H^+ + 5e^- \longrightarrow Mn^{2+} + 4H_2O$（両辺の＋，－を合わせる）

次に，過酸化水素 H_2O_2（硫酸酸性条件下）が還元剤としてはたらくときの半反応式をつくってみましょう！

Step1　$H_2O_2 \longrightarrow H_2O$

Step2　$H_2O_2 \longrightarrow 2H_2O$

Step3　$H_2O_2 + 2H^+ \longrightarrow 2H_2O$

Step4　$H_2O_2 + 2H^+ + 2e^- \longrightarrow 2H_2O$

5　酸化剤・還元剤の種類

半反応式をつくるときに必要となってくることは次の２つです。まず，**酸化剤・還元剤の種類を覚えておくこと**と，**それが何に変化するのかを覚えておくこと**です。

例えば，「**過マンガン酸カリウム $KMnO_4$ は酸化剤としてはたらき，Mn^{2+} に変化する**」ということを覚えておくということです。**Point 034** の表の網掛け部分を覚えておきましょう。

Point 034 酸化剤・還元剤

●酸化剤・還元剤の種類

	化学式	名称	半反応式
酸化剤	$KMnO_4$	過マンガン酸カリウム（硫酸酸性）	$MnO_4^- + 8H^+ + 5e^- \longrightarrow Mn^{2+} + 4H_2O$
	$K_2Cr_2O_7$	二クロム酸カリウム（硫酸酸性）	$Cr_2O_7^{2-} + 14H^+ + 6e^- \longrightarrow 2Cr^{3+} + 7H_2O$
	H_2O_2	過酸化水素（硫酸酸性）	$H_2O_2 + 2H^+ + 2e^- \longrightarrow 2H_2O$
	O_3	オゾン	$O_3 + 2H^+ + 2e^- \longrightarrow O_2 + H_2O$
	H_2SO_4	熱濃硫酸	$H_2SO_4 + 2H^+ + 2e^- \longrightarrow SO_2 + 2H_2O$
	HNO_3	希硝酸	$HNO_3 + 3H^+ + 3e^- \longrightarrow NO + 2H_2O$
	HNO_3	濃硝酸	$HNO_3 + H^+ + e^- \longrightarrow NO_2 + H_2O$
還元剤	SO_2	二酸化硫黄	$SO_2 + 2H_2O \longrightarrow SO_4^{2-} + 4H^+ + 2e^-$
	H_2S	硫化水素	$H_2S \longrightarrow S + 2H^+ + 2e^-$
	$H_2C_2O_4$	シュウ酸	$H_2C_2O_4 \longrightarrow 2CO_2 + 2H^+ + 2e^-$
	KI	ヨウ化カリウム	$2I^- \longrightarrow I_2 + 2e^-$
	$FeSO_4$	硫酸鉄(Ⅱ)	$Fe^{2+} \longrightarrow Fe^{3+} + e^-$
	H_2O_2	過酸化水素	$H_2O_2 \longrightarrow O_2 + 2H^+ + 2e^-$

H_2O_2は，反応する相手によって**酸化剤としても還元剤としてもはたらく**ことができます。反応後，何に変化するかをしっかり覚えておきましょう！

Q 表の中にある「硫酸酸性」とはなんですか？

A 硫酸を加えて酸性にする，ってことだよ。酸性じゃないと表に書いてあるとおりに反応してくれないんだ。例えば，$KMnO_4$は中性や塩基性条件では，MnO_2に変化してしまうんだね。
($MnO_4^- + 4H^+ + 3e^- \longrightarrow MnO_2 + 2H_2O$)

6　酸化還元反応の化学反応式

酸化還元反応の化学反応式は，**酸化剤・還元剤の半反応式を実数倍して足すことで電子を消去し，対応するイオンを補う**ことでつくれます。

Point 035　酸化還元反応の化学反応式のつくり方

Step1　酸化剤，還元剤の半反応式を立てる。
Step2　２つの式の電子 e^- が消えるように，実数倍して足し合わせる。
Step3　問題文の物質になるように両辺に同じ種類のイオンを補う。

例題１　硫酸酸性の過マンガン酸カリウム水溶液に過酸化水素水を加える。

解　酸化剤・還元剤の半反応式は，

（酸化剤）$MnO_4^- + 8H^+ + 5e^- \longrightarrow Mn^{2+} + 4H_2O$　×2
（還元剤）$H_2O_2 \longrightarrow O_2 + 2H^+ + 2e^-$　×5

$$2MnO_4^- + 6H^+ + 5H_2O_2 \longrightarrow 2Mn^{2+} + 8H_2O + 5O_2$$

（$2MnO_4^-$ に $+2K^+$，$6H^+$ に $+3SO_4^{2-}$，$2Mn^{2+}$ に $+2SO_4^{2-}$）　余り $2K^+$，SO_4^{2-}

両辺に $2K^+$ と $3SO_4^{2-}$ を補うと，

$$2KMnO_4 + 3H_2SO_4 + 5H_2O_2 \longrightarrow 2MnSO_4 + 8H_2O + 5O_2 + K_2SO_4$$

問題文に書いてある物質になるようにイオンを補うこと。「硫酸酸性」と書いてあるから H^+ には SO_4^{2-} を補い H_2SO_4 とするんだね。

例題２　硫酸酸性の過酸化水素水にヨウ化カリウム水溶液を加える。

解　酸化剤・還元剤の半反応式は，

（酸化剤）$H_2O_2 + 2H^+ + 2e^- \longrightarrow 2H_2O$
（還元剤）$2I^- \longrightarrow I_2 + 2e^-$

$$H_2O_2 + 2H^+ + 2I^- \longrightarrow 2H_2O + I_2$$

（$2H^+$ に $+SO_4^{2-}$，$2I^-$ に $+2K^+$）　余り $2K^+$，SO_4^{2-}

両辺に $2K^+$ と SO_4^{2-} を補うと，

$$H_2O_2 + H_2SO_4 + 2KI \longrightarrow 2H_2O + I_2 + K_2SO_4$$

チェック問題

13 **次の問いに答えよ。**

問1　下線を付した元素の酸化数を求めよ。

(1)　$K_2\underline{Cr}_2O_7$　　(2)　$\underline{Br}_2$　　(3)　$\underline{N}H_4Cl$　　(4)　$H_2\underline{O}_2$

問2　次の反応(1)～(4)のうち酸化還元反応であるものを選べ。また，酸化剤，還元剤としてはたらいている物質をそれぞれ選べ。

(1)　$2KI + H_2O_2 + H_2SO_4 \longrightarrow K_2SO_4 + 2H_2O + I_2$

(2)　$2NaOH + CO_2 \longrightarrow Na_2CO_3 + H_2O$

(3)　$2KMnO_4 + 5SO_2 + 2H_2O$

$\longrightarrow K_2SO_4 + 2H_2SO_4 + 2MnSO_4$

(4)　$2Al + 6HCl \longrightarrow 2AlCl_3 + 3H_2$

問3　硫酸酸性の過マンガン酸カリウム水溶液にシュウ酸水溶液を加えたときに起こる反応の化学反応式を答えよ。

解答

問1　(1)　$+6$(式　$(+1)\times 2+2x+(-2)\times 7=0$)　　(2)　0(単体は0)

(3)　-3(NH_4^+で考えると $x+(+1)\times 4=+1$)　　(4)　-1(式　$(+1)\times 2+2x=0$)

問2

	酸化剤	還元剤
(1)	H_2O_2(Oの酸化数：$-1\rightarrow-2$)	KI(Iの酸化数：$-1\rightarrow 0$)
(3)	$KMnO_4$(Mnの酸化数：$+7\rightarrow+2$)	SO_2(Sの酸化数：$+4\rightarrow+6$)
(4)	HCl(Hの酸化数：$+1\rightarrow 0$)	Al(Alの酸化数：$0\rightarrow+3$)

問3　$2KMnO_4 + 3H_2SO_4 + 5H_2C_2O_4 \longrightarrow 2MnSO_4 + 8H_2O + 10CO_2 + K_2SO_4$

(酸化剤)　$MnO_4^- + 8H^+ + 5e^- \longrightarrow Mn^{2+} + 4H_2O$　$\times 2$

(還元剤)　$H_2C_2O_4 \longrightarrow 2CO_2 + 2H^+ + 2e^-$　$\times 5$

$2MnO_4^- + 6H^+ + 5H_2C_2O_4 \longrightarrow 2Mn^{2+} + 8H_2O + 10CO_2$

$+ 2K^+ \quad + 3SO_4^{2-} \qquad\qquad + 2SO_4^{2-}$　　余り $2K^+$, SO_4^{2-}

テーマ 14

酸化還元滴定

① 酸化還元滴定の実験操作を理解しよう！
② ヨウ素滴定を理解しよう！
③ 酸化還元滴定の計算ができるようになろう！

1 過マンガン酸カリウムを用いた酸化還元滴定

酸化還元反応を利用して，酸化剤や還元剤の濃度を測定する実験を酸化還元滴定といいます。実験操作や実験器具はテーマ12で説明した中和滴定と同じまったく同じです。では，過マンガン酸カリウムを使った酸化還元滴定の操作を説明していきますね。

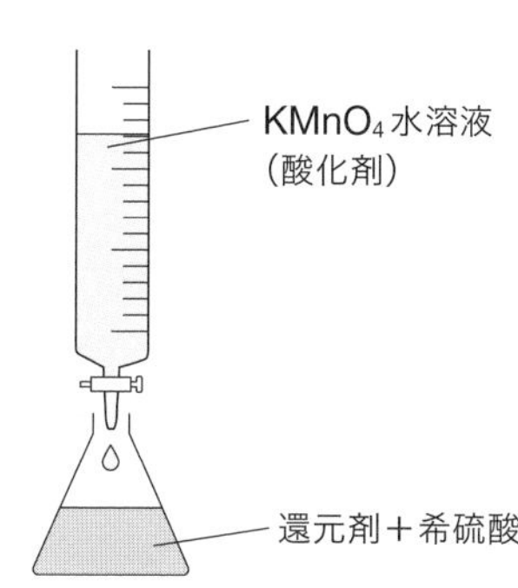

酸化還元滴定実験の操作

Step1 **濃度のわからない還元剤の水溶液**をコニカルビーカー(または三角フラスコ)にホールピペットを用いて正確にはかりとる。

Step2 **濃度のわかっている過マンガン酸カリウム水溶液**をビュレットに入れる。

Step3 ちょうど反応が完了するまで過マンガン酸カリウム水溶液をビュレットから滴下し，その滴下量を読み取る。

この滴定の終点はどのように判断するでしょうか。中和滴定と違って指示薬を使うのではなく，**過マンガン酸カリウムの色の変化**で終点を判断することになります。

MnO_4^-は赤紫色ですが，反応後に生じるMn^{2+}は無色(厳密には**淡赤色**)です。だから，還元剤がコニカルビーカー内に残っているときは滴下した過マンガン酸カリウムは反応するため**赤紫色は消えます**が，反応が完結すると滴下した過マンガン酸カリウムは反応せず**コニカルビーカー内にその赤紫色が残る**のです。ここをこの滴定の終点と判断します。

2 酸化還元反応の計算

酸化還元反応は電子の授受反応なので，必ず**酸化剤が受け取る e^- と還元剤が渡す e^- の物質量〔mol〕は等しく**なりますね。酸化剤のモル濃度〔mol/L〕に体積〔L〕をかけることで〔mol〕とし，それに価数(1つあたりの e^- の数)をかけることで酸化剤の e^- の〔mol〕を求めることができます。この関係を利用し，以下のように計算するとよいでしょう。

Point 036 酸化還元反応の計算

『酸化剤の e^-(mol)』＝『還元剤の e^-(mol)』

$$c\,(\text{mol/L}) \times \frac{v}{1000}\,(\text{L}) \times a = c'\,(\text{mol/L}) \times \frac{v'}{1000}\,(\text{L}) \times b$$

c：酸化剤の濃度〔mol/L〕，c'：還元剤の濃度〔mol/L〕
v：酸化剤の体積〔mL〕，v'：還元剤の体積〔mL〕
a：酸化剤の価数，b：還元剤の価数

例題 濃度不明の過酸化水素水25 mLに希硫酸を少量加え，0.10 mol/L過マンガン酸カリウム水溶液で滴定したところ20 mL要した。過酸化水素水のモル濃度は何mol/Lか。有効数字2桁で求めよ。

解 それぞれの半反応式は，

(酸化剤) $MnO_4^- + 8H^+ + 5e^- \longrightarrow Mn^{2+} + 4H_2O$
(還元剤) $H_2O_2 \longrightarrow O_2 + 2H^+ + 2e^-$

過酸化水素水を x〔mol/L〕とすると，

$$\underbrace{0.10\ \text{mol/L} \times \frac{20}{1000}\ \text{L} \times 5}_{MnO_4^-\text{の}e^-\text{〔mol〕}} = \underbrace{x\,\text{〔mol/L〕} \times \frac{25}{1000}\ \text{L} \times 2}_{H_2O_2\text{の}e^-\text{〔mol〕}}$$

$x = 0.20$ mol/L

Point 028の中和滴定の計算と全く同じ式だけど，電子のmolについて立式しているということを意識しておこう！

3 ヨウ素滴定

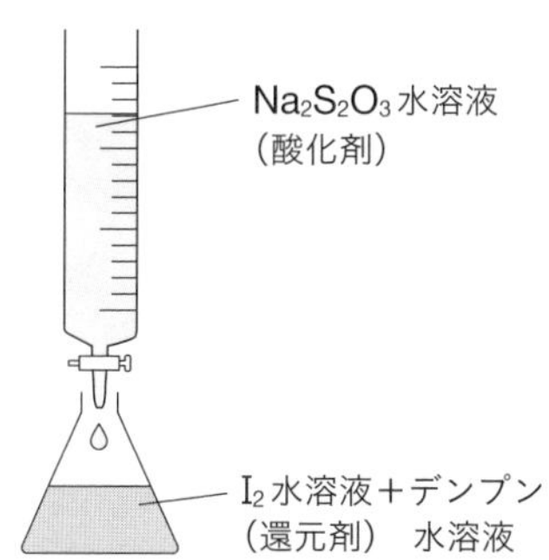

酸化還元滴定には，過マンガン酸カリウムを使う滴定以外にもう一つヨウ素滴定というものがあります。ヨウ素滴定とは，**酸化剤であるヨウ素I_2を還元剤であるチオ硫酸ナトリウム$Na_2S_2O_3$水溶液で滴定する**というものです。反応式は与えられることが多いので，無理して覚えなくてもいいでしょう！

この滴定では，**指示薬**としてデンプン溶液を使います。デンプンはヨウ素と反応すると青紫色を示すので，**ヨウ素があるときは**青(紫)色になり，**反応が完結してヨウ素がなくなる**と無色になります。これで反応の終点を判断するんですね。

（酸化剤）$I_2 + 2e^- \longrightarrow 2I^-$
（還元剤）$2S_2O_3^{2-} \longrightarrow S_4O_6^{2-} + 2e^-$

$$I_2 + 2S_2O_3^{2-} \longrightarrow 2I^- + S_4O_6^{2-}$$

指示薬：デンプン溶液
青(紫)色から無色になったところを終点とする。

例題　濃度不明の過酸化水素水20 mLに過剰量のヨウ化カリウムと希硫酸を加え，生成したヨウ素を0.10 mol/Lチオ硫酸ナトリウム水溶液で滴定したところ30 mL要した。過酸化水素水のモル濃度は何mol/Lか。有効数字2桁で求めよ。

解　過酸化水素とヨウ化カリウムの化学反応式は，

（酸化剤）$H_2O_2 + 2H^+ + 2e^- \longrightarrow 2H_2O$
（還元剤）$2I^- \longrightarrow I_2 + 2e^-$

$$\underset{1\ \mathrm{mol}}{H_2O_2} + 2H^+ + 2I^- \longrightarrow 2H_2O + \underset{1\ \mathrm{mol}}{I_2} \quad \cdots①$$

ヨウ素とチオ硫酸ナトリウムの反応は，

$$\underset{1\ \mathrm{mol}}{I_2} + \underset{2\ \mathrm{mol}}{2S_2O_3^{2-}} \longrightarrow 2I^- + S_4O_6^{2-} \quad \cdots②$$

①，②より，H_2O_2：$S_2O_3^{2-}$＝**1：2で反応する**。過酸化水素をx〔mol/L〕とすると，

$$\underbrace{x\text{〔mol/L〕}\times\frac{20}{1000}\text{L}}_{H_2O_2\text{〔mol〕}}\times 2=\underbrace{0.10\text{ mol/L}\times\frac{30}{1000}\text{L}}_{Na_2S_2O_3\text{〔mol〕}}$$

$x=0.075$ mol/L

ヨウ素滴定では，ヨウ化カリウムKIを正確にはからず，過剰量入れておけばいいんだね。反応①では，H_2O_2と同じ物質量のI_2を遊離させることが目的なので，KIが余っても問題はないんだ。
また，ヨウ素滴定では，化学反応式が与えられることがほとんどなので，化学反応式の**「係数比＝mol比」**の関係を利用して解くと解きやすいよ！

☑ チェック問題

14 次の文を読み，問いに答えよ。

市販のオキシドール中の過酸化水素の濃度を決定するために次のような実験を行った。市販のオキシドール10 mLを(**ア**)ではかりとり，100 mLの(**イ**)に入れ，標線まで純水を加えることで10倍に希釈した(溶液A)。溶液A 10 mLを(**ア**)でコニカルビーカーにはかりとり，0.10 mol/Lの過マンガン酸カリウム水溶液を(**ウ**)から滴下したところ，溶液の色が(**エ**)色から(**オ**)色に変化したため滴定の終点とした。

問1　文中の(**ア**)～(**オ**)に適当な語句を入れよ。

問2　この実験の化学反応式を書け。

解答

問1　**ア**　ホールピペット　**イ**　メスフラスコ　**ウ**　ビュレット　**エ**　無
オ　赤紫

問2　$2KMnO_4 + 3H_2SO_4 + 5H_2O_2 \longrightarrow 2MnSO_4 + 8H_2O + 5O_2 + K_2SO_4$

(反応式のつくり方はp.63を参照)

➡ 関連　演習編パターン7

第2章

理論化学

テーマ

15 物質の三態

① 物質の三態の特徴を押さえよう！
② 状態変化の名称を覚えよう！
③ 状態図を理解しよう！

1 物質の三態

物質には，**固体**，**液体**，**気体**という３つの状態があることを知っていますね。この３つの状態を**物質の三態**といいます。固体の状態は，最もエネルギーが低く，分子間に**分子間力が強くはたらいており，粒子はその位置で振動しています**。熱量を加えることで，**分子間力は切れ，激しく熱運動するため，液体，気体へと状態変化していく**んですね。まずは，それぞれの状態の特徴と，状態変化の名称を覚えておきましょう！

物質の三態

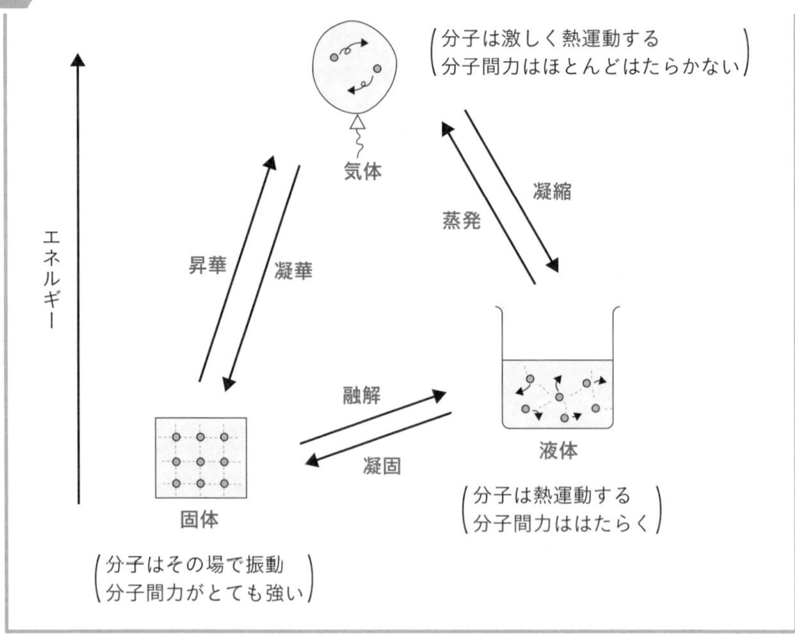

2 温度変化と状態変化

圧力一定のもとで熱量を加えると，物質は**固体→液体→気体と状態変化**していきます。固体の水に熱量を加えたときの温度変化をグラフにしたものが下の図になります。グラフを見るとわかるのですが，物質は**状態変化をするとき，加えた熱量が状態変化のみに使われるため，物質の温度は変化しない**んですね。例えば，氷が融けるときの温度は常に0℃ですね。特に，**固体の物質1 molを融解させるために必要な熱量**を**融解熱**，**液体の物質1 molを蒸発させるために必要な熱量**を**蒸発熱**といいます。

注　厳密には，融解，蒸発するときのエンタルピー変化をそれぞれ，**融解エンタルピー**，**蒸発エンタルピー**(➡p.113)という。

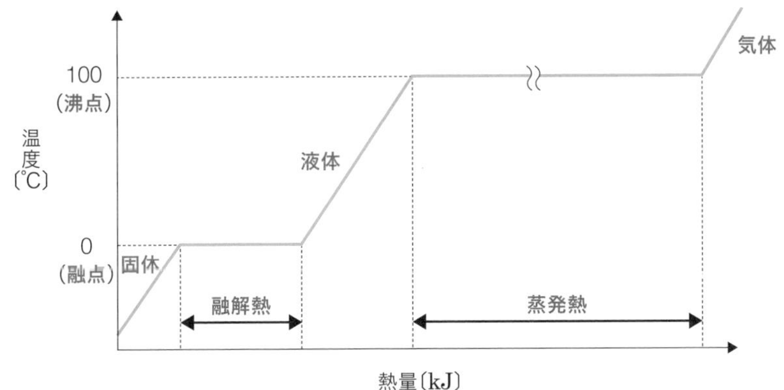

固体が融解するとき，加えられた熱量はすべて粒子間にはたらく結合（水の場合は水素結合）を切るために使われるんだ。だから物質が状態変化するときは，温度が上がらないんだね！

3 状態図

物質の状態は，**温度と圧力で決まります**。温度・圧力と物質の状態の関係を図にしたものが**状態図**です。次ページの図が水の状態図になります。

まず，それぞれの領域で物質が固体，液体，気体のどの状態で存在するかを理解しましょう。**圧力が大気圧と等しいとき，固体→液体，液体→気体となる点**がそれぞれ**融点**，**沸点**です。点Bは臨界点とよばれ，**臨界点より高い温度，**

圧力になると，液体とも気体とも区別できない超臨界流体として存在します。

圧力一定で温度を上げていくと，固体→液体→気体と状態変化するね。このことを考えると，それぞれの領域がどの状態を表すか判断できるね。

点Tは**三重点**とよばれ，固体，液体，気体の3つの状態が存在する温度，圧力です。二酸化炭素のように，三重点の圧力が1.013×10^5 Paよりも高い物質は，固体から気体に直接状態変化(**昇華**)します。それぞれの曲線の名称も覚えておきましょう。

水は，**固体よりも液体の方が体積が小さい**ため，温度を一定に保ち圧力を上げると，固体から液体に状態変化します。なので，水の**融解曲線は左上がり**になっています。(融解曲線は右上がりの物質がほとんど)。

Point 038 物質図

●水の状態図

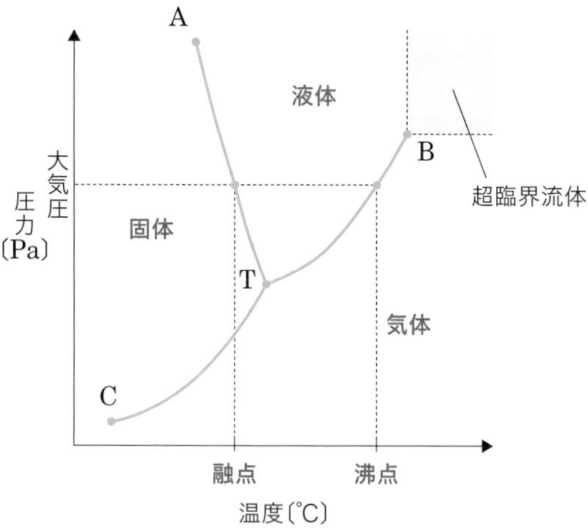

●**三重点**(点T)：固体，液体，気体が共存できる温度，圧力

●**融解曲線**(曲線A-T)：固体と液体の境界

●**蒸気圧曲線**(曲線B-T)：液体と気体の境界

●**昇華圧曲線**(曲線C-T)：固体と気体の境界

なぜ水の融解曲線は左上がりになるのだろうか。物質は圧力を上げると体積を小さくしようとするんだけど，**水は液体の方が固体より体積が小さい**から，圧力をかけることで固体から液体に変化するんだね。この図で温度一定に保ち圧力を上げると，固体から液体に変化することがわかるかな。
それに対し，水以外の物質は液体より固体の方が体積が小さいので，圧力をかけたら液体から固体に変化するため，融解曲線が右上がりになるんだね。
氷の結晶が**すき間の多い構造**をしているので，液体よりも固体の方が体積が大きくなるんだ。こういう意味で，水は特殊な物質であることがわかるね。

チェック問題

15 次の文を読み，問いに答えよ。

図はある純物質の圧力および温度による固体，液体，気体間の状態変化を表している。

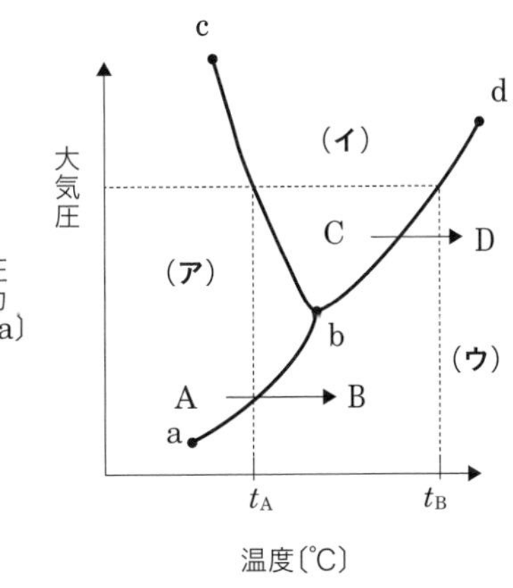

問1　図中の(**ア**)～(**ウ**)の物質の各状態は固体，液体，気体のうちのどれか。

問2　点bを何というか。

問3　点t_A，t_Bの温度をそれぞれ何というか。

問4　A→BおよびC→Dの状態変化の名称をそれぞれ答えよ。

解答

問1　**ア**　固体　　**イ**　液体　　**ウ**　気体
問2　三重点
問3　t_A　融点　　t_B　沸点
問4　A→B　昇華　　C→D　蒸発

テーマ

16 気体の法則

① 気体の圧力の概念を理解しよう！
② ボイル・シャルルの法則，状態方程式を理解しよう！
③ 混合気体の考え方を理解しよう！

1 気体の基本法則

気体の分子は熱運動しているため，**壁に衝突します**。このとき**気体分子が単位面積当たり壁に加える力**のことを気体の圧力といい，圧力の単位としては〔Pa〕(パスカル)をよく使います。ちなみに，大気圧は次のような表し方をすることができるので，覚えておきましょう！

1気圧(atm)＝1.013×10^5〔Pa〕＝760〔mmHg〕

760 mmHg とは，760 mm の水銀柱が示す圧力のことを表しています。

それでは，体積，温度，物質量が変化することで，気体の圧力がどのように変化していくのかを考えてみましょう！　ココ，すごく重要ですよ！！

①気体の圧力 P〔Pa〕と体積 V〔L〕の関係

容器の体積を $\frac{1}{2}$ 倍にすると，同じように熱運動する気体分子は**壁に衝突する回数が 2 倍になる**ので，**圧力は 2 倍**になるんですね！　だから，**気体の圧力 P は体積 V と反比例**します。

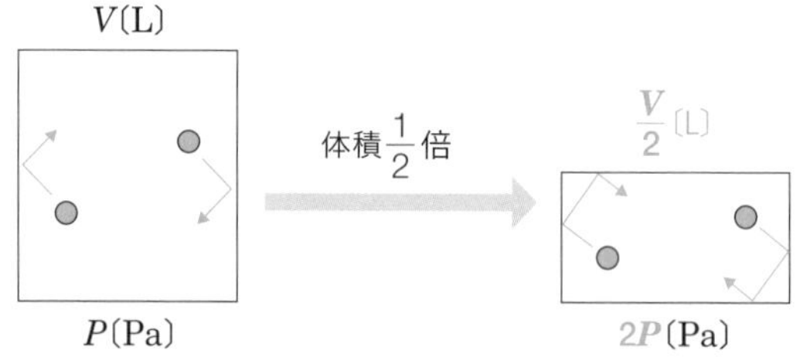

圧力 P と体積 V は反比例の関係 ➡ PV＝(一定)　(ボイルの法則)

部屋が狭くなれば，同じスピードで運動している気体分子は壁に衝突する回数が増えるね！

②気体の圧力 P〔Pa〕と絶対温度 T〔K〕の関係

絶対温度とは，**摂氏温度〔℃〕に 273 を加えた値**で，単位を〔K〕（ケルビン）で表します。

T〔K〕$= t$〔℃〕$+ 273$

容器の**絶対温度を 2 倍**にすると，気体の熱運動が激しくなので，**圧力は 2 倍**になるんですね！　だから，**気体の圧力 P は絶対温度 T に比例**します。

圧力 P と絶対温度 T は比例の関係 ➡ $\dfrac{P}{T} = $(一定)

気体分子にとって熱はエネルギーなんだ。「熱エネルギー」っていったりするもんね。物理でもっと詳しく勉強するよ。

③気体の圧力 P〔Pa〕と物質量 n〔mol〕の関係

容器内の気体の**物質量を 2 倍**にすると，**衝突する気体分子の数が 2 倍になる**ので，**圧力は 2 倍**になるんですね！　だから，**気体の圧力 P は物質量 n に比例**します。

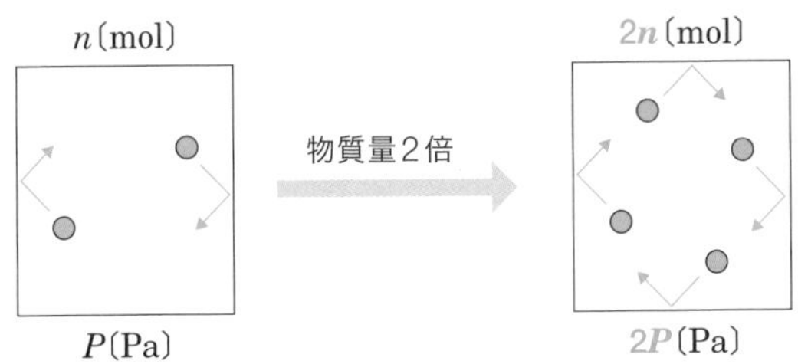

圧力 P と物質量 n は比例の関係 ➡ $\dfrac{P}{n} = $(一定)

①〜③までイメージできましたか？　ただし，このままでは計算に使いづらいので式にしてみましょう！　**①，②の関係を式にまとめたものがボイル・シャルルの法則，①，②，③の関係を式にまとめたものが気体の状態方程式**となります。

Point 039　気体の基本法則

●ボイル・シャルルの法則

$$\frac{P_1V_1}{T_1}=\frac{P_2V_2}{T_2}=(\text{一定})$$

（PV＝(一定)でボイルの法則，$\frac{V}{T}$＝(一定)でシャルルの法則という）

●気体の状態方程式

$$PV=nRT$$

※気体定数　$R=8.3\times10^3$〔Pa·L/(mol·K)〕

よく考えると，**気体の状態方程式はボイル・シャルルの法則にモル n を加えたもの**なんですね。すると「すべての問題を状態方程式だけで解くことができるのではないか」と思う人もいるでしょう！　確かに，その通りなのです……が，ではなぜいまだにボイル・シャルルの法則が残っているのでしょうか？

それは，ボイル・シャルルの法則で解いた方が楽な問題があるからなんです！　**物質量〔mol〕が一定で，条件が変化している問題はボイル・シャルルの法則を使って解いた方**が簡単に解けることが多いです。

モルが変わらなければボイル・シャルルの法則を使う。難しい問題ほど役に立つ考え方だ。どの式で使うか迷ったときに思い出そう。

例題１　27℃，1.5×10^5 Paで5.0 Lの水素を127℃，2.0×10^5 Paにすると何Lになるか。有効数字2桁で求めよ。

解　体積 V〔L〕とすると，ボイル・シャルルの法則より，

$$\frac{1.5\times10^5\times5.0}{27+273}=\frac{2.0\times10^5\times V}{127+273}$$

$V=5.0$ L

例題2　27℃，1.0×10^5 Paで5.0 Lの水素は何molか。有効数字2桁で求めよ。（気体定数8.3×10^3〔Pa·L/(mol·K)〕）

解　物質量n〔mol〕とすると，状態方程式より，

$1.0\times10^5\times5.0=n\times8.3\times10^3\times(27+273)$

$n=0.20$ mol

2　混合気体の考え方

空気は，窒素や酸素などさまざまな種類の気体が混ざっています。このような気体を混合気体といいます。混合気体を考えるときには，分圧をきちんと理解する必要があります。

いま，気体Aと気体Bという2種類の気体からなる混合気体があるとします。**全く同じ体積の容器に気体Aだけ入れたとき，Aが示す圧力**をAの分圧といいます。同様に，**同体積容器に気体Bだけ入れたときのBの圧力**をBの分圧といいます。もちろん，**Aの分圧とBの分圧を足すと混合気体全体の圧力(全圧)になりますね**。これをドルトンの分圧の法則といいます。

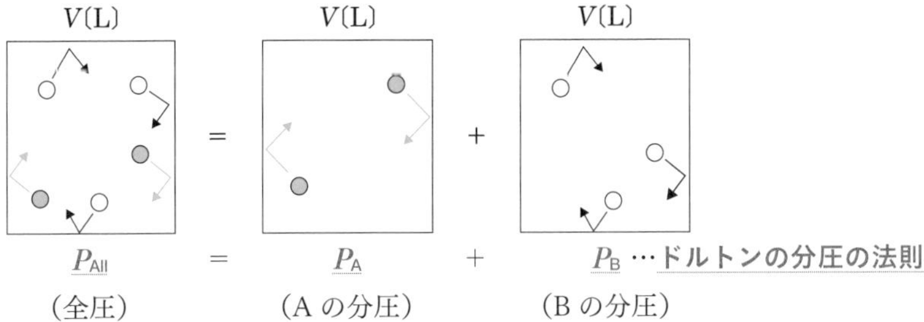

圧力は**気体分子が壁にぶつかる力**なので，分圧も気体分子の数で決まります。だから，**気体の物質量〔mol〕と圧力は比例する**んです。上の図でも，**物質量の比と圧力の比は等しくなる**ということがわかるでしょう！　これより，以下のような関係式が成立しますね。

(全体)：(気体A)：(気体B)＝$P_{All}:P_A:P_B=(n_A+n_B):n_A:n_B$

圧力比　　モル比

ここから，次のような関係式を導出することができますね。

$$P_A = \frac{n_A}{n_A + n_B} \times P_{All} \qquad P_B = \frac{n_B}{n_A + n_B} \times P_{All}$$

この式の $\frac{n_A}{n_A + n_B}$，$\frac{n_B}{n_A + n_B}$ はそれぞれA，Bの**モル分率**(モルの割合)を表しています。だから，**全圧にAの割合をかければAの分圧を求めることができる**ことを表しているわけです。

これは，ただの比例計算を式にしているだけなんだという認識をもっておいてほしいな。

Point 040 混合気体

- **分圧**：同体積容器に1種類のみの気体を入れたときの圧力
- **ドルトンの分圧の法則**：分圧の和が全圧と等しくなる

$$P_{All} = P_A + P_B$$

- 分圧とモル分率の関係：**分圧＝モル分率×全圧**

$$P_A = \frac{n_A}{n_A + n_B} \times P_{All}$$

$$P_B = \frac{n_B}{n_A + n_B} \times P_{All}$$

例題3　温度一定で，2.0×10^5 Paの窒素2.5 Lと，3.0×10^5 Paの酸素4.0 Lを，5.0 Lの容器に封入したときのそれぞれの分圧と，全圧は何Paか。

解　窒素と酸素の分圧を P_{N_2}〔Pa〕，P_{O_2}〔Pa〕とする。ボイルの法則より，

窒素について，

$$2.0 \times 10^5 \times 2.5 = P_{N_2} \times 5.0$$

$$P_{N_2} = 1.0 \times 10^5 \text{ Pa}$$

酸素について，

$$3.0 \times 10^5 \times 4.0 = P_{O_2} \times 5.0$$

$$P_{O_2} = 2.4 \times 10^5 \text{ Pa}$$

全圧P_{All}は，ドルトンの分圧の法則より，

$$P_{All} = P_{N_2} + P_{O_2} = 1.0 \times 10^5 + 2.4 \times 10^5 = 3.4 \times 10^5 \text{ Pa}$$

この問題では，5Lの容器に1種類だけ入れたときの圧力が分圧と考えよう。また，気体のつめかえでは気体のモルは変わらないから，ボイルの法則を使うんだ。

チェック問題

16 文中の（ア）～（ク）に適当な語句を入れよ。

気体には以下の①や②のような関係があることが知られている。

①「温度一定のとき，一定量の気体の体積Vは，圧力Pに反比例する。」

②「圧力一定のとき，一定量の気体の体積Vは，温度を1K上昇させるごとに，0℃のときの体積の$\frac{1}{273}$ずつ増加する。」

①は（**ア**）の法則，②は（**イ**）の法則とよばれる。ここで，セルシウス温度t〔℃〕に273を加えた（**ウ**）温度T〔K〕を用いると，②は，「圧力一定のとき，一定量の気体の体積Vは，（**ウ**）温度Tに比例する。」とも表すことができる。①，②の関係を合わせて（**エ**）の法則という。また，（**エ**）の法則に物質量との関係を含めると$PV = nRT$という式が得られ，これを気体の（**オ**）という。

混合気体において，各成分気体が単独で占めるときの圧力を（**カ**）といい，混合気体全体が示す圧力を（**キ**）という。各成分気体の（**カ**）の和は（**キ**）と等しく，この関係を（**ク**）の法則という。

解答

ア ボイル　**イ** シャルル　**ウ** 絶対　**エ** ボイル・シャルル
オ 状態方程式　**カ** 分圧　**キ** 全圧　**ク** ドルトンの分圧

➜ 関連　演習編パターン8

テーマ

17 蒸気圧

① 気液平衡を理解しよう！
② 飽和蒸気圧の意味と考え方を理解しよう！
③ 蒸気圧の絡む計算問題が解けるようになろう！

1 気液平衡と飽和蒸気圧

空っぽの密閉容器に液体の水を大量に入れてみるとどうなるでしょうか？ まず，**液体の水は蒸発**していきますね。逆に，容器内に存在する**水蒸気は凝縮**し，液体の水に戻りはじめます。十分に時間が経つと，水分子の**蒸発する速さと水蒸気が凝縮する速さが等しく**なり，容器内の水蒸気の数が変わらなくなるんですね。この状態を気液平衡といい，**このときの水蒸気の圧力**を飽和蒸気圧(単に蒸気圧)といいます。

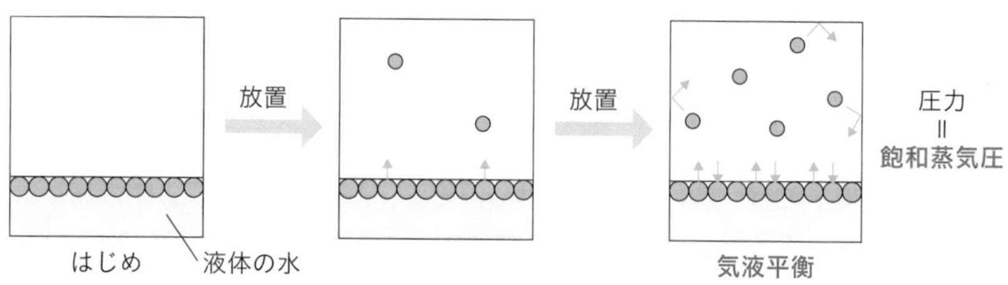

蒸気圧は，温度が同じであれば変わりませんが温度が高くなると大きくなります。温度と蒸気圧の関係を表したグラフを蒸気圧曲線といいます(右図)。

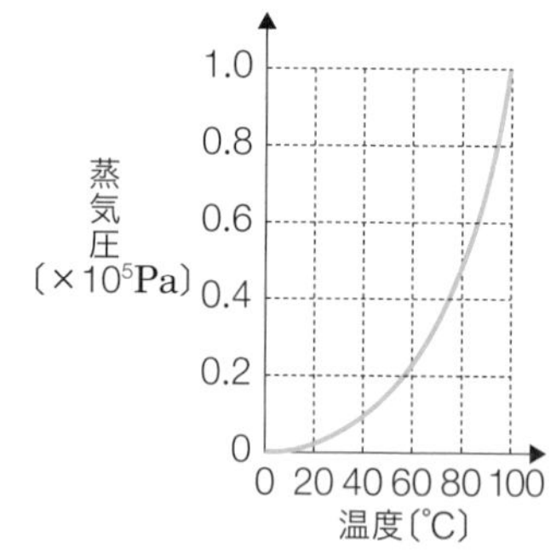

2 飽和蒸気圧と分圧

では，どういうときに蒸気圧を考えないといけないのでしょうか？ 当然，液体の水が存在するとき，容器内は気液平衡になっているので，**容器内の水蒸気の圧力は飽和蒸気圧と等しくなって**います。例えば，水素を水上置換で捕集した場合，水素を水の中に通すので，捕集した水素の中には**飽和蒸気圧と等しい圧力の水蒸気が含まれている**ことになりますね。

Point 041 飽和蒸気圧

●**気液平衡**：蒸発と凝縮の速度が等しくなり，蒸発も凝縮も起こってないように見える状態

●**飽和蒸気圧**：気液平衡における気体物質の圧力

➡ その物質が気体になることのできる最大の圧力

液体の水が存在する ➡ 水蒸気の圧力＝飽和蒸気圧となる

例題1　27℃, 1.0×10^5 Paの下で，500 mLの水素を水上置換で捕集した。捕集した水素は何molか。有効数字2桁で求めよ。27℃の飽和水蒸気圧を4.0×10^3 Paとする。(気体定数：$R=8.3\times10^3$ Pa・L/(mol・K))

解　水蒸気の分圧P_{H_2O}は，飽和蒸気圧と等しいので，$P_{H_2O}=4.0\times10^3$ Pa

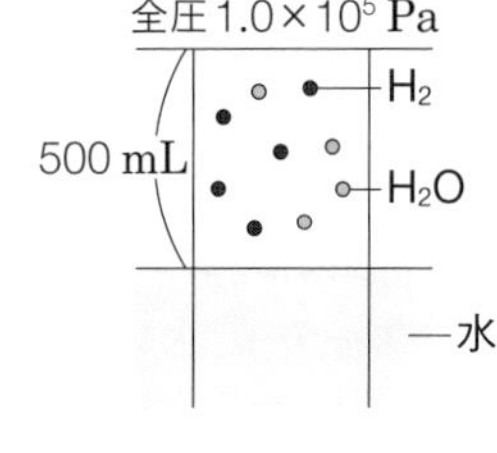

分圧の法則より，水素の分圧は，

$$P_{H_2}=P_{All}-P_{H_2O}$$
$$=1.0\times10^5-4.0\times10^3=9.6\times10^4 \text{ Pa}$$

捕集した水素をn〔mol〕とする。

$$9.6\times10^4\times0.50=n\times8.3\times10^3\times(27+273) \qquad n=1.9\times10^{-2} \text{ mol}$$

3 状態の判別

容器内に水があり，その圧力を求めるときには，**その水がすべて気体で存在するのか，一部液体として存在するのかを判断する**必要があります。飽和蒸気圧は水が気体になることができる限界の圧力なので，圧力はその値を超えることはできません。だから，液体が存在するかどうか判断するには，水が**すべて気体であると仮定した状態で圧力を計算し，その値が飽和蒸気圧を超えるかどうか**を調べることになります。

Point 042 状態の判別

●水が**すべて気体であると仮定**し，その圧力P_{H_2O}'を計算する

① $P_{H_2O}'\leqq$**(飽和蒸気圧)** ➡ 水はすべて気体で存在

② $P_{H_2O}'>$**(飽和蒸気圧)** ➡ 水は一部液体として存在する

➡ 水蒸気の圧力＝飽和蒸気圧となる

例題2　27℃で3.0 Lの容器に0.010 molの水を入れたときの圧力は何Paか。有効数字2桁で求めよ。27℃の飽和水蒸気圧を4.0×10^3 Paとする。(気体定数：$R=8.3\times10^3$ Pa・L/(mol・K))

解　水が**すべて気体で存在すると仮定**し，その分圧をP_{H_2O}'〔Pa〕とする。
状態方程式より，

$$P_{H_2O}'\times3.0=0.010\times8.3\times10^3\times(27+273)$$

$$P_{H_2O}'=8.3\times10^3\ \text{Pa}>(\text{飽和蒸気圧})4.0\times10^3\ \text{Pa}$$

この値は，飽和蒸気圧を超えているので，水は**一部液体として存在している**ことがわかる。よって，水蒸気の圧力は，$P_{H_2O}=4.0\times10^3$ Pa

蒸気圧の計算はとても難しいね。演習編パターン9に解法をまとめてあるので，それを読んでから問題をたくさん解くことで鍛えていこう！

チェック問題

17 図は，エタノール，ジエチルエーテル，水の蒸気圧曲線を表している。次の問いに答えよ。

問1　図中のグラフA，B，Cはどの物質の蒸気圧曲線に対応しているか，物質名で答えよ。

問2　物質Aの6.0×10^4 Paにおける沸点は何℃か。整数値で答えよ。

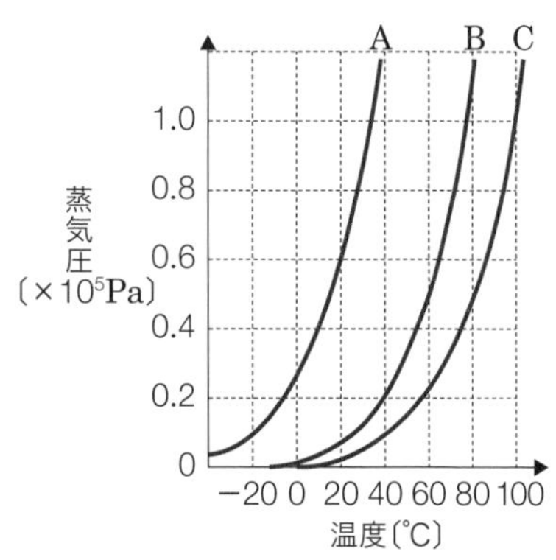

解答

問1　A　ジエチルエーテル　　B　エタノール　　C　水
(1.0×10^5 Paの水の沸点は100℃である。分子間力が強いほど沸点が高いため，水素結合をつくるエタノールはつくらないジエチルエーテルより沸点が高い)

問2　20℃(沸点は蒸気圧が0.6×10^5 Paと等しくなる温度を読み取る)

➡ 関連　演習編パターン9

テーマ

18 理想気体と実在気体

①理想気体の定義を覚えよう！
②実在気体と理想気体の違いを示すグラフを理解しよう！
③実在気体が理想気体に近づく条件を覚えよう！

1 理想気体の定義

これまでの計算問題で扱ってきた気体はすべて理想気体とよばれる**仮想的な気体**なんです。理想気体は次のように定義されています。

Point 043 理想気体の定義

●理想気体の定義

①**分子間力**がはたらかない
②**分子自身の体積**をもたない
} 気体

➡ 厳密に**状態方程式 *PV*=*nRT* が成立**する。

それに対し，実際に存在する気体を実在気体といい，**分子間力がはたらき，分子自身の体積をもちます**。そのため，実在気体は状態方程式 $PV=nRT$ が成り立たず，その式からずれが生じていくのです。

2 理想気体と実在気体の比較

理想気体と実在気体の比較をするときには，**横軸に圧力 *P*，縦軸に $\frac{PV}{RT}$ 値をとったグラフ**を利用します。まず，理想気体では，状態方程式が必ず成立するので，1 mol のときは必ず

$$PV=1\times RT \quad \Leftrightarrow \quad \frac{PV}{RT}=1$$

となりますね。それに対し，実在気体では，次の図のように変化します。このグラフは「**実在気体の体積が，同じ条件の理想気体に比べて大きいか小さいか**」を表しています。それでは，なぜ実在気体のグラフがこのように変化するのか考えてみましょう！

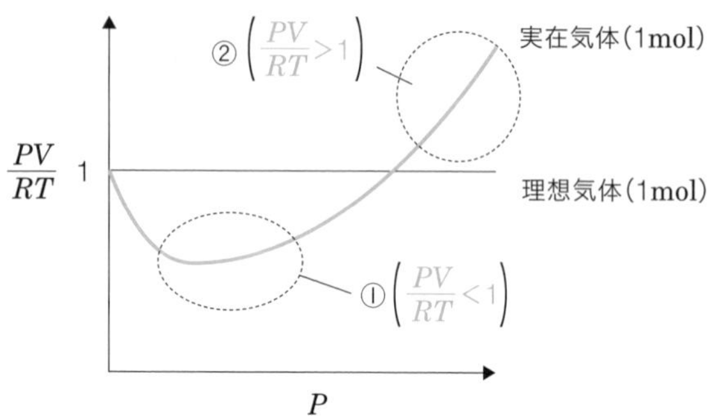

① $\frac{PV}{RT}$<1となる要因 ➡ 分子間力の影響㊅

実在気体は**分子間力がはたらく**ため，気体分子どうしがお互いに引き合っています。よって，**気体分子の運動できる範囲，すなわち体積が小さくなる**のです。だから，同じ条件で V が小さくなるため，$\frac{PV}{RT}$**値は実在気体の方が理想気体より小さくなる**んですね。

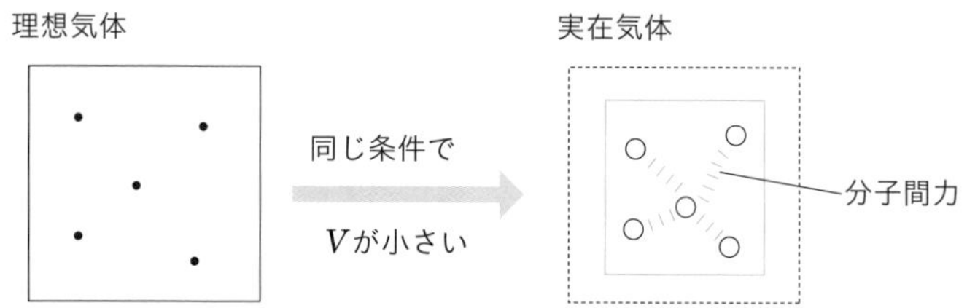

② $\frac{PV}{RT}$>1となる要因 ➡ 分子自身の体積の影響㊅

実在気体は，**分子自身の体積**ももつため，圧力がとても高く(容積が小さく)なると，**分子自身の体積の分だけ気体全体の体積が大きくなります**ね。よって，同じ条件で V が大きくなるため，$\frac{PV}{RT}$**値は実在気体の方が理想気体より大きくなる**んですね。

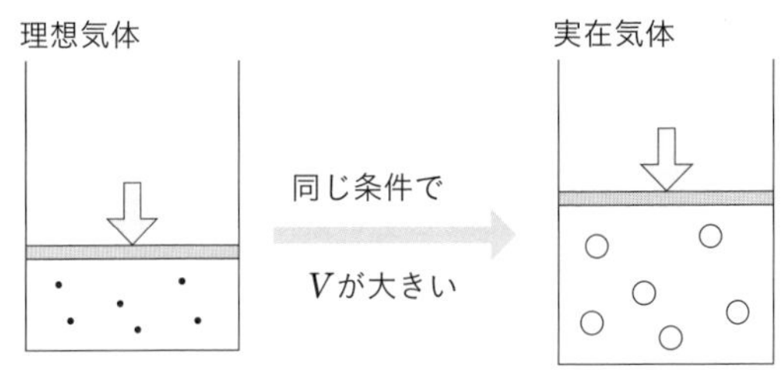

このグラフはよく出題されるため，上下にずれる要因もあわせて理解しておこう！

では，実在気体の挙動を理想気体に近づけるには条件をどのように変えればいいか考えてみましょう。まず，**温度を上げる**ことで**気体分子は激しく運動するため，分子間力の影響を受けにくく**なりますね。また，**圧力を下げる**ことで，**容積が大きくなり，分子自身の体積の影響を小さくする**ことができます。また，分子と分子の距離が遠くなることで，分子間力が弱くなるともいえます。まとめると，**実在気体は高温・低圧にすることで，理想気体の挙動に近づく**といえるわけです。

Point 044 実在気体

●実在気体：分子間力がはたらき，分子自身の体積をもつ実在する気体

分子間力の影響が大きいとき ➡ $\frac{PV}{RT} < 1$

分子自身の体積の影響が大きいとき ➡ $\frac{PV}{RT} > 1$

実在気体は高温・低圧にすることで，理想気体の挙動に近づく

分子間力とはファンデルワールス力や水素結合のことだったね。例えば，分子量が小さな無極性分子（H_2やHeなど）は，ファンデルワールス力がとても弱いため，分子間の影響が小さく，理想気体に近い挙動を示すね。分子量が大きくなるとファンデルワールス力が強くなり，理想気体からのずれが大きくなり，$\frac{PV}{RT}$の値が小さくなるんだね。

☑ チェック問題

18 次の文を読み，問いに答えよ。

気体の状態方程式が厳密に成立する気体を（ **ア** ）気体といい，仮想的な気体である。それに対し，実際に存在する実在気体は，状態方程式に完全に当てはまらない。これは，実在気体には（ **イ** ）がはたらき，また，分子自身の（ **ウ** ）をもつためである。実在気体の挙動を理想気体に近づけるためには，温度を（ **エ** ）くし，圧力を（ **オ** ）くする必要がある。

問1　文中の（ **ア** ）〜（ **オ** ）に適当な語句を入れよ。

問2　次のグラフA〜Cは水素，二酸化炭素，メタンのいずれかを表している。グラフA〜Cがどの気体に対応しているかそれぞれ名称で答えよ。

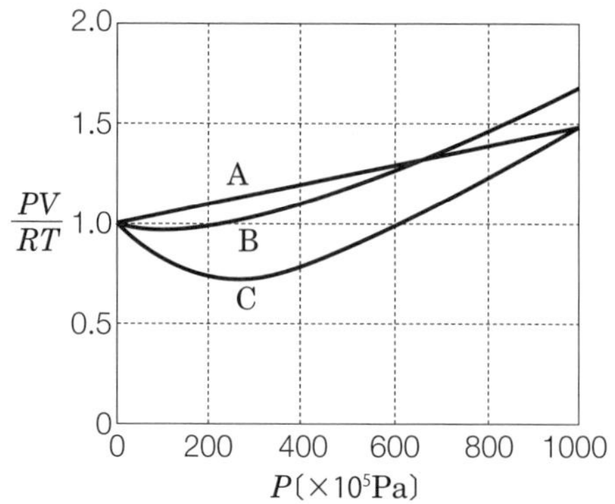

解答

問1　**ア**　理想　　**イ**　分子間力　　**ウ**　体積　　**エ**　高　　**オ**　低

問2　A　水素　　B　メタン　　C　二酸化炭素

（分子量が大きく，ファンデルワールス力が強くはたらくほど，$\frac{PV}{RT}$ 値が小さくなる。）

テーマ

19 溶解度

① 固体の溶解度計算ができるようになろう！
② ヘンリーの法則を理解しよう！
③ 気体の溶解量計算ができるようになろう！

1 溶解の原理

物質が水に溶解するとき，その物質は水と静電気的に結合しています。水は**Hが正(＋)に，Oが負(－)に帯電した極性分子**(➡ p.31)なので，塩化ナトリウム NaCl が水に溶けるときには，正に帯電している Na^+ **は水分子のO**と，負に帯電している Cl^- **は水分子のH**とクーロン力で引きあいます。このように，水と静電気的に結び付くことを，**水和**といいます。

また，メタノール CH_3OH のような極性分子は，**－OHのHが正にOが負に帯電している**ため，同じように水分子と水和することができます。ちなみに，－OHのように極性があり**水分子と水和しやすい部分**を**親水基**といい，$-CH_3$ のように極性がなく**水分子と水和しにくい部分**を**疎水基**といいます。**分子内の親水基の割合が多いほど，水には溶けやすい**のです。

逆に，ヨウ素 I_2 などの**無極性分子**は，ヘキサンなどの**無極性溶媒**に溶けやすいのです。

極性分子は水(極性溶媒)に溶けやすく，無極性分子は無極性溶媒に溶けやすい。これは，似たものどうしが混ざりやすいと覚えとくといいね。

Point 045 溶解の原理

●**水和**：溶質粒子が水分子と静電気的に結合

●溶解のルール

①**イオン結晶**，**極性分子**は**極性溶媒**(水など)に溶けやすい。

例　塩化ナトリウム NaCl，アンモニア NH_3 など

※イオン結晶でも，沈殿するものは水に溶けない

②**無極性分子**は**無極性溶媒**(ベンゼン，ヘキサンなど)に溶けやすい。

例　ヨウ素 I_2，ナフタレン $C_{10}H_8$ など

2 固体の溶解度

固体の溶けやすさは溶解度という値で考えます。**水 100 g に溶解できる溶質の最大質量〔g〕**を**溶解度**といいます。一般に溶解度は，温度が高くなるほど**大きくなる**傾向にありますね。溶解度を温度に対してグラフにしたものを**溶解度曲線**といいます。

溶解度の計算をするときは，**問題に出た溶液と溶解度を比例計算**して解いていきます。例えば，硝酸カリウム KNO_3 の溶解度曲線が右のように与えられているとして，例題 1 を考えてみましょう！

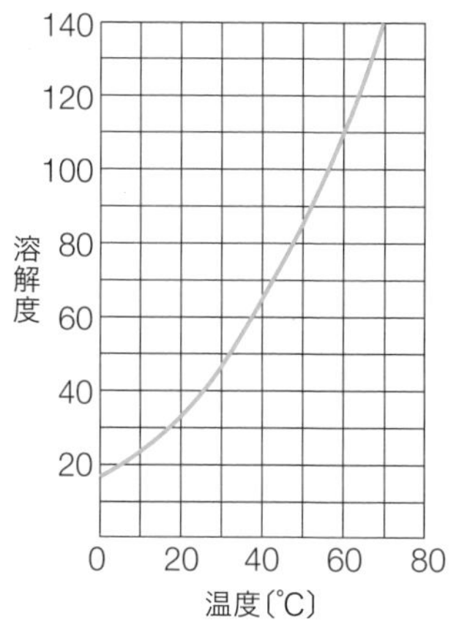

例題 1　60℃における KNO_3 の飽和溶液100 g中に溶けている KNO_3 の質量は何gか。

解　グラフより，60℃の水100 gに110 g溶けるので，210 gの飽和溶液に110 gの KNO_3 が溶けていることになる。

溶けている KNO_3 を x gとおく。

(溶質)：(溶液)

$= 110 : 210 = x : 100$

$x = 52.3\cdots \fallingdotseq 52$ g

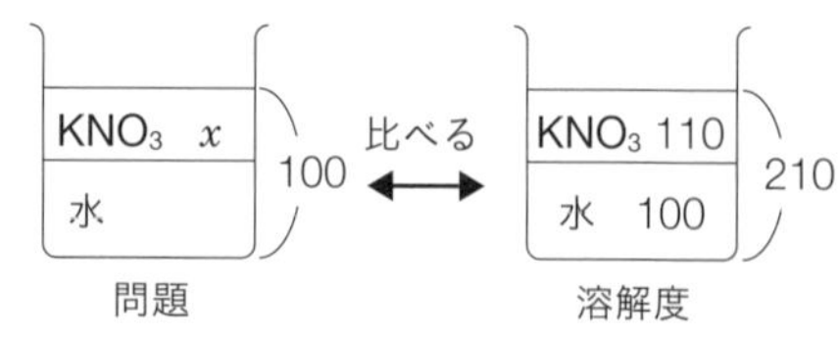

問題の溶液と溶解度を比べて比例計算すればいいんだ。演習編パターン10でいろいろなパターンの問題をやってみよう！　わからなくなったときは図を描いて考えるとわかりやすいよ。

3 気体の溶解

次は，気体の溶解を考えてみましょう！　気体は固体と違い，**高温の方が水に溶けにくい**ですね。例えば，ぬるい炭酸飲料は気が抜けていておいしくないですよね。

また，気体の溶解量は，**圧力が高くなるほど増加**します。すなわち，気体の溶解量はその気体の圧力に比例し，これを，ヘンリーの法則といいます。

Point 046 ヘンリーの法則

● ヘンリーの法則：一定温度で一定量の溶媒に溶解する気体の量は，その気体の**圧力**(**分圧**)に**比例**する。

※ただし，溶解度の小さい気体のみ成立する

例 H_2，N_2，O_2，CO_2 など

例 酸素の溶解

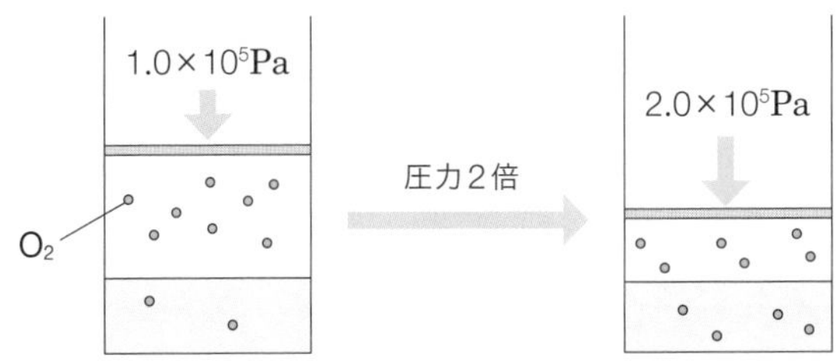

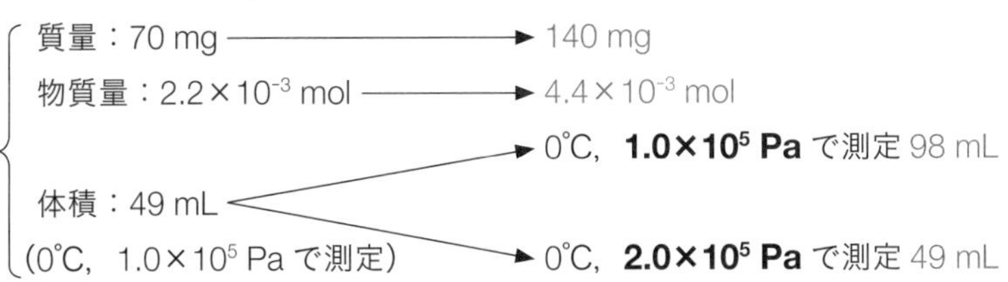

圧力が2倍になるので，**水に溶ける酸素の量も2倍**になっているのがわかるでしょうか。しかし，水に溶ける気体の体積を測定するときは，その**体積をはかるときの圧力**に注意する必要があります。

水に溶けた酸素の体積を 1.0×10^5 Pa(はじめと同じ圧力)で測定すると，**物質量が2倍になっているので，体積も2倍の 98 mL(＝49×2)** となりますね。しかし，2.0×10^5 Pa(今かかっている圧力)で体積を測定すると，**物質量が2倍になっていても圧力が2倍になっているので，体積は 49 mL のまま変わらないのです！**

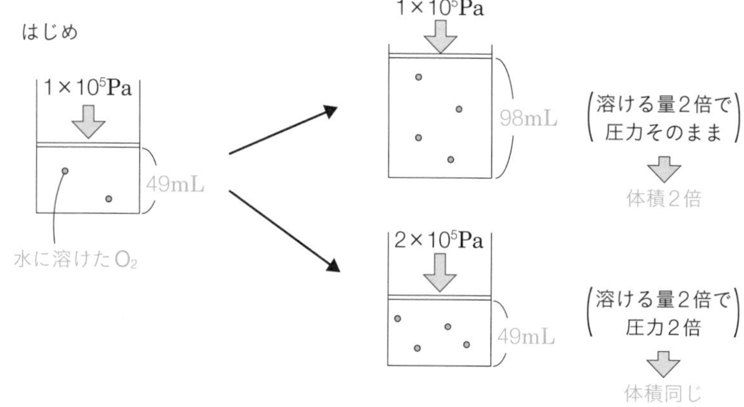

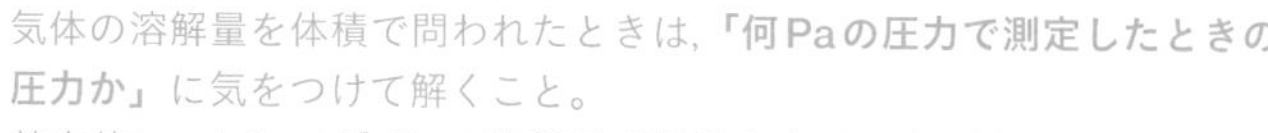

気体の溶解量を体積で問われたときは，**「何Paの圧力で測定したときの圧力か」**に気をつけて解くこと。
基本的に，1.0×10^5 Paの溶解量が基準となることが多いので，1.0×10^5 Paで測定した体積で溶解量を問われているならば，気体の溶解量はかかっている圧力に比例させた値で答えるんだね。
ただし，今，容器にかかっている圧力で気体の溶解量を問われたら，基準と同じ値になるよ。とてもややこしくて間違いやすいから，気をつけよう！

例題2　メタンは0℃，1.0×10^5 Paで水1 Lに56 mL溶解する。0℃，3.0×10^5 Paのメタンは水1 Lに(a)0℃，1.0×10^5 Paで何mL溶けるか。また，(b)0℃，3.0×10^5 Paで何mL溶けるか。

解　(a)　0℃, 1.0×10^5 Paで測定すると，水に溶けるメタンの体積は**圧力に比例**するので，

$56\times3=168 \fallingdotseq 1.7\times10^2$ mL

(b)　0℃, 3.0×10^5 Paで測定すると，水に溶けるメタンの体積は**はじめと変わらない**ので，

56 mL

☑ チェック問題

19 次の文を読み，問いに答えよ。

水分子は，水素原子が(**ア**)，酸素原子が(**イ**)に帯電した(**ウ**)分子であるため，塩化ナトリウムを水に溶かすと，Na^+ は水分子の(**エ**)原子と，Cl^- は水分子の(**オ**)原子とそれぞれ静電気的に引き合う。このように，溶質粒子が水分子によって取り囲まれて安定化することを(**カ**)という。

一方，ナフタレンなどの(**キ**)分子は，水分子とは(**カ**)しないので，水にはほとんど溶けないが，極性のないベンゼンやヘキサンなどにはよく溶ける。

問1　文中の(**ア**)～(**キ**)に適当な語句を入れよ。

問2　次の①～④のうち，水に溶けやすい物質をすべて選べ。

①　$BaSO_4$　　②　$CaCl_2$　　③　CH_3OH　　④　I_2

解答

問1　**ア**　正　**イ**　負　**ウ**　極性　**エ**　酸素　**オ**　水素　**カ**　水和　**キ**　無極性

問2　②，③

(①$BaSO_4$ はイオン結晶であるが沈殿するため水に溶けにくい。④I_2 は無極性分子であるため水に溶けにくい。)

➜ 関連　演習編パターン10,11

テーマ

20 希薄溶液の性質

① 沸点上昇・凝固点降下の計算ができるようになろう！
② 冷却曲線を理解しよう！
③ 浸透圧を理解し，計算ができるようになろう！

1 沸点上昇

水溶液の沸点は水の沸点より少し**高く**なります。この現象を**沸点上昇**といいます。それでは，なぜ水溶液の沸点が上がるのでしょうか。

密閉容器に水を入れて放置しておくと，**蒸発する水と凝縮する水の速度がつり合い気液平衡**状態になりますね(➡ p.80)。同じことを水溶液で考えると，水溶液では溶質が水の蒸発を妨害するため，**水が蒸発しにくく**なり気液平衡状態での水蒸気の数が少なくなり，**蒸気圧が純水より低くなります。**この現象を**蒸気圧降下**といいます。

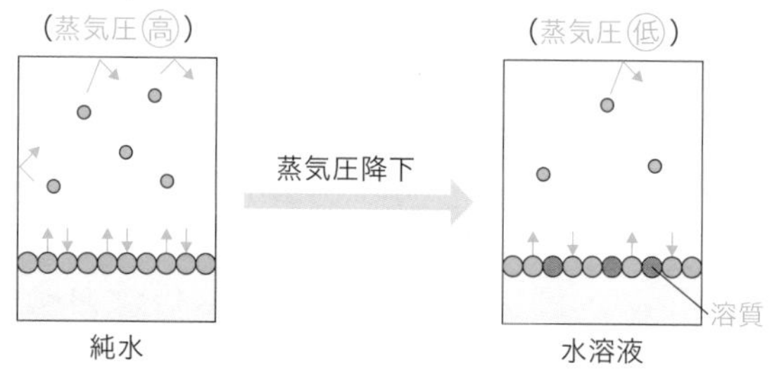

同じ温度で考えたとき，純水に比べ**水溶液の蒸気圧は低い**ので，水溶液の蒸気圧曲線は**純水よりも右下**にずれますね。**大気圧と蒸気圧が等しくなる温度が沸点**なので，大気圧 1.0×10^5 Pa となる温度が純水より水溶液の方が高くなります。これが**沸点上昇**が起こる理由です。

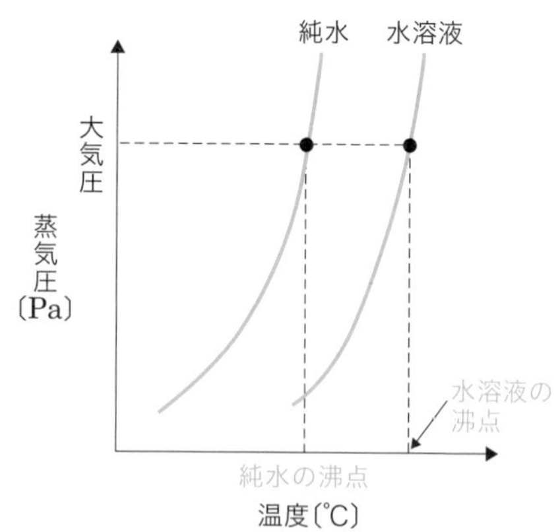

まとめると，**溶質が水の蒸発を妨害することで蒸気圧降下が起こり，沸点が上昇する**わけです。ということは，沸点上昇の大きさというのは，**溶液の濃度(質量モル濃度)に比例する**んですね！

Point 047 沸点上昇の計算

●沸点上昇の計算(凝固点降下の計算)

沸点上昇の大きさΔt〔K〕は，溶液の**質量モル濃度** m**〔mol/kg〕に比例**

$$\Delta t = K_b \cdot m$$

Δt：沸点上昇の大きさ(凝固点降下の大きさ)〔K〕

m：質量モル濃度〔mol/kg〕$= \dfrac{\text{溶質の物質量〔mol〕}}{\text{溶媒の質量〔kg〕}}$

K_b：モル沸点上昇(K_f：モル凝固点降下)〔K・kg/mol〕

➡　溶媒によって決まっている値

※凝固点降下も同じ計算式で求められる。

※溶液中の**溶質粒子の総モル(濃度)**で計算する。

「粒子の総モル濃度」というのは，**溶液中に存在する溶質粒子すべてのmol**を考えるということです。例えば，0.10 mol/kg塩化ナトリウム水溶液の場合は，NaClが**2つのイオンに電離するので0.20 mol/kgで計算する**ことになります！

例　$NaCl \longrightarrow \underbrace{Na^+ + Cl^-}$

0.10　　　0.10×2=0.20 mol/kg

$CaCl_2 \longrightarrow \underbrace{Ca^{2+} + 2Cl^-}$

0.10　　　0.10×3=0.30 mol/kg

溶液中にある粒子すべてが水の蒸発を妨害するからね。NaClの場合はNa^+とCl^-の両方の濃度の合計を考える必要があるから，もとの質量モル濃度を2倍するんだね。これをかけ忘れている人がとても多いから，試験では気をつけよう！

例題1　11.7 gの塩化ナトリウムを500 gの水に溶かした溶液の沸点を小数点第2位まで求めよ。
（水のモル沸点上昇：0.52 K·kg/mol，原子量：Na＝23，Cl＝35.5）

解　沸点上昇の大きさは，

$$\Delta t = 0.52\ \mathrm{K \cdot kg/mol} \times \frac{\dfrac{11.7\ \mathrm{g}}{58.5\ \mathrm{g/mol}} \times 2}{0.50\ \mathrm{kg}} = 0.416\ \mathrm{K}$$

（×2：$NaCl \longrightarrow Na^{+} + Cl^{-}$）

沸点は，100＋0.416＝100.42 ℃

2 凝固点降下

次に，水が凝固するときを考えてみましょう！　実は，水を冷却していくと，**液体状態を保ったまま凝固点を下回る**過冷却という状態になります。過冷却が起こった後は，凝固により熱が発生するため，温度が急激に上昇します。

また，水溶液が凝固するときは，水溶液は溶媒である水だけが凝固していきます。そのため，**残った溶液の濃度が徐々に高くなり，凝固点降下が進行する**ため凝固が進むにつれ，温度が下がっていくのです（図のB－C部分）。このB－C部分を伸ばし，グラフと交わった点Aが，水溶液の凝固点となります。

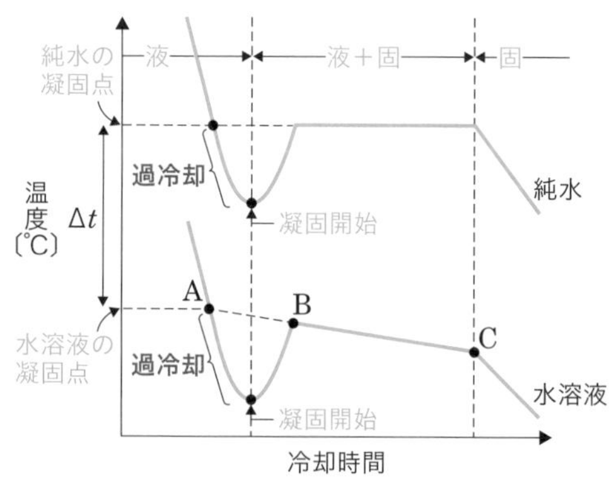

この図は入試によく出るよ。溶液の温度が下がる理由は必ず説明できるようにしておこう！

例題2　4.5 gのグルコース$C_6H_{12}O_6$を500 gの水に溶かした溶液の凝固点を有効数字2桁で求めよ。
(水のモル凝固点降下：1.86 K・kg/mol，原子量：H＝1.0，C＝12，O＝16)

解　凝固点降下の大きさは，

$$\Delta t = 1.86\ \mathrm{K \cdot kg/mol} \times \frac{\dfrac{4.5\ \mathrm{g}}{180\ \mathrm{g/mol}}}{0.50\ \mathrm{kg}} = 0.093\ \mathrm{K}$$

凝固点は，
$0 - 0.093 = -0.093$ ℃

計算問題については沸点上昇と全く一緒だ。ただ，凝固点だから0℃から引き算するのは忘れないように！

3　浸透の原理

赤血球を水の中に入れるとどうなるか知っていますか？　赤血球の表面は溶質を通さず溶媒だけを通す膜である半透膜でできています。赤血球の内部は溶液なので，**水は濃度を同じにしようとして赤血球の内部に移動していくんです**ね。この現象を浸透といいます。

それでは，浸透に関する実験を行ってみましょう。

左右対称のＵ字管の中央に半透膜を張り，その両側に，純水と水溶液を入れます。すると，**水は純水側から水溶液側に浸透し**，液面にある程度の差が生じると水の移動は止まります。

２つの液面をはじめと同じ位置に戻すためには，**溶液側に圧力をかける**必要がありますね。この圧力が**水の浸透を抑える**ことから，この圧力を浸透圧といいます。

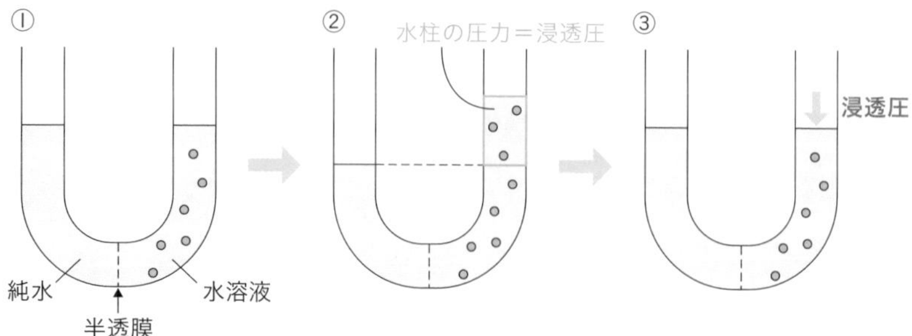

②ではなぜ水の浸透が止まったのでしょうか。これは，液面に生じた差の部分の**水柱の圧力が，浸透圧とつり合っている**からなんですね。このように，液面差から浸透圧を求めることもありますよ。

浸透圧とは，水の浸透を抑えるため，溶液側にかける圧力のことだ！難しい問題になると，液面差から浸透圧を求めたりすることもあるよ。演習編のパターン13で練習しておこう。

それでは，浸透圧の計算について考えてみましょう！　まず，濃い溶液ほど浸透圧は高く，また，高温ほど水分子の熱運動が激しくなるため**浸透圧はモル濃度と絶対温度に比例する**ことがわかります。**Point 048** のように，浸透圧は気体の状態方程式と同じ式で求められます。

Point 048　浸透圧の計算

●浸透圧の計算：浸透圧 Π〔Pa〕は溶液のモル濃度 C〔mol/L〕と絶対温度 T〔K〕に比例する。（ファントホッフの法則）

$$\Pi = CRT \Rightarrow \Pi V = nRT$$

（モル濃度 $C = \dfrac{n}{V}$ とする）

※気体定数：$R = 8.3 \times 10^3$〔Pa・L/(mol・K)〕

※溶液中の**溶質粒子の総モル(濃度)**で計算する。

例題3　4.5 gのグルコース$C_6H_{12}O_6$を溶かした溶液500 mLの27℃における浸透圧を有効数字2桁で求めよ。(原子量：H＝1.0，C＝12，O＝16，気体定数：$R=8.3\times10^3$ Pa・L/(mol・K))

解　浸透圧Π〔Pa〕とする。

$$\Pi\times\frac{500}{1000}=\frac{4.5}{180}\times8.3\times10^3\times(27+273)$$

$$\Pi=1.245\times10^5\fallingdotseq1.2\times10^5\ \text{Pa}$$

チェック問題

20　図は，純水と水溶液を冷却したときの，冷却時間と温度の関係を表したものである。以下の問いに答えよ。

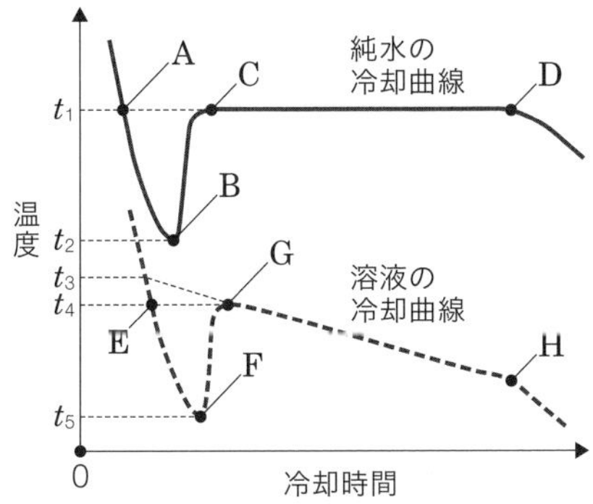

問1　純水が凝固しはじめる点をA～Dから選べ。

問2　純水の冷却曲線のA－B間の状態を何というか答えよ。

問3　溶液の冷却曲線のG－H間の温度が下がる理由を簡潔に記せ。

問4　水溶液の凝固点をt_1～t_5から選べ。

解答

問1　B

問2　過冷却(状態)

問3　水が凝固するにつれ，溶液の濃度が高くなり，凝固点降下が進むため。

問4　t_3

➜ 関連　演習編パターン12,13

テーマ

21 コロイド

① コロイドの性質を理解しよう！
② コロイドの分類を覚え，その現象を理解しよう！
③ コロイドの合成実験の操作を理解しよう！

1 コロイド粒子の性質

デンプンやタンパク質は，**通常の分子やイオンより大きいコロイド粒子**とよばれるものです。コロイド粒子とは**直径が約 10^{-9}〜10^{-6} m** で，電荷を帯びている粒子のことで，**ろ紙の目は通過できるが，半透膜は通過できない**んです。

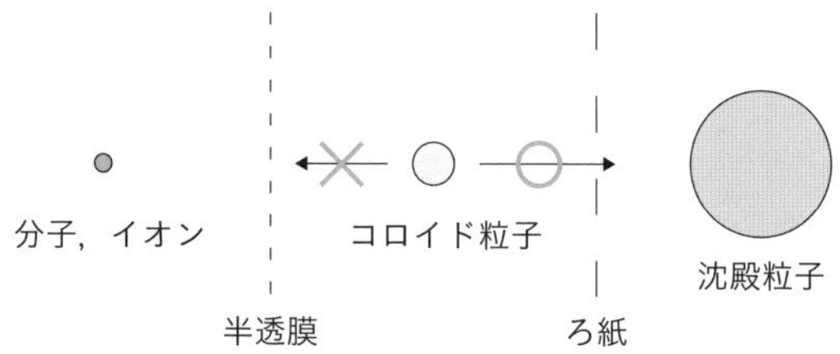

コロイドは，電荷をもつ大きな粒子であるため，通常の分子やイオンと異なる性質を示します。

例えば，コロイド粒子を限外顕微鏡とよばれる顕微鏡で観察すると，**熱運動している水分子が衝突することで不規則な運動をしている**ことがわかり，これを**ブラウン運動**といいます。また，コロイド粒子は光を散乱させるため，コロイド溶液に光を照射すると，その光の通り道が光って見えます。これを**チンダル現象**いいます。さらに，コロイド粒子は電荷を帯びているため，**電圧をかけるとコロイド粒子は片方の電極に引き寄せられて**いきます。これを**電気泳動**といいます。

ところで，コロイドは水に溶けているのではなく，「**分散している**」と表現します。だから，コロイド粒子のように**分散している物質**を**分散質**，水のようにコロイド粒子を**分散させている物質**を**分散媒**といいます。例えば，墨汁は，炭が分散質，水が分散媒ですね。また，雲のように，分散媒が空気のコロイド（分散質は水）も存在し，このような気体中にコロイド粒子が浮遊している状態を**エアロゾル**とよびます。

Point 049 コロイドの性質

● **ブラウン運動**：コロイド粒子の不規則な運動

➡ 熱運動する**水分子がコロイド粒子に衝突する**ことで起こる

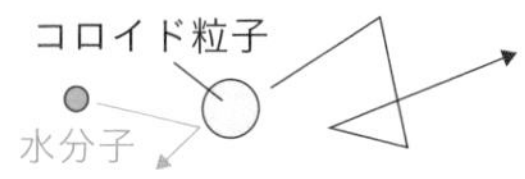

● **チンダル現象**：コロイド溶液に光を当てると光の通路が輝いて見える

➡ コロイド粒子が**光を散乱させる**ことで起こる

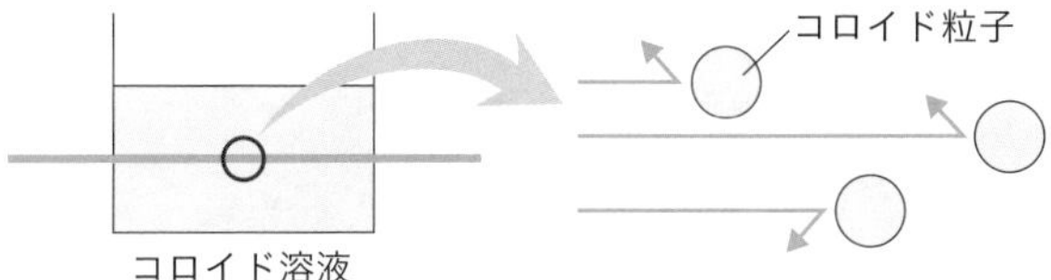

● **電気泳動**：コロイド溶液に電圧をかけると，コロイド粒子が移動する

➡ コロイド粒子が**電荷を帯びている**ため起こる

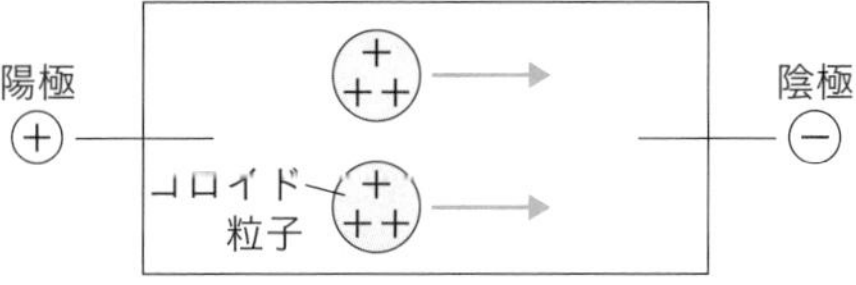

コロイドは大きくて電荷をもつから，通常の分子やイオンとは異なる性質を示すんだな！　**Point 049**の3つの性質はよく問われるから，理由もあわせて覚えておこう。

2　コロイドの分類

コロイド粒子は，**水となじみにくい疎水コロイド**と**水となじみやすい親水コロイド**に分類されます。疎水コロイドは**自身の電荷の反発で溶液中に分散しているため，少量の電解質を加えると電荷を失い沈殿してしまう**んです。それに対し親水コロイドは，大量の水分子をまとっているため，**多量の電解質を加えなければ沈殿しない**んです。**疎水コロイドが沈殿すること**を**凝析**，**親水コロイ**

ドが沈殿することを**塩析**といいます。

Point 050　疎水コロイドと親水コロイド

●**疎水コロイド**：水との親和力が小さいコロイド

例　水酸化鉄(Ⅲ)，泥，墨汁 など

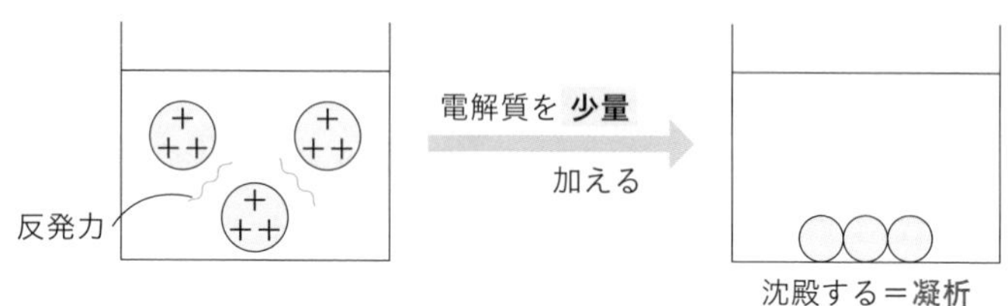

●**親水コロイド**：水との親和力が大きいコロイド

例　デンプン，タンパク質，セッケン など

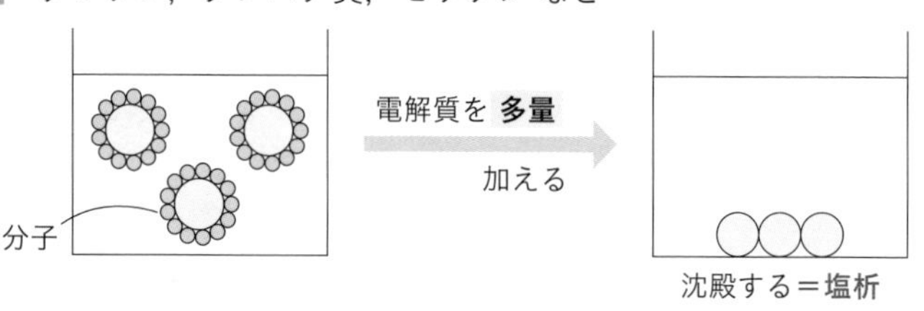

疎水コロイドを沈殿させるためには，**コロイドと反対符号の価数が大きいイオンほど有効**です。例えば，正に帯電しているコロイドでは，価数の大きい陰イオンが凝析に有効になります。

$PO_4^{3-} > SO_4^{2-} > NO_3^-$

疎水コロイドは自身の電荷の反発で分散しているので，その電荷を失うと沈殿してしまうんだ。これが凝析だね。だから，正に帯電しているコロイドを沈殿させるためには，より効率よく正の電荷を打ち消すことのできる価数の大きい陰イオンが有効になるわけなんだ。だから，1価の陰イオンであるNO_3^-よりも，2価の陰イオンであるSO_4^{2-}の方がより少量で凝析させることができるんだよ。

また，**疎水コロイドを沈殿しにくくするために加える親水コロイド**のことを**保護コロイド**といいます。親水コロイドが疎水コロイドのまわりを囲い込むことで，少量の電解質を加えても沈殿しにくくなります。墨汁に**にかわ**(動物の皮などを煮たもの。タンパク質が主成分)を加えるのは，そのためです！

他にもさまざまなコロイドの分類方法があるので，覚えておきましょう。

●**ゾル**：流動性のあるコロイド(＝**コロイド溶液**)

●**ゲル**：流動性がないコロイド　例　豆腐

※ゲルを乾燥させたものを**キセロゲル**という　例　寒天

●**分子コロイド**：1分子で1つのコロイド粒子となる　例　デンプン

●**会合コロイド**：複数の分子が集まって1つのコロイド粒子となるもの

例　セッケンのミセル(➡p.242)

3　水酸化鉄(Ⅲ)コロイドの合成実験

水酸化鉄(Ⅲ)コロイドは，簡単な実験操作でつくることができます。水酸化鉄(Ⅲ)コロイドは，**飽和塩化鉄(Ⅲ)水溶液に沸騰水を加えてできる**コロイドで，**赤褐色**の**正**に帯電した**疎水コロイド**なんですね。

このように合成したコロイドは，**塩化水素(H^+ と Cl^-)を不純物として含む**ため，それを取り除かなければいけません。そこで，**反応後の溶液をセロハン(半透膜)でできた袋にいれ，純水に浸す**ことで，イオンだけを取り除くことができますね。このように，半透膜を利用してコロイド溶液中の不純物を除く操作を**透析**といいます。

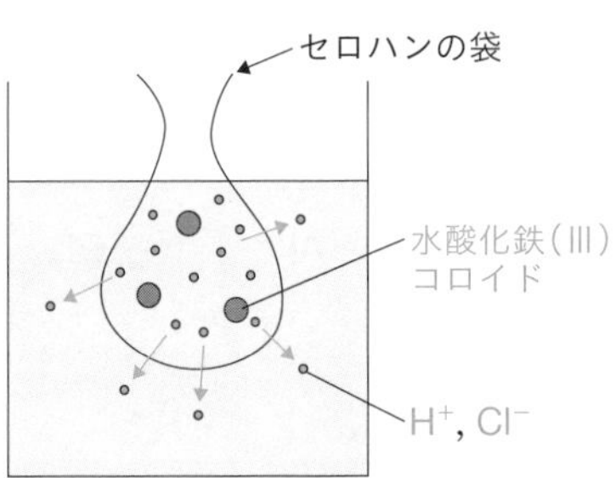

「人工透析」なんて言葉を聞いたことあるんじゃないかな？　人工透析は血液中の不純物を取り除く操作なんだ。

チェック問題

21 **次の文を読み，問いに答えよ。**

塩化鉄(Ⅲ)水溶液に沸騰水を加えると，(**ア**)色のコロイド溶液Xができる。この溶液Xに，横からレーザー光を当てると，その光の通路が輝いて見える。この現象を(**イ**)という。また，溶液Xを限外顕微鏡で観察すると，コロイド粒子が不規則に運動しているのが観察される。これを(**ウ**)という。溶液Xをセロハンの袋に入れ純水に浸すと，袋の中に含まれていたイオンが除かれ精製される。この操作を(**エ**)という。

(**エ**)後の精製された溶液Yに2本の電極を差し電圧を加えると，陰極の方にコロイド粒子が移動する。この現象を(**オ**)といい，このことからこのコロイド粒子は(**カ**)に帯電していることがわかる。また，溶液Yに少量の電解質を加えると沈殿が生じる。この現象を(**キ**)といい，このようなコロイドを(**ク**)コロイドという。

それに対し，卵白アルブミンというタンパク質を含む溶液Zは少量の電解質を加えても沈殿しない。このようなコロイドを(**ケ**)コロイドという。しかし，電解質を多量に加えると沈殿が生じ，この現象を(**コ**)という。

問1　文中の(**ア**)～(**コ**)に適当な語句を入れよ。

問2　溶液Yを沈殿させるために最も有効なイオンを，次の①～⑥から一つ選べ。

①　Na^+　②　Ca^{2+}　③　Al^{3+}　④　Cl^-　⑤　SO_4^{2-}
⑥　PO_4^{3-}

解答

問1　**ア**　赤褐　**イ**　チンダル現象　**ウ**　ブラウン運動　**エ**　透析
オ　電気泳動　**カ**　正　**キ**　凝析　**ク**　疎水
ケ　親水　**コ**　塩析

問2　⑥(正に帯電したコロイドの凝析には，価数の大きい陰イオンが有効)

テーマ 22

金属結晶の単位格子

① それぞれの単位格子の名称を覚えよう！
② 単位格子中の粒子数を数えられるようにしよう！
③ 原子半径，密度の計算ができるようになろう！

1 結晶格子

構成粒子が規則正しく整列している固体を結晶といい，その**規則正しい配列構造**を結晶格子といいます。その**結晶格子の最小の繰り返し単位**を単位格子といいます。金属結晶の単位格子には，**体心立方格子**，**面心立方格子**，**六方最密構造**などの単位格子があります。結晶に対し，構成粒子が規則正しく配列していない固体を，**アモルファス**(**非晶質**)といいます。

2 体心立方格子

図のように**立方体の中心と各頂点に原子が配列している構造**を体心立方格子といい，1つの原子が8個の原子と隣接しているのがわかるでしょうか。

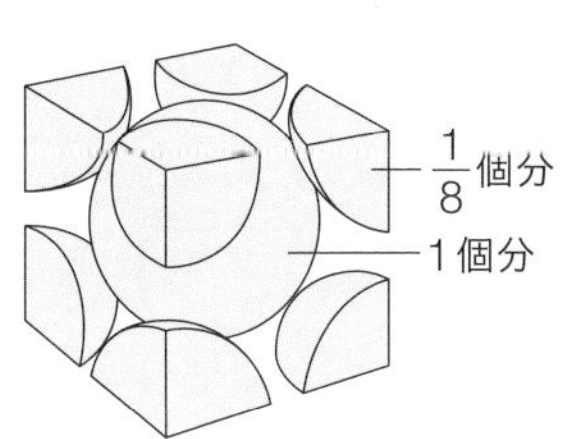

また，単位格子中に含まれる原子の数は，

$$\frac{1}{8}\times 8+1=2(\text{個})$$

と計算することができます(各頂点に位置する原子は，**全体の$\frac{1}{8}$**)。

単位格子の一辺 a と原子半径 r の関係式を求めるときには，立方体を**斜めに切断した面**で考えてみるとわかりやすいでしょう！

三平方の定理より，対角線は，

$$\sqrt{a^2+(\sqrt{2}a)^2}=\sqrt{3}a$$

原子半径はその$\frac{1}{4}$だから，

$$r=\frac{\sqrt{3}}{4}a$$

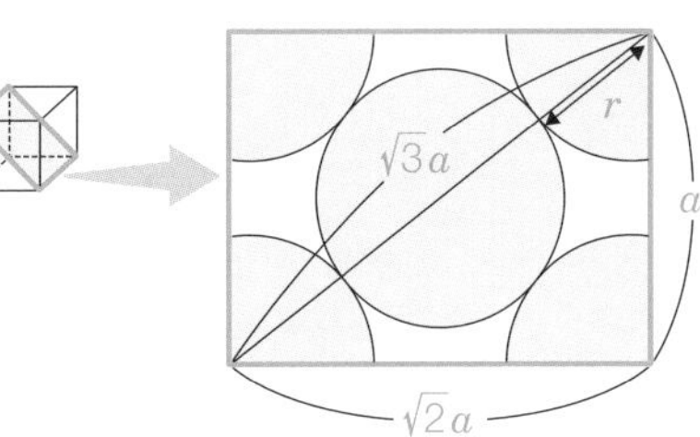

3 面心立方格子

図のように**立方体の各面の中心と各頂点に原子が配列している構造**を面心立方格子といい，単位格子中に含まれる原子の数は，

$$\frac{1}{8}\times 8+\frac{1}{2}\times 6=4(\text{個})$$

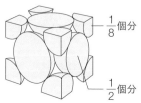

と計算することができます。

$\frac{1}{8}$個分

$\frac{1}{2}$個分

面心立方格子では，1つの原子には**12個**の原子が隣接しています。2つの単位格子を重ねて考えると，**中心の原子◯のまわりに12個の原子●が位置する**ことがわかるでしょうか。

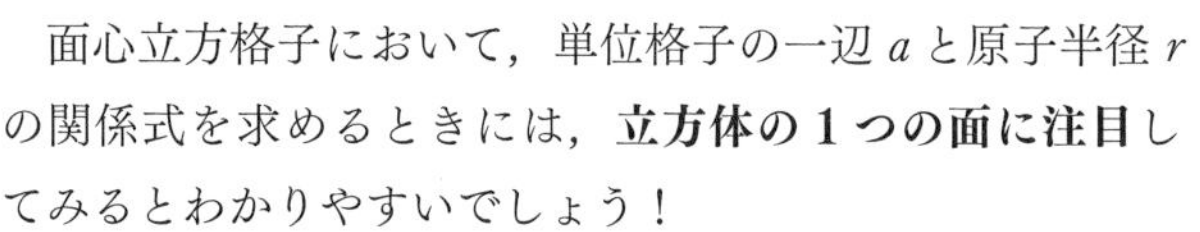

面心立方格子において，単位格子の一辺 a と原子半径 r の関係式を求めるときには，**立方体の1つの面に注目**してみるとわかりやすいでしょう！

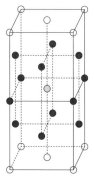

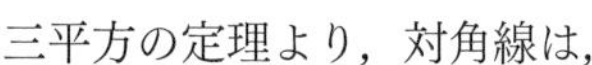

三平方の定理より，対角線は，

$$\sqrt{a^2+a^2}=\sqrt{2}a$$

原子半径はその$\frac{1}{4}$だから

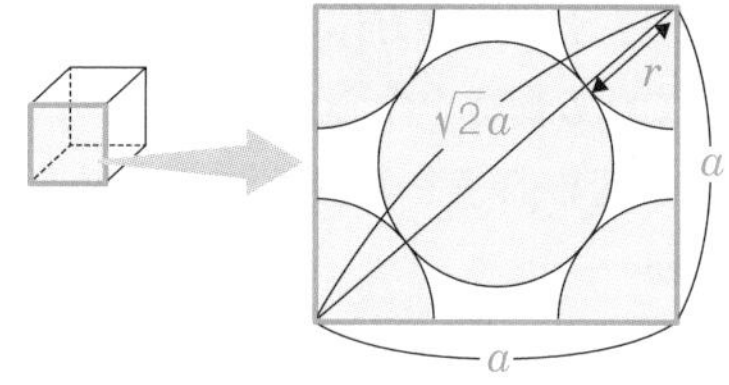

$$r=\frac{\sqrt{2}}{4}a$$

実は，金属結晶には右の図のような「六方最密構造」というもう一つの単位格子があるんだ。では，六方最密構造の単位格子中に含まれる原子数を求めてみよう。

六角柱に含まれている原子は，頂点にある原子を$\frac{1}{6}$個，上下の面にある原子を$\frac{1}{2}$個，中に入っている原子を1個と数えると，$\frac{1}{6}\times 12+\frac{1}{2}\times 2+1\times 3=6$個と求められるんだ。さらに，単位格子は網掛けをしている部分であり六角柱の$\frac{1}{3}$なので，単位格子中に含まれる原子数は$6\div 3=$**2**個と求められるんだね。

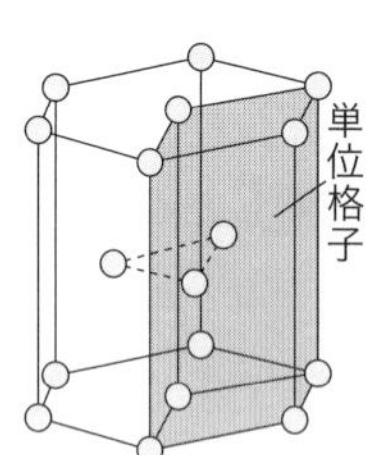

4 結晶の密度

結晶の密度〔g/cm³〕は，次の式で求めることができます。

$$\textbf{密度〔g/cm}^3\textbf{〕}=\frac{\textbf{原子の総質量〔g〕}}{\textbf{単位格子の体積〔cm}^3\textbf{〕}}$$

1 molあたりの質量が原子量 M〔g〕，個数がアボガドロ数 N_A〔個〕なので，**原子1個の質量は $\frac{M}{N_A}$〔g/個〕**と求められます。単位格子中に含まれる原子数を n 個とすると，密度 d〔g/cm³〕は次のように計算できますね。

$$\text{密度〔g/cm}^3\text{〕}=\frac{\text{原子1個の質量〔g/個〕}\times\text{単位格子中の原子数〔個〕}}{\text{単位格子の体積〔cm}^3\text{〕}}$$

$$d\text{〔g/cm}^3\text{〕}=\frac{\dfrac{M\text{〔g/mol〕}}{N_A\text{〔個/mol〕}}\times n\text{〔個〕}}{a^3\text{〔cm}^3\text{〕}}=\underline{\frac{nM}{a^3N_A}\text{〔g/cm}^3\text{〕}}$$

5 充填率

原子は球なので，結晶には必ずすき間ができます。結晶全体の体積のうち**原子が占める体積の割合**のことを充填率といい，その値は単位格子の種類によって決まっているんですね。

$$\textbf{充填率}=\frac{\textbf{原子の総体積〔cm}^3\textbf{〕}}{\textbf{単位格子の体積〔cm}^3\textbf{〕}}$$

例　体心立方格子の充填率

（原子数 ×2，$r=\frac{\sqrt{3}}{4}a$ を代入）

$$\frac{\left(\frac{4}{3}\pi r^3\right)\times 2}{a^3}=\frac{4\pi\left(\frac{\sqrt{3}}{4}a\right)^3\times 2}{3a^3}=\frac{\sqrt{3}}{8}\pi=\underline{0.68}$$

例　面心立方格子の充填率

（原子数 ×4，$r=\frac{\sqrt{2}}{4}a$ を代入）

$$\frac{\left(\frac{4}{3}\pi r^3\right)\times 4}{a^3}=\frac{4\pi\left(\frac{\sqrt{2}}{4}a\right)^3\times 4}{3a^3}=\frac{\sqrt{2}}{6}\pi=\underline{0.74}$$

面心立方格子の**充填率74%が最も密に球をつめたときの割合**になるのです。だから，面心立方格子は**立方最密構造**ともいうんですね。

Point 051 金属結晶の単位格子

名称	体心立方格子	面心立方格子	六方最密構造
単位格子			
単位格子中の原子数	2個	4個	2個
隣接原子数	8個	12個	12個
一辺aと原子半径r	$r=\frac{\sqrt{3}}{4}a$	$r=\frac{\sqrt{2}}{4}a$	
密度	$d=\frac{2M}{a^3N_A}$	$d=\frac{4M}{a^3N_A}$	
充塡率	68%	74%	74%

☑ チェック問題

22 鉄は図1のような，銅は図2のような単位格子をとる。問いに答えよ。

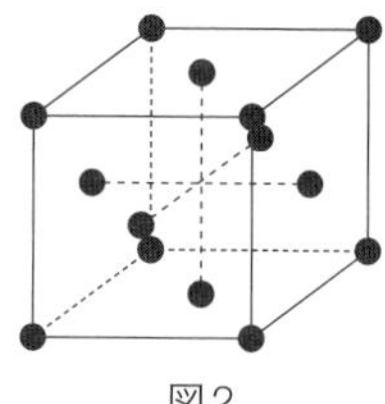
図1　図2

問1　鉄，銅の単位格子の名称を答えよ。

問2　鉄，銅の単位格子中に含まれる原子の数はそれぞれ何個か。

問3　鉄，銅の原子はそれぞれ何個の原子と隣接しているか。

問4　鉄，銅の単位格子の一辺をそれぞれa〔cm〕，b〔cm〕とするとき，鉄，銅の原子半径〔cm〕をそれぞれa, bを用いて表せ。

解答

問1　鉄　体心立方格子　　銅　面心立方格子　　**問2**　鉄　2個　　銅　4個

問3　鉄　8個　　銅　12個　　**問4**　鉄　$\frac{\sqrt{3}}{4}a$　　銅　$\frac{\sqrt{2}}{4}b$

いろいろな結晶の単位格子

① イオン結晶の粒子数，配位数などが数えられるようにしよう！
② イオン結晶の極限半径比が求められるようになろう！
③ ダイヤモンド型結晶の単位格子を理解しよう！

1　イオン結晶の単位格子

イオン結晶の単位格子についても，**金属結晶と同じ**ように考えます。ただし，イオンは電荷をもっているので，**同じ電荷をもつイオンどうしは接触せず(反発力が生じるため)，異なる電荷をもつイオンどうしが接触する**ことに注意しておいてください。

①NaCl(岩塩)型の単位格子

塩化ナトリウムの単位格子は，**陽イオンと陰イオンが交互に配列する構造**をしており，**陽イオンのみ(陰イオンのみ)に注目すると面心立方格子と同じ配列になっている**んですね。単位格子に含まれるイオンの数は，

$$Na^+ : \frac{1}{8}\times 8+\frac{1}{2}\times 6=\underline{4}(個)$$

$$Cl^- : \frac{1}{4}\times 12+1=\underline{4}(個)$$

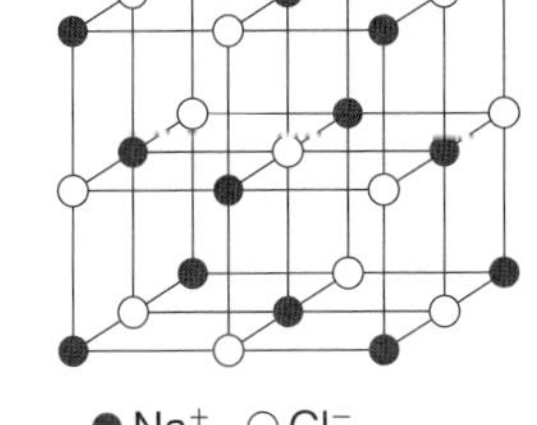

● Na^+　○ Cl^-

また，中心の Cl^- に注目すると，6個の Na^+ に囲まれていることがわかりますね。このように**隣接するイオンの数**を配位数といいます。

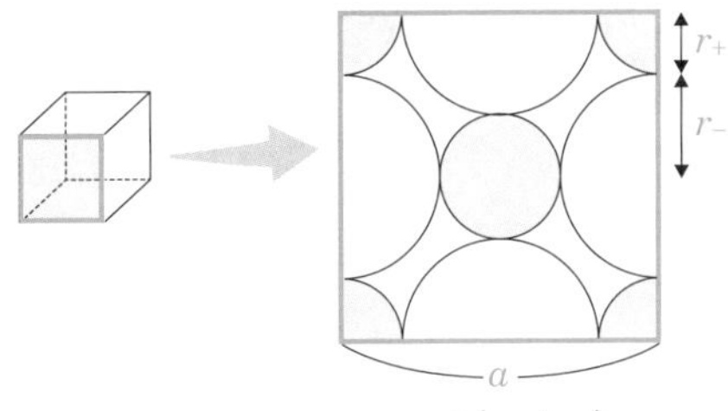

$\boldsymbol{a=2(r_++r_-)}$

イオン半径(r_+，r_-)と単位格子の一辺の長さ a の関係式を求めるときには，**立方体の１つの面に注目してみる**とわかりやすいでしょう！

②CsCl型の単位格子

塩化セシウム型の単位格子は，**陽イオンが立方体の中心に，陰イオンが立方**

体の各頂点に位置する構造をしており，単位格子中に**1個**ずつのイオンが含まれています。

イオン半径(r_+，r_-)と単位格子の一辺の長さaの関係式を求めるときには，体心立方格子のように**立方体の切断面に注目**しましょう！

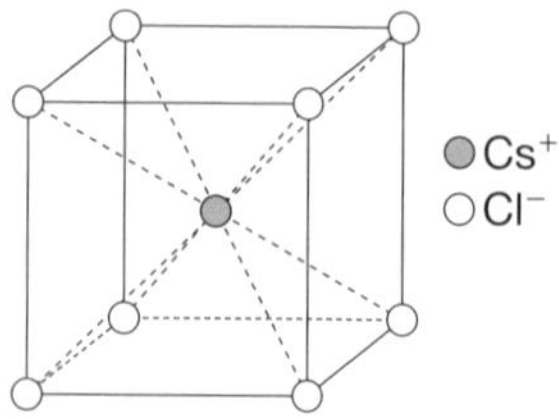

2　イオン結晶の極限半径比

イオン結晶が安定に存在するためには，反発力が生じないよう**同符号のイオンどうしが接触せず，異符号のイオンどうしが接触していればよい**ことになります。では，安定に存在するためのイオン半径比の条件はどうなるでしょうか？　塩化ナトリウム型の単位格子で考えてみましょう。

(a) が**安定に存在できる状態**です。では，陰イオンの半径を陽イオンの半径に対して大きくしてみましょう。すると，(b) のように**陰イオンどうしが接触してしまい，**この結晶は安定に存在できなくなります。

状態 (a)

状態 (b)

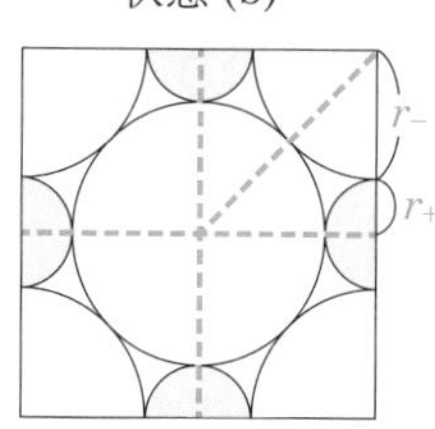

$$\underbrace{2(r_+ + r_-)}_{一辺} \times \sqrt{2} = \underbrace{4r_-}_{対角線}$$

$$\frac{r_+}{r_-} = \sqrt{2} - 1 = 0.41$$

この数値から，**安定な塩化ナトリウム型結晶格子をとるためには，一方のイオン半径が他方のイオン半径の0.41倍よりも大きくなければならない**ということがわかります。この値を**極限半径比(限界半径比)**といい，結晶格子によって一定の値になります。

3　共有結合の結晶の単位格子

共有結合の結晶であるダイヤモンドは多数の**炭素原子が正四面体型に共有結合しており，**単位格子は**面心立方格子にさらに4つの原子を加えた構造**となります。よって，単位格子に含まれる原子数は，

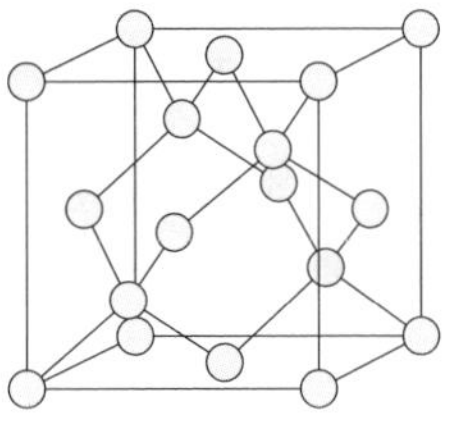

$$\frac{1}{8}\times 8+\frac{1}{2}\times 6+4=\underline{8}(\text{個})$$

ダイヤモンドの炭素原子の原子半径を求めるときには，**単位格子の $\frac{1}{8}$ の立方体の切断面**に着目してみましょう。

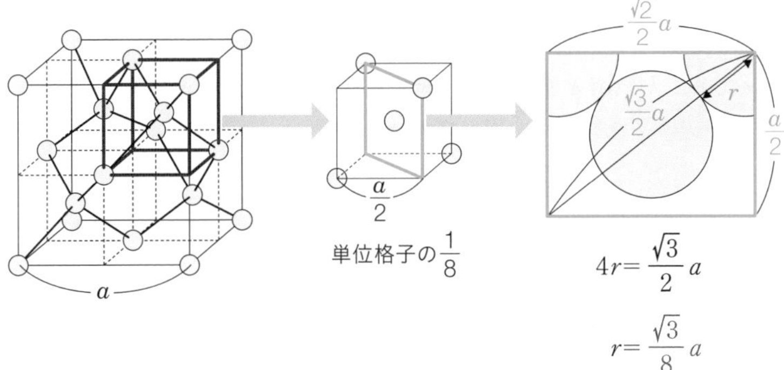

Point 052 いろいろな単位格子

名称	NaCl型	CsCl型	ダイヤモンド型
単位格子			
単位格子中の粒子数	Na^+：4個 Cl^-：4個	Cs^+：1個 Cl^-：1個	8個
配位数	6	8	4
一辺 a と半径 r	$a=2(r_++r_-)$	$a=\frac{2}{\sqrt{3}}(r_++r_-)$	$r=\frac{\sqrt{3}}{8}a$
密度	$d=\frac{4M}{a^3N_A}$	$d=\frac{M}{a^3N_A}$	$d=\frac{8M}{a^3N_A}$
極限半径比	0.41	0.73	

☑ チェック問題

23 図は塩化セシウムの単位格子である。問いに答えよ。

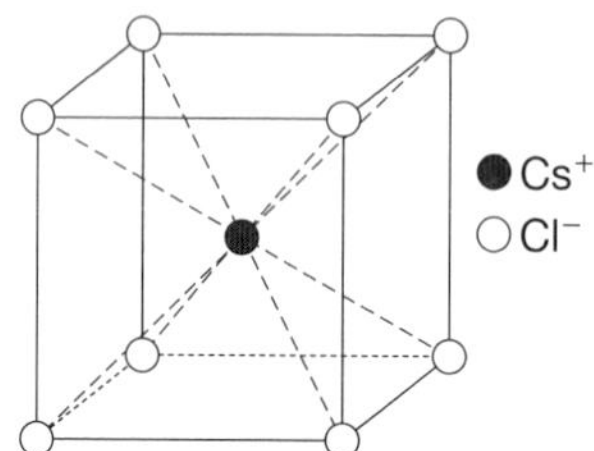

問1　単位格子中に含まれるCs^+とCl^-の数を答えよ。

問2　Cs^+に隣接するCl^-の数（配位数）を答えよ。

問3　Cs^+, Cl^-のイオン半径をそれぞれa〔cm〕, b〔cm〕とするとき，単位格子の一辺の長さをa, bを用いて表せ。

解答

問1　Cs^+　1個　　Cl^-　1個

問2　8個

問3　$\frac{2\sqrt{3}}{3}(a+b)$

解説

問3　単位格子の一辺の長さをl〔cm〕とする。断面に着目すると，

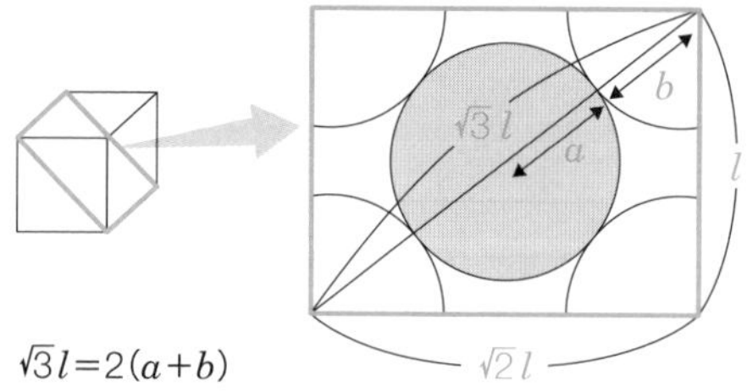

$\sqrt{3}l=2(a+b)$

→ 関連　演習編パターン14

テーマ

24 化学反応とエネルギー

① 反応エンタルピーの化学反応式がつくれるようになろう！
② 反応エンタルピーの計算問題が解けるようになろう！
③ 温度上昇から熱量の計算ができるようになろう！

1 化学反応と熱

化学反応が起こると熱が出入りしますね。これは物質のもつエネルギーが変化するからなんです。**物質のもつエネルギー**を<u>エンタルピー</u>(記号 H)という量で表します。**反応物のエンタルピーが生成物のエンタルピーよりも大きい**場合，その差のエネルギーを**熱として放出する**ので<u>発熱反応</u>になります。それに対し，**反応物のエンタルピーが生成物のエンタルピーよりも小さい**場合，その差のエネルギーを**熱として吸収する**ので<u>吸熱反応</u>になります。

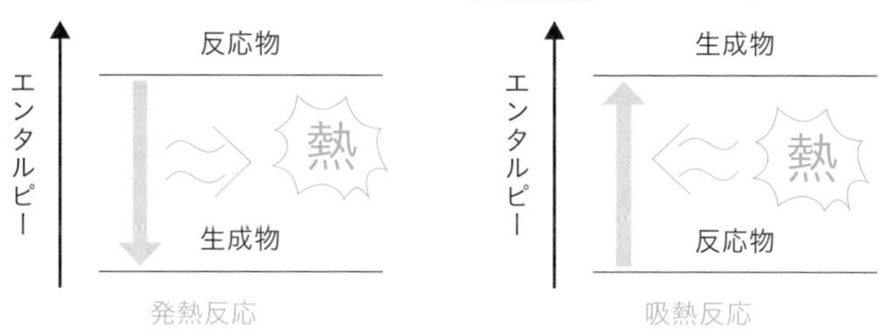

2 反応エンタルピー

1 mol の物質が反応するときに発生(吸収)する熱量は<u>反応エンタルピー</u>(<u>ΔH</u>)で表します。

反応エンタルピーは**反応前後のエンタルピー変化**を表します。そのため，**発熱反応は生成物のエンタルピーが反応物のエンタルピーより小さいため反応エンタルピーは**<u>負</u>，**吸熱反応は生成物のエンタルピーが反応物のエンタルピーよりも大きいため反応エンタルピーは**<u>正</u>になります。

<u>反応エンタルピー＝(生成物のエンタルピー)－(反応物のエンタルピー)</u>

反応エンタルピーとは，反応した後のエネルギー(エンタルピー)が反応する前のエネルギー(エンタルピー)に比べ，どれだけ大きいか小さいかで表しているんだね。

例えば，1 mol の水素(気体)が完全燃焼すると，286 kJ の熱が発生するため，**水素(気体)の燃焼エンタルピーは－286 kJ/mol** になります。

反応エンタルピーは，化学反応式の後ろに書き加えるため，例えば，水素の燃焼エンタルピーが－286 kJ/mol であることは次のように表します。

$$H_2(気) + \frac{1}{2}O_2(気) \longrightarrow H_2O(液) \qquad \Delta H = -286\ \text{kJ}$$

まずは，反応エンタルピーの書き表し方から理解していきましょう。

Point 053 反応エンタルピーの表し方

●反応エンタルピーを表す化学反応式のつくり方

Step1　基準物質の係数を **1** とし，化学反応式を書く。

➡ 反応エンタルピーを表す化学反応式では，「**係数＝mol**」を表す

Step2　化学反応式の後ろに**反応エンタルピー**を書き加える。

(発熱反応は**－**，吸熱反応は**＋**で表す)

Step3　化学式の後に**状態**((固)，(液)，(気)，aq)を書き加える。

※ aq は水溶液を表す。

注　状態が省略されているときは，25℃，1.013×10^5 Pa の状態を表す。

例　エタン C_2H_6 の燃焼エンタルピー：－1560 kJ/mol

Step1　$\underline{1}C_2H_6 + \frac{7}{2}O_2 \longrightarrow \underline{2}CO_2 + \underline{3}H_2O$

Step2　$C_2H_6 + \frac{7}{2}O_2 \longrightarrow 2CO_2 + 3H_2O \qquad \Delta H = \underline{-1560\ \text{kJ}}$

Step3　$C_2H_6\underline{(気)} + \frac{7}{2}O_2\underline{(気)} \longrightarrow 2CO_2\underline{(気)} + 3H_2O\underline{(液)} \qquad \Delta H = -1560\ \text{kJ}$

反応エンタルピーにはさまざまな種類があります。**Point 054** にまとめておきました。

Point 054 反応エンタルピーの種類

●**燃焼エンタルピー**：物質 1 mol を完全燃焼するときの反応エンタルピー

例　メタン CH_4 の燃焼エンタルピー：−891 kJ/mol

CH_4(気) + $2O_2$(気) ⟶ CO_2(気) + $2H_2O$(液)　$\Delta H = -891$ kJ

●**生成エンタルピー**：物質 1 mol が**成分元素の単体から生成する**ときの反応エンタルピー

例　エタン C_2H_6 の生成エンタルピー：−84 kJ/mol

2C(黒鉛) + $3H_2$(気) ⟶ C_2H_6(気)　$\Delta H = -84$ kJ

●**溶解エンタルピー**：物質 1 mol が水に溶解するときの反応エンタルピー

例　固体の水酸化ナトリウムの溶解エンタルピー：−44 kJ/mol

NaOH(固) + aq ⟶ NaOHaq　$\Delta H = -44$ kJ

●**中和エンタルピー**：酸と塩基が反応し 1 mol の水が生成するときの反応エンタルピー

例　希塩酸と水酸化ナトリウム水溶液の中和エンタルピー：−57 kJ/mol

HClaq + NaOHaq ⟶ NaClaq + H_2O(液)　$\Delta H = -57$ kJ

状態変化のエンタルピー変化を表す場合も，反応エンタルピー同様，化学反応式のような形で書き表します。

ただし，**固体→液体**(融解)，**液体→気体**(蒸発)，**固体→気体**(昇華)の状態変化はすべて**吸熱**なので，エンタルピー変化 ΔH は**正の値になる**ことに気をつけましょう！

●**融解エンタルピー**：H_2O(固) ⟶ H_2O(液)　$\Delta H = 6$ kJ

●**蒸発エンタルピー**：H_2O(液) ⟶ H_2O(気)　$\Delta H = 41$ kJ

●**昇華エンタルピー**：C(黒鉛) ⟶ C(気)　$\Delta H = 718$ kJ

燃焼や中和は発熱反応なので，燃焼エンタルピーや中和エンタルピーは必ず負の値になるよ！　それに対し，生成エンタルピーや溶解エンタルピーは正の値も負の値も存在するんだね。

3　ヘスの法則と反応エンタルピーの計算

反応エンタルピーは，**反応前後の状態が同じであれば，その経路に関係なく同じ値**になります。これを**ヘスの法則**といいます。

例えば，1 mol の炭素と 1 mol の酸素から 1 mol の二酸化炭素ができるときを考えると，**一段階で二酸化炭素になっても(経路 1)，一酸化炭素になってから二酸化炭素になっても(経路 2)エンタルピー変化は同じ**になります。

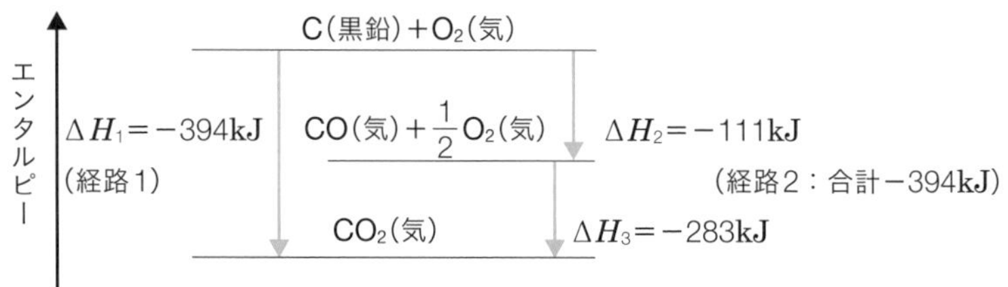

このヘスの法則を使うと，反応エンタルピーを表す化学反応式を**連立方程式のように扱い他の反応エンタルピーを求めることができる**んですね。

例題　次の生成エンタルピーの値を用いて，メタンの燃焼エンタルピーを整数値で求めよ。

生成エンタルピー〔kJ/mol〕

メタン：－75，二酸化炭素：－394，水(液体)：－286

解　メタンCH_4の燃焼エンタルピーをΔH〔kJ/mol〕とすると，

CH_4(気) ＋ $2O_2$(気) ⟶ CO_2(気) ＋ $2H_2O$(液)　　ΔH〔kJ〕　…①

それぞれの生成エンタルピーの化学反応式は，

メタン：C(黒鉛) ＋ $2H_2$(気) ⟶ CH_4(気)　　$\Delta H_1 = -75$ kJ…②

二酸化炭素：C(黒鉛) ＋ O_2(気) ⟶ CO_2(気)　　$\Delta H_2 = -394$ kJ　…③

水(液体)：H_2(気) ＋ $\frac{1}{2}$ O_2(気) ⟶ H_2O(液)　　$\Delta H_3 = -286$ kJ　…④

②，③，④から①をつくると，

③　　$C + O_2 \longrightarrow CO_2$　　　$\Delta H_2 = -394$ kJ

④×2　$2H_2 + O_2 \longrightarrow 2H_2O$　　　$2\Delta H_3 = -286 \times 2$ kJ

＋)　－②　　$CH_4 \longrightarrow C + 2H_2$　　$-\Delta H_1 = 75$ kJ

$CH_4 + 2O_2 \longrightarrow CO_2 + 2H_2O$　　$\{-394 + (-286 \times 2 + 75)\}$ kJ

$$\Delta H = \Delta H_2 + 2\Delta H_3 - \Delta H_1 = -394 - 286 \times 2 + 75 = -891\ \mathrm{kJ/mol}$$

与えられた反応エンタルピーの化学反応式から，求めたい反応エンタルピーの化学反応式をつくればいいんだよ。

反応エンタルピーを求める問題は，エンタルピー図を描いて解くこともできます。エンタルピー図は次の手順で描くと上手く描けますよ。

Point 055 エンタルピー図の描き方

Step1　最も複雑な反応エンタルピーを描きこむ。

Step2　基準の状態を描きこむ。

生成エンタルピー ➡ **単体**を基準にとる

結合エネルギー ➡ **原子**を基準にとる

Step3　その他の反応エンタルピーを描きこむ。

※エンタルピーは絶対値で描きこむとわかりやすい。

エンタルピー図では，発熱反応はエンタルピーが減少するから下向き，吸熱反応はエンタルピーが増加するから上向きに変化するよ。

それでは先ほどの例題を，エンタルピー図で解いてみましょう。

Step1　求めるエンタルピーの差をx〔kJ/mol〕とし，①式を描きこむ。

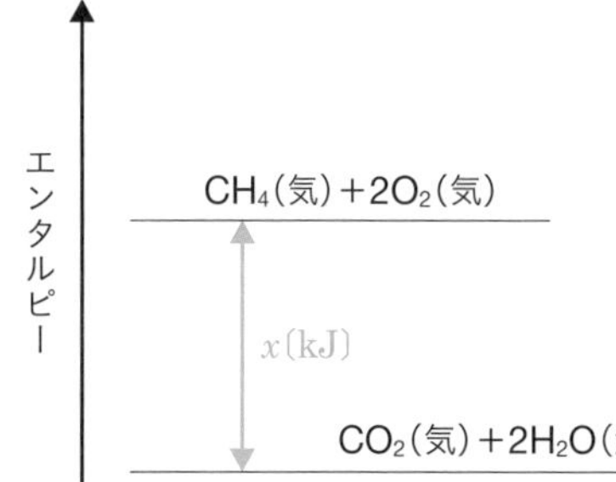

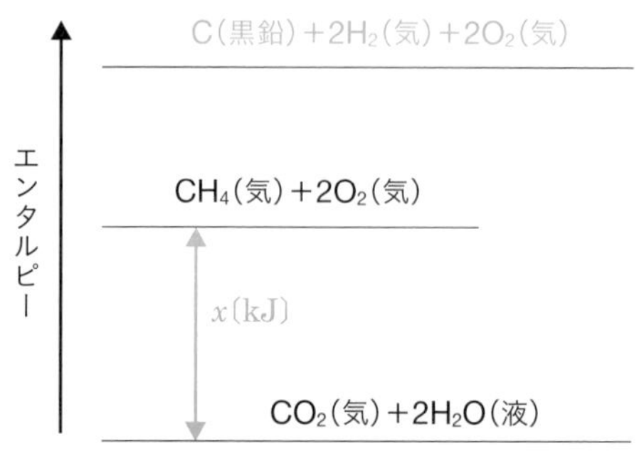

Step3 その他の反応エンタルピーを描きこむ。

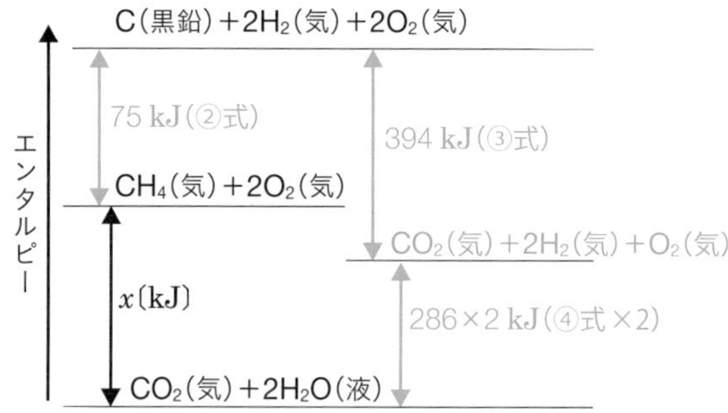

ヘスの法則より，

$75 + x = 394 + 286 \times 2 \qquad x = 891$ kJ/mol

よって，メタンの燃焼エンタルピーは発熱反応なので，-891 kJ/molとなる。

CH_4(気) + $2O_2$(気) ⟶ CO_2(気) + $2H_2O$(液)　　$\Delta H = -891$ kJ

4 エントロピー

化学反応が自発的に進むかどうかは，２つの要因で決まります。１つ目はエンタルピーです。一般に，**物質はエンタルピーの低い方が安定である**ため，発熱反応は自発的に進みやすいです。

ただし，吸熱反応であっても自発的に進む反応もあるため，他の要因も考えられます。それが，**エントロピー**(記号 S)です。**エントロピー**は**乱雑さ**を表す量で，エントロピーが大きいほど散らばり具合が大きいことを表します。この**エントロピー変化 ΔS が大きい反応は，自発的に進みやすい**です。

Q エントロピーって，いまいち理解できないんですけど……？

A エントロピーというのは「乱雑さ」を表すんだね。例えば，水の中に一滴のインクを落としたとしよう。時間が経つとこのインクは全体に広がっていくよね。これが「エントロピーが増大する」ってことだ。肉や魚を焼いたときの香りが，部屋全体に広がっていくのもエントロピーが増大するってことだよ。エントロピーのイメージが湧いたかな。

☑ チェック問題

24 **次の文を読み，問いに答えよ。**

化学反応が起こると，熱の発生や吸収が起こる。これは，物質のもつエネルギーが変化するためである。物質のもつエネルギーを(**ア**) Hという量で表すと，反応前後で(**ア**)が変化し，反応前後の(**ア**)変化ΔHを反応(**ア**)という。

反応物の(**ア**)が生成物の(**ア**)よりも大きいときは(**イ**)反応となり，反応(**ア**)は(**ウ**)の値となる。反応物の(**ア**)が生成物の(**ア**)よりも小さいときは(**エ**)反応となり，反応(**ア**)は(**オ**)の値となる。また，反応(**ア**)は反応前後の状態のみで決まり，反応の経路に無関係である。この関係を(**カ**)の法則という。

問1　文中の(**ア**)～(**カ**)に適当な語句を入れよ。

問2　次の(1)～(4)の反応(**ア**)の名称を答えよ。

(1)　NH_4Cl(固) + aq ⟶ NH_4Claq　　$\Delta H = 26\ \mathrm{kJ}$

(2)　$\frac{1}{2}N_2$(気) + $\frac{3}{2}H_2$(気) ⟶ NH_3(気)　　$\Delta H = -46\ \mathrm{kJ}$

(3)　C_2H_6(気) + $\frac{7}{2}O_2$(気) ⟶ $2CO_2$(気) + $3H_2O$(液)　　$\Delta H = -1562\ \mathrm{kJ}$

(4)　H_2O(液) ⟶ H_2O(気)　　$\Delta H = 41\ \mathrm{kJ}$

解答

問1　**ア** エンタルピー　**イ** 発熱　**ウ** 負　**エ** 吸熱　**オ** 正　**カ** ヘス

問2　(1) 溶解エンタルピー　(2) 生成エンタルピー
(3) 燃焼エンタルピー　(4) 蒸発エンタルピー

➜ 関連　演習編パターン15

結合エネルギーと比熱

① 結合エネルギーの計算ができるようになろう！
② 熱量を測定する実験を理解しよう！
③ 温度上昇から熱量の計算ができるようになろう！

1 結合エネルギー

共有結合 1 mol を切るために必要なエネルギーを結合エネルギー(結合エンタルピー)といいます。例えば，水素分子の H－H 結合の結合エネルギーが 436 kJ/mol であるとき，次のように表すことができます。

H_2(気) ⟶ 2H(気)　　$\Delta H = 436$ kJ

水素分子H_2の結合を切って２つの水素原子Hにするため，結合を切る反応は必ず吸熱反応になるね。だから，反応エンタルピーΔHは必ず正の値になるよ。

メタン CH_4 のように１分子中に結合が複数ある場合には，**その結合すべてを切る**必要があります。メタン CH_4 は１分子中に **C－H 結合が４本ある**ので，C－H の結合エネルギーを 411 kJ/mol とすると，メタン 1 mol を炭素原子 C 1 mol と水素原子 H 4 mol にするためには，411×4＝1644 kJ のエネルギーが必要となります。

(構造式: H－C－H，C の上下に H)

CH_4(気) ⟶ C(気) ＋ 4H(気)　　$\Delta H = 1644$ kJ

2 結合エネルギーを用いた反応エンタルピーの計算

それでは，結合エネルギーを使った反応エンタルピーの計算をしてみましょう！　結合エネルギーに関しても**ヘスの法則**が使えるので，テーマ 24 と同じように求めていけばいいんですね。例題１をやってみましょう！

例題１　次の結合エネルギーの値を用いて，アンモニアの生成エンタルピーを整数値で求めよ。

結合エネルギー〔kJ/mol〕　N ≡ N：946，H－H：436，N－H：391

解　アンモニアNH_3の生成エンタルピーをΔH〔kJ/mol〕とする。

$$\frac{1}{2}N_2(気) + \frac{3}{2}H_2(気) \longrightarrow NH_3(気) \quad \Delta H〔kJ〕 \quad \cdots①$$

それぞれの結合エネルギーを化学反応式で表すと，

$$H_2(気) \longrightarrow 2H(気) \quad \Delta H_1 = 436\ kJ \quad \cdots②$$

$$N_2(気) \longrightarrow 2N(気) \quad \Delta H_2 = 946\ kJ \quad \cdots③$$

$$NH_3(気) \longrightarrow N(気) + 3H(気) \quad \Delta H_3 = 391 \times 3\ kJ \quad \cdots④$$

②，③，④から①をつくると，

$$①\times\frac{3}{2} \quad \frac{3}{2}H_2 \longrightarrow 3H \quad \frac{3}{2}\Delta H_1 = 436\times\frac{3}{2}\ kJ$$

$$②\times\frac{1}{2} \quad \frac{1}{2}N_2 \longrightarrow N \quad \frac{1}{2}\Delta H_2 = 946\times\frac{1}{2}\ kJ$$

$$+)-③ \quad N + 3H \longrightarrow NH_3 \quad -\Delta H_3 = -391\times 3\ kJ$$

$$\frac{1}{2}N_2 + \frac{3}{2}H_2 \longrightarrow NH_3 \quad \left(436\times\frac{3}{2} + 946\times\frac{1}{2} - 391\times 3\right)$$

$$\Delta H = \frac{3}{2}\Delta H_1 + \frac{1}{2}\Delta H_2 - \Delta H_3 = 436\times\frac{3}{2} + 946\times\frac{1}{2} - 391\times 3$$

$$= -46\ kJ/mol$$

結合エネルギーに関してもエンタルピー図を描いて解くことができますよ。ただし，切る必要のある結合の本数は気をつけましょうね！

Step1,2　求めるエンタルピーの差をx〔kJ/mol〕とし，①式を描きこむ。基準となる原子の状態を描きこむ。

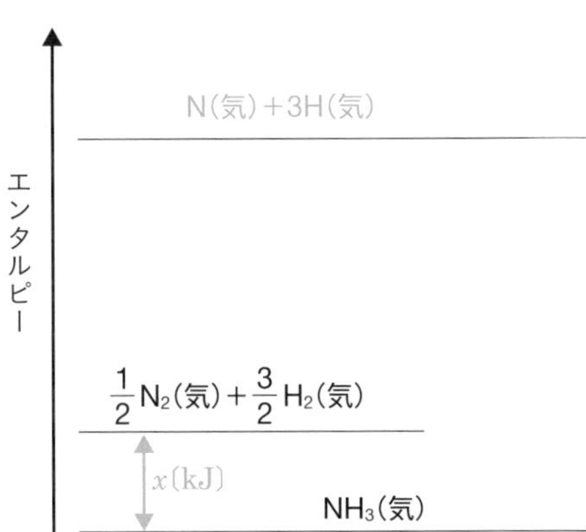

Step3　その他の結合エネルギーを描きこむ。

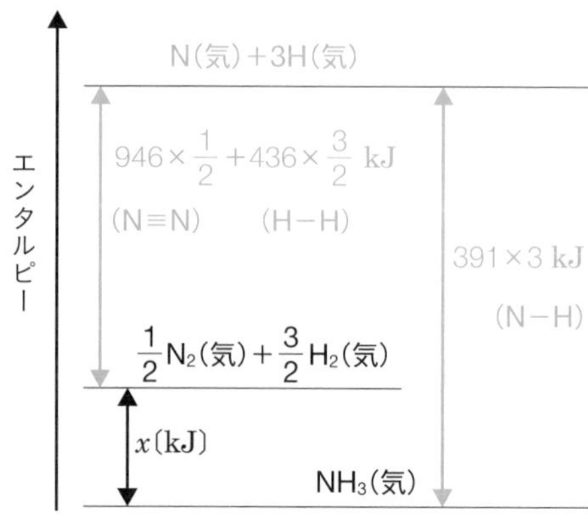

ヘスの法則より，

$$946\times\frac{1}{2}+436\times\frac{3}{2}+x=391\times3$$

$$x=46\ \text{kJ/mol}$$

よって，アンモニアの生成エンタルピーは発熱反応なので，− 46 kJ/molとなる。

$$\frac{1}{2}N_2(気)+\frac{3}{2}H_2(気)\longrightarrow NH_3(気)\qquad \Delta H=-46\ \text{kJ}$$

結合エネルギーの問題は，結合エネルギーの種類や数が増えると複雑になるので，エンタルピー図で解いた方が楽に解けるぞ！

3　熱量の測定実験

熱が加えられると物質の温度が上昇しますね。では，加えられた熱量と温度上昇の関係はどのようになっているでしょうか。

それは，中学校のときにも勉強した比熱で決まっています。比熱とは，**物質1 gを1℃(1 K)上げるのに必要な熱量**のことで，その値は物質ごとに決まっています。比熱が**小さい**物質は温度が**上がりやすく**，逆に，比熱が**大きい**物質は温度が**上がりにくい**んですね。

比熱は，**物質1 gを1 K上げるのに必要な熱量**なので，比熱〔J/(g·K)〕の値に質量〔g〕と温度上昇〔K〕をかけると熱量を求めることができます。単位を見てもそれがわかるのではないでしょうか。

Point 056 比熱と温度上昇

●**比熱**：物質1gを1K上げるのに必要な熱量　例　水　4.2 J/(g·K)

●熱量の計算

$$Q = mc\Delta t$$

Q：熱量〔J〕，m：質量〔g〕，c：比熱〔J/(g·K)〕，Δt：温度上昇〔K〕

例題2　25℃の水200 gを40℃にするために必要な熱量は何kJか。有効数字2桁で求めよ。ただし，水の比熱は4.2 J/(g·K)とする。

解　必要な熱量は，

$200\ \text{g} \times 4.2\ \text{J/(g·K)} \times (40-25)\ \text{K} = 12600\ \text{J} = 12.6\ \text{kJ} \fallingdotseq 13\ \text{kJ}$

4　反応エンタルピーの測定実験

反応エンタルピーを測定するにはどのような実験をすればよいでしょうか。それでは，水酸化ナトリウム(固体)の溶解エンタルピーを測定する実験を例にして説明していきましょう。

水酸化ナトリウムの溶解エンタルピーを測定するには，**水の中に固体の水酸化ナトリウムを加え，その水溶液の温度が何℃上昇したかを測定**する必要がありますね。だから，**断熱性の大きいポリスチレン製の容器**の中に水を入れ，そこに固体の水酸化ナトリウムを加えたときの温度変化を測定します。すると，次のグラフのように温度が変化するんですね。

実験

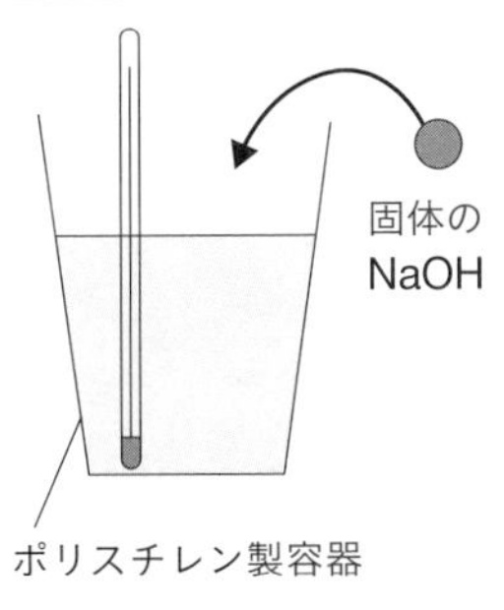

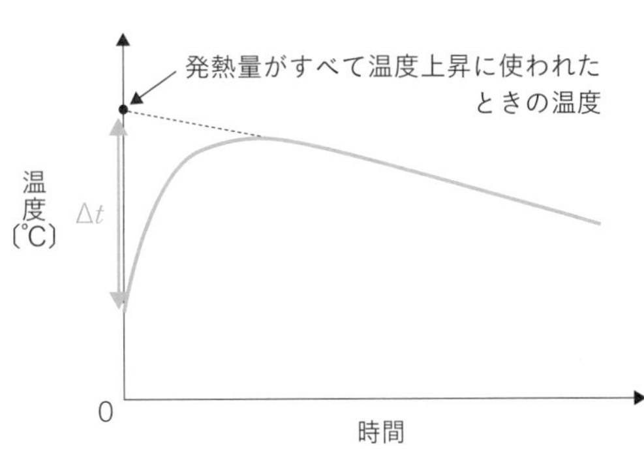

断熱性の大きい容器を使っても，熱は逃げてしまうものですね。

では，発生した熱量が逃げないとするならば，溶液の温度はどこまで上がるのでしょうか。

熱が同じ速度で逃げると考えると，**グラフの温度が下がっている部分を時間0まで伸ばした軸との交点**が「**発生した熱量がすべて温度上昇に使われたときの温度**」ということになります。

発生した熱量がすべて温度上昇に使われたとき，温度がどこまで上がるかを考えるんだよ。このグラフはとてもよく出るから，どこを読み取ればよいかきちんと覚えておこう！

例題3　292 gの水に8.0 gの固体の水酸化ナトリウムを溶かしたところ，水溶液の温度が7.0℃上昇した。水酸化ナトリウムの溶解エンタルピーは何kJ/molか。有効数字2桁で求めよ。ただし，固体の溶解による溶液の体積変化は無視できるものとする。(原子量：H＝1.0，O＝16，Na＝23)

解　発生した熱量は，

$$(292+8.0)\ \mathrm{g} \times 4.2\ \mathrm{J/(g \cdot K)} \times 7.0\ \mathrm{K} = 8820\ \mathrm{J} = 8.82\ \mathrm{kJ}$$

水酸化ナトリウムの物質量は，

$$\frac{8.0\ \mathrm{g}}{40\ \mathrm{g/mol}} = 0.20\ \mathrm{mol}$$

水酸化ナトリウム1 molあたりの発熱量は，

$$\frac{8.82\ \mathrm{kJ}}{0.20\ \mathrm{mol}} = 44.1\ \mathrm{kJ/mol} \fallingdotseq 44\ \mathrm{kJ/mol}$$

よって，固体の水酸化ナトリウムの溶解エンタルピーは，－44 kJ/molとなる。

$$\mathrm{NaOH(固)} + \mathrm{aq} \longrightarrow \mathrm{NaOHaq} \qquad \Delta H = -44\ \mathrm{kJ}$$

Q 最後にmolで割って，マイナスをつけるんですね。

A そうだよ。溶解エンタルピーは物質1 molが溶解するときのエンタルピー変化を表すからね。そして，NaOHの溶解が発熱反応だから，溶解エンタルピーは負の値になるよね。

チェック問題

25 次の文を読み，問いに答えよ。

固体の水酸化ナトリウム m〔g〕を，W〔g〕の水に加え，その温度変化を測定したところ，図のような結果が得られた。

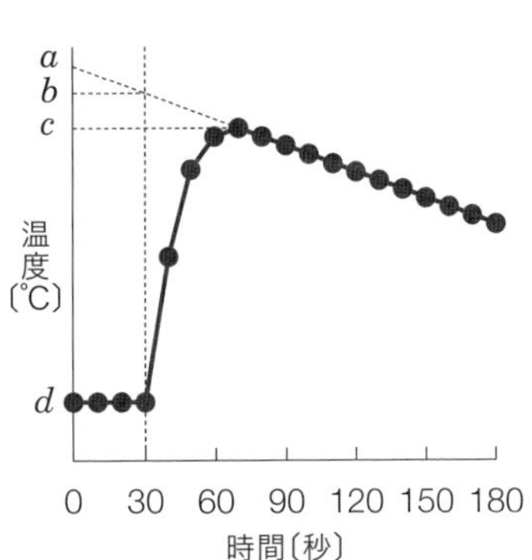

問1　発熱量がすべて水溶液の温度上昇に使われたとき，水溶液の温度は何℃になるか。a～dの値で答えよ。

問2　水溶液の比熱をC〔J/(g・K)〕とすると，固体の水酸化ナトリウムの溶解による発熱量は何Jか。必要な記号を用いて答えよ。

問3　水酸化ナトリウムの式量をMとすると，固体の水酸化ナトリウムの溶解エンタルピーは何kJ/molとなるか。必要な記号を用いて答えよ。

解答

問1　b

問2　$C(m+W)(b-d)$

問3　$-\dfrac{CM(m+W)(b-d)}{1000W}$

(NaOH 1 molあたりの発熱量は，$\dfrac{CM(m+W)(b-d)}{W}\times 10^{-3}$ kJ/molである。また，発熱反応なので溶解エンタルピーは負の値となる。)

➡ 関連　演習編パターン15,16

テーマ

26 イオン化傾向と金属の反応

① イオン化列を覚え，イオン化傾向の違いによる反応を理解しよう！
② 金属の反応性を理解しよう！
③ 金属と酸の反応の化学反応式がつくれるようになろう！

1 イオン化傾向

金属の単体には，ナトリウム Na のように**反応しやすい**ものと，金 Au のように**反応しにくい**ものがありますね！　これは，金属の**イオン化傾向**で決まっています。**イオン化傾向**とは，**金属の陽イオンへのなりやすさ**を表したものです。また，**金属をイオン化傾向の順に並べたもの**を**イオン化列**といいます。まずはイオン化列を覚えましょう。

Point 057 イオン化列

リッチに貸そうか　な　ま　あ　あ　て　に　すん　な

Li > K > Ca > Na > Mg > Al > Zn > Fe > Ni > Sn > Pb >

ひ　ど　す　ぎる　借　金

(H_2) > Cu > Hg > Ag > Pt > Au

では，イオン化列からどういうことがわかるでしょうか。

例えば，硫酸銅(Ⅱ)水溶液に亜鉛板を浸したときを考えてみましょう(**実験1**)。はじめ，水溶液中の銅はイオン Cu^{2+} で，亜鉛が金属 Zn で存在しています。**イオン化傾向は Zn > Cu** なので，亜鉛の方がイオンになりやすいため，**亜鉛がイオン Zn^{2+} になって溶け，銅が金属 Cu になり析出する**のです。

それに対し，硫酸銅(Ⅱ)水溶液に銀板を浸したときはどうでしょう(**実験2**)。水溶液である銅はイオン Cu^{2+} で，銀が金属 Ag で存在しています。**イオン化傾向は Cu > Ag** なので，銅の方がイオンになりやすいですが，銅はすでにイオンで存在するため，**反応は起こらない**のです。

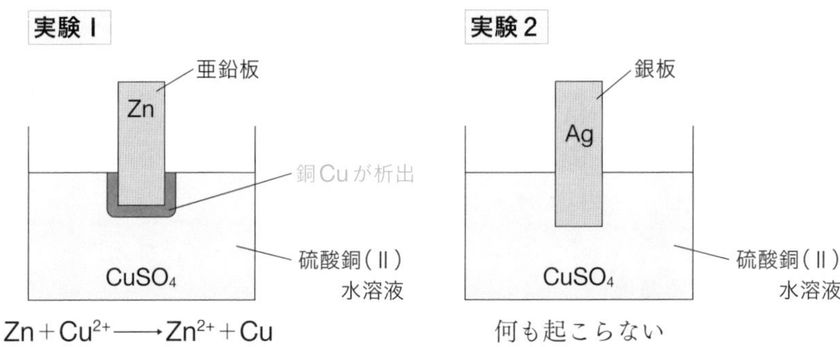

2 イオン化傾向と金属の反応性

イオン化傾向が大きい金属ほど陽イオンになりやすいので，その単体は**激しく反応する**ことになるため，**イオン化傾向は金属の反応性に大きく関わっている**ことになります。例えば，塩酸 HCl は H^+ を出すので，H_2 **よりイオン化傾向の大きい金属**はイオンになることができるため**塩酸に溶ける**ことがわかります。それに対し，H_2 **よりイオン化傾向の小さい金属は塩酸には溶けません**。金属の反応性を表にまとめてみました！

Point 058 イオン化傾向と金属の反応性

<table>
<tr><td colspan="6">Li＞K＞Ca＞Na＞Mg＞Al＞Zn＞Fe＞Ni＞Sn＞Pb＞(H_2)＞Cu＞Hg＞Ag＞Pt＞Au</td></tr>
<tr><td>①冷水に溶解</td><td></td><td></td><td></td><td></td><td></td></tr>
<tr><td colspan="2">熱水に溶解</td><td></td><td></td><td></td></tr>
<tr><td colspan="3">高温の水蒸気と反応</td><td></td><td></td></tr>
<tr><td colspan="4">②希酸(希塩酸，希硫酸)に溶解</td><td></td></tr>
<tr><td colspan="5">③酸化力のある酸(熱濃硫酸，希硝酸，濃硝酸)に溶解</td><td></td></tr>
<tr><td colspan="6">王水(濃硝酸＋濃塩酸＝1：3混合物)に溶解</td></tr>
</table>

①冷水に溶解する金属

アルカリ金属，Ca 以下のアルカリ土類金属は，イオン化傾向がとても大きいため，ほとんど水素イオン H^+ を出さない**冷水と反応**します。

例　ナトリウムと水の反応

イオン化傾向 Na > H_2 より，

$2Na + 2H^+ \longrightarrow 2Na^+ + H_2$

両辺に OH^- を２つ補うと，

$2Na + 2H_2O \longrightarrow 2NaOH + H_2$

②希酸に溶解する金属

イオン化傾向が H_2 より大きい金属は，水素イオン H^+ を出す**希塩酸や希硫酸と反応する**んですね。

例　亜鉛と希硫酸の反応

イオン化傾向 Zn > H_2 より，

$Zn + 2H^+ \longrightarrow Zn^{2+} + H_2$

両辺に SO_4^{2-} を補うと，

$Zn + H_2SO_4 \longrightarrow ZnSO_4 + H_2$

注意　鉛Pbは表面に $PbCl_2$ や $PbSO_4$ の**水に不溶性の被膜をつくる**ので，**希塩酸，希硫酸には溶けない。**

③酸化力のある酸に溶解する金属

イオン化傾向が H_2 より小さい Cu，Hg，Ag は，希酸には溶けないので，**酸化力をもつ硝酸や熱濃硫酸に溶けます。**化学反応式は，酸化剤・還元剤の半反応式(➡ p.62 **Point 034**)から立式していきましょう！　銅はイオンになって溶けるため，電子を出し**還元剤**としてはたらきます。

例　銅と熱濃硫酸の反応

(酸化剤) $H_2SO_4 + 2H^+ + 2e^- \longrightarrow SO_2 + 2H_2O$

(還元剤) $Cu \longrightarrow Cu^{2+} + 2e^-$

$Cu + H_2SO_4 + 2H^+ \longrightarrow Cu^{2+} + SO_2 + 2H_2O$

両辺に SO_4^{2-} を加えると，

$Cu + 2H_2SO_4 \longrightarrow CuSO_4 + SO_2 + 2H_2O$

例　銅と濃硝酸の反応

(酸化剤) $HNO_3 + H^+ + e^- \longrightarrow NO_2 + H_2O$　×2

(還元剤) $Cu \longrightarrow Cu^{2+} + 2e^-$

$Cu + 2HNO_3 + 2H^+ \longrightarrow Cu^{2+} + 2NO_2 + 2H_2O$

両辺に$2NO_3^-$を加えると，

$Cu + 4HNO_3 \longrightarrow Cu(NO_3)_2 + 2NO_2 + 2H_2O$

注意　Al, Fe, Niは**表面に緻密な酸化被膜をつくり内部を保護する**ため，**濃硝酸には溶けない**。この状態を**不動態**という。

同じように銅と希硝酸の反応式もつくることができますね。

$3Cu + 8HNO_3 \longrightarrow 3Cu(NO_3)_2 + 2NO + 4H_2O$

金属と酸の反応は，ここで説明したように，化学反応式がつくれるようにしておこう。丸暗記はダメだよ！　忘れたらもう一度つくり出せるようにしておこうね。

チェック問題

26 次の文を読み，問いに答えよ。

次のA～Eはアルミニウム，金，銀，銅，ナトリウムのうちのいずれかである。金属A～Eを冷水に加えると，①Aのみが気体を発生させながら溶解した。また，金属A～Eを希硫酸に加えると，A，Bが気体を発生させながら溶解した。次に，金属B～Eを濃硝酸に加えたところ，C，②Dが気体を発生させながら溶解した。Cの硝酸塩の溶液にDの金属板を浸したところ，Cの金属が析出した。

問1　A～Eはそれぞれどの金属か，元素記号で答えよ。

問2　下線部①，②の反応を化学反応式で書け。

問3　金属Bが濃硝酸に溶解しない理由を簡潔に書け。

解答

問1　A　Na　B　Al　C　Ag　D　Cu　E　Au

（水と反応するAはNa，希硫酸に溶けるBはAl，濃硝酸にも溶けないEはAu，イオン傾向がC＜DとなるためCはAg，DはCuとなる。）

問2　①　$2Na + 2H_2O \longrightarrow 2NaOH + H_2$

②　$Cu + 4HNO_3 \longrightarrow Cu(NO_3)_2 + 2NO_2 + 2H_2O$

問3　表面に緻密な酸化被膜をつくり，内部を保護するため。(不動態となるため。)

テーマ

27 電池

① ダニエル電池の原理を理解し，反応式がつくれるようになろう！
② 鉛蓄電池の原理を理解し，反応式がつくれるようになろう！
③ 燃料電池の原理を理解し，反応式がつくれるようになろう！

1 電池の原理

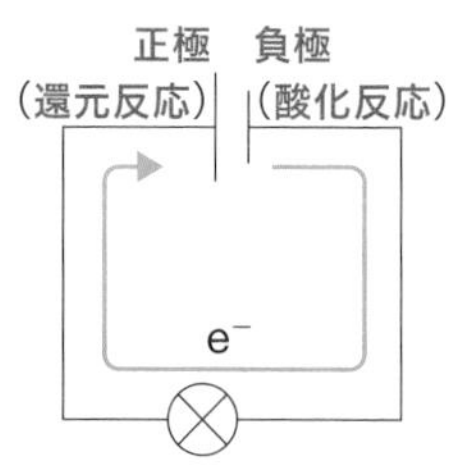

我々の日常生活でも，数多くの電池が使われています。電池はどのような原理で電気を発生させているのでしょうか。それでは，電池の原理を説明していきましょう！ 電池とは，**酸化還元反応によって発生する化学エネルギーを電気エネルギーに変える装置**のことです。**電子は負極から正極に向いて流れていく**ので，必ず負極では酸化反応（電子を**失う**反応），正極では還元反応（電子を**受け取る**反応）が起こります。

2 ダニエル電池

金属の**イオン化傾向の違い**を利用した電池がダニエル電池です。ダニエル電池は，**亜鉛板を硫酸亜鉛水溶液に，銅板を硫酸銅(Ⅱ)水溶液に浸し，導線で結んだ構造**をしています。

イオン化傾向は Zn＞Cu なので，まず**亜鉛がイオンになって溶解し**電子を出します($Zn \longrightarrow Zn^{2+} + 2e^-$)。その電子は銅板の方に移動し，**溶液中の銅(Ⅱ)イオンが受け取り，銅が析出する**($Cu^{2+} + 2e^- \longrightarrow Cu$)んですね。電子の流れる向きを考えると，亜鉛板が負極，銅板が正極であるとわかります！

２つの水溶液は素焼き板とよばれる板で仕切られています。これは水溶液の混合を防ぐ目的の他に，小さな穴が開いているため**イオンを移動させる**役割ももっているんですね。放電をすることで $ZnSO_4$ 水溶液側では Zn^{2+} **が増加**し，$CuSO_4$ 水溶液側では Cu^{2+} **が減少**しますが，$SO_4{}^{2-}$ が $CuSO_4$ **水溶液側から** $ZnSO_4$ **水溶液側**へ，また Zn^{2+} が $ZnSO_4$ **水溶液側から** $CuSO_4$ **水溶液側**へ移動することで水溶液は電気的に中性に保たれるのです。

Point 059 ダニエル電池

●**ダニエル電池**：構造　(−)Zn | $ZnSO_4$aq | $CuSO_4$aq | Cu(+)

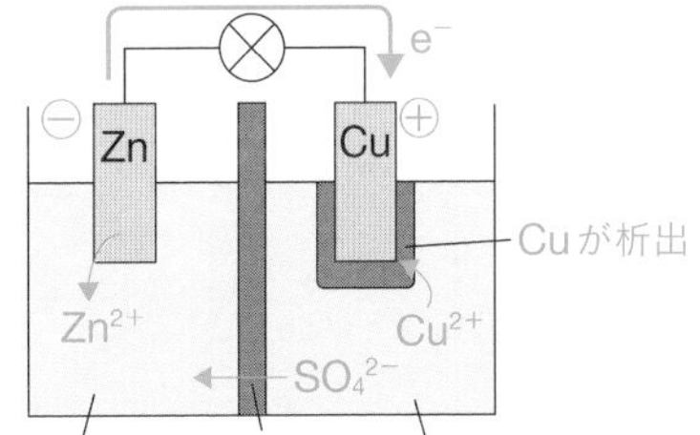

$ZnSO_4$aq　素焼き板　$CuSO_4$aq

化学反応式

負極：Zn 板　$Zn \longrightarrow Zn^{2+} + 2e^-$

正極：Cu 板　$Cu^{2+} + 2e^- \longrightarrow Cu$

素焼き板の役割

①2つの溶液の**混合を防ぐ**ため

②**イオンが移動できる**ようにするため

(SO_4^{2-}が $CuSO_4$ → $ZnSO_4$ 側へ，Zn^{2+} が $ZnSO_4$ → $CuSO_4$ 側へ移動)

ダニエル電池の**起電力**は，金属の種類で決まっているので，2種類の金属の**イオン化傾向の差を大きく**すると，起電力は大きくなります。また，Zn^{2+} が溶けだす側の硫酸亜鉛溶液を**薄く**，Cu が析出する側の硫酸銅(Ⅱ)水溶液を**濃くする**ことでも起電力を大きくすることができます。

入試で問われるポイントは，素焼き板の2つのはたらきと，起電力を上げる方法の2つ。反応式とともに覚えておこう！

3　鉛蓄電池

鉛蓄電池は，自動車のバッテリーなどに使われている電池です。鉛蓄電池は電極として**鉛板 Pb** と**酸化鉛(Ⅳ)板 PbO_2** を用い，それを電解液である**希硫酸**に浸し，導線で結んだ構造をしています。鉛は**2価のイオンが安定**なので，Pb は**酸化**されて Pb^{2+} になり(**電子を渡し**)，PbO_2 は**還元**されて Pb^{2+} になる(**電子を受け取る**)ことで電池としてはたらきます。Pb^{2+} は電解液の希硫酸と反応し**硫酸鉛(Ⅱ) $PbSO_4$** となります。だから，電子の流れる方向を考えると，鉛板が**負極**，酸化鉛(Ⅳ)板が**正極**としてはたらくことがわかりますね。

Point 060 **鉛蓄電池**

●鉛蓄電池：構造　(−)Pb | H_2SO_4aq | PbO_2(+)

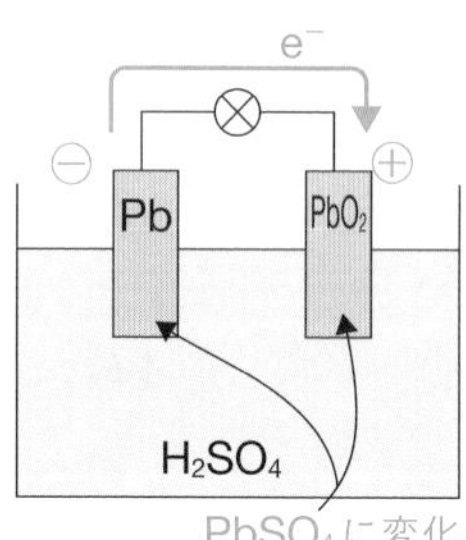

化学反応式

負極：Pb 板　$Pb + SO_4^{2-} \longrightarrow PbSO_4 + 2e^-$

正極：PbO_2 板　$PbO_2 + SO_4^{2-} + 4H^+ + 2e^- \longrightarrow PbSO_4 + 2H_2O$

※鉛蓄電池の式を１つにまとめると，(正極)+(負極)より，

$Pb + PbO_2 + H_2SO_4 \longrightarrow 2PbSO_4 + 2H_2O$

鉛蓄電池は，**充電することができる**二次電池なんですね。充電するときには，**電源の正極と鉛蓄電池の正極**を，**電源の負極と鉛蓄電池の負極**を接続して放電する必要があります。

正極の化学反応式は，次のようにつくるといいでしょう！　$PbSO_4$ **になることは覚えておき，イオンを補うよう**につくっていきましょう。

Step1　$PbO_2 \longrightarrow PbSO_4$

Step2　$PbO_2 + SO_4^{2-} \longrightarrow PbSO_4$

Step3　$PbO_2 + SO_4^{2-} + 4H^+ + 2e^- \longrightarrow PbSO_4 + 2H_2O$

4 燃料電池

水素の燃焼反応($2H_2 + O_2 \longrightarrow 2H_2O$)は，**水素が酸化**し，**酸素が還元する酸化還元反応**なので，**水素から酸素に電子が渡されています**。そこで，水素の酸化と酸素の還元を別の電極で起こせば，その間を電子が移動するため，電池になります。このような電池を燃料電池といいます。

Point 061 燃料電池

●**燃料電池**

①リン酸型(電解液 H_3PO_4)：構造　(−)H_2 | H_3PO_4aq | O_2(+)

化学反応式

負極：H_2 極　$H_2 \longrightarrow 2H^+ + 2e^-$

正極：O_2 極　$O_2 + 4H^+ + 4e^- \longrightarrow 2H_2O$

②アルカリ型(電解液 KOH)：構造(−)H_2 | KOHaq | O_2(+)

化学反応式

負極：H_2 極　$H_2 + 2OH^- \longrightarrow 2H_2O + 2e^-$

正極：O_2 極　$O_2 + 2H_2O + 4e^- \longrightarrow 4OH^-$

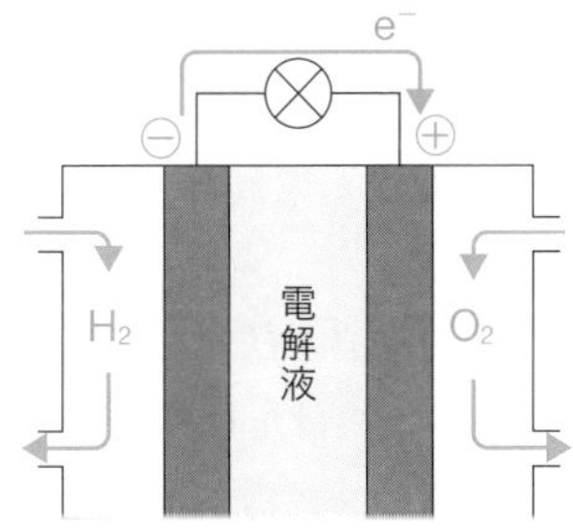

燃料電池の反応式をつくるときは，液性に注意が必要です。①は**酸性**なので電解液中を H^+ **が移動**し，②は**塩基性**なので電解液中を OH^- **が移動**しているため，反応式にもそのイオンが現れます。酸性の燃料電池の場合は，負極で H_2 **が酸化され** H^+ が生じ，正極では O_2 **が還元され** H_2O が生じることを覚えておけば，H^+ を補うだけで反応式をつくることができます。

負極　$H_2 \longrightarrow 2H^+ + 2e^-$　　$+2OH^-$

正極　$O_2 + 4H^+ + 4e^- \longrightarrow 2H_2O$　　$+4OH^-$

負極　$H_2 + 2OH^- \longrightarrow 2H_2O + 2e^-$

正極　$O_2 + 2H_2O + 4e^- \longrightarrow 4OH^-$

また，②の塩基性の反応式は，①の酸性の反応式中の H^+ **を** OH^- **で中和**すると，簡単につくることができますよ。

チェック問題

27 次の文を読み，問いに答えよ。

ダニエル電池は，硫酸亜鉛水溶液に亜鉛板を，硫酸銅(II)水溶液に銅板を浸し，2つの金属板を導線でつなぎ，それぞれの水溶液を素焼き板で仕切ったものである。亜鉛板が(**ア**)極，銅板が(**イ**)極としてはたらき，銅板上では(**ウ**)反応が起こっている。ダニエル電池の起電力は約 1.1 V であるが，硫酸亜鉛水溶液を(**エ**)く，硫酸銅(II)水溶液を(**オ**)くすることで起電力を上げることができる。

鉛蓄電池は，希硫酸に酸化鉛(IV)板と鉛板を浸し導線でつないだものである。酸化鉛(IV)板が(**カ**)極，鉛板が(**キ**)極となり，放電することで2つの電極ともに白色の(**ク**)に変化するとともに，電解液として用いられている希硫酸の密度は(**ケ**)くなる。鉛蓄電池は充電可能な(**コ**)電池であり，鉛板と電源の(**サ**)極を接続することで充電することができる。

問1 文中の(**ア**)～(**サ**)に適当な語句を入れよ。

問2 ダニエル電池の素焼き板のはたらきを2つ簡潔に書け。

問3 ダニエル電池，鉛蓄電池を放電したときに各電極で起こる反応の化学反応式をe^-を用いて書け。

解答

問1 **ア** 負 **イ** 正 **ウ** 還元 **エ** 薄 **オ** 濃 **カ** 正
キ 負 **ク** 硫酸鉛(II) **ケ** 小さく **コ** 二次 **サ** 負

問2 2つの水溶液の混合を防ぐ。
イオンが通過できるようにする。

問3 ダニエル電池

正極 $Cu^{2+} + 2e^- \longrightarrow Cu$

負極 $Zn \longrightarrow Zn^{2+} + 2e^-$

鉛蓄電池

正極 $PbO_2 + SO_4^{2-} + 4H^+ + 2e^- \longrightarrow PbSO_4 + 2H_2O$

負極 $Pb + SO_4^{2-} \longrightarrow PbSO_4 + 2e^-$

➜ 関連 演習編パターン17

テーマ

28 電気分解

① 電気分解の原理を理解しよう！
② 電気分解の化学反応式をつくれるようにしよう！
③ 電気分解の計算問題が解けるようになろう！

1 電気分解

中学校のときに水の電気分解をしたのを覚えていますか？　水に電気をかけることで水素と酸素に分解($2H_2O \longrightarrow 2H_2 + O_2$)しましたね。このように，**電気エネルギーを加えることで酸化還元反応を起こす操作**を電気分解といいます。それでは，電気分解について詳しく説明しましょう！

電気分解は電気を加え反応を起こす操作だ。反応を起こし電気をとり出す電池とは，逆の操作であることを理解しておこうね！

では，塩化ナトリウム NaCl 水溶液の電気分解を例に考えてみましょう！　まず，電極としては安定な白金 Pt や炭素 C などを使い，これを電源に接続し水溶液に電流を流します。このとき，**電池の正極と接続した電極**が陽極，**電池の負極と接続した電極**が陰極となります。

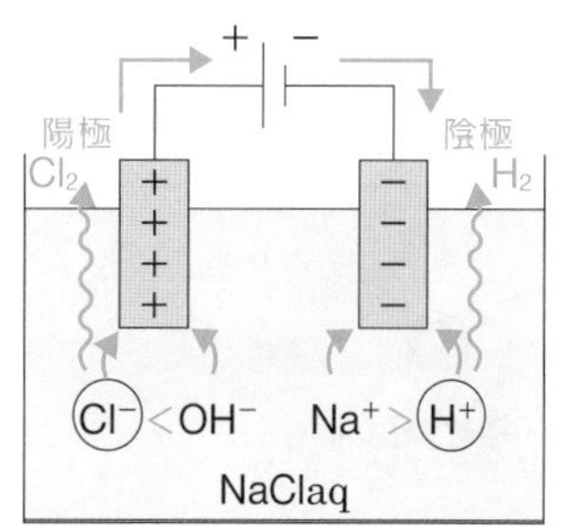

水はその一部が電離($H_2O \rightleftarrows H^+ + OH^-$)して H^+ と OH^- が生じるため，NaCl 水溶液中には，Na^+，Cl^- と H^+，OH^- の 4 種類のイオンが存在します。陽極は＋に帯電しているので**陰イオンである Cl^- と OH^- が引き寄せられ**，陰極は－に帯電しているので**陽イオンである Na^+ と H^+ が引き寄せられます**。それぞれの電極に集まったイオンのうち，**イオン化傾向の小さいイオン**(網掛けのイオン)が単体になります。だから，**陽極からは塩素 Cl_2 が**，**陰極からは水素 H_2 が発生する**んですね！

それぞれの電極で起こる化学反応式は次の通りになります。水はほとんど電離していないため，**陰極では H_2O から反応式を立てる**ようにしましょう！（H_2O の H^+ が H_2 に変化したので，OH^- が溶液中に残る。）

$OH^- > Cl^-$ ⊕ $2Cl^- \longrightarrow Cl_2 + 2e^-$

$H^+ < Na^+$ ⊖ $2H_2O + 2e^- \longrightarrow H_2 + 2OH^-$

Point 062 電気分解

●電気分解の立式法

Step1 電極を決定する

➡ 正極と接続されているのが陽極，負極と接続されているのが陰極

Step2 それぞれの**電極に集まるイオン**を考える

➡ **陽極には陰イオン**が，**陰極には陽イオン**が引き寄せられる

Step3 **イオン化傾向の小さいイオン**が単体に変化する

陰イオンのイオン化傾向：SO_4^{2-}，NO_3^- > OH^- > Cl^- > Br^- > I^-

Step4 化学反応式をつくる

※水 H_2O の H^+ や OH^- が反応するときは，**H_2O から立式する**

注意 陽極板が Cu，Ag，それ以上のイオン化傾向の金属のときは，**陽極板の溶解反応**が起こる。（＝**酸化**される）

陽極板に Cu，Ag などを使うと溶ける。これは，Pt よりもイオン化傾向の大きい Ag，Cu は，Pt より酸化されやすくイオンになって溶けるんだね！

もう一つ，硫酸銅（II）水溶液の電気分解を例として考えてみましょう。陽極には**陰イオンである** SO_4^{2-} **と** OH^- が，陰極には**陽イオンである** Cu^{2+} **と** H^+ が引き寄せられます。それぞれのイオンのうちイオン化傾向が小さいイオンが単体になるので，陽極からは**酸素** O_2 が発生（OH^- が反応するときは O_2 になる），陰極からは**銅** Cu が析出します。ここでも，水はほとんど電離していないため，**陽極では H_2O から立式しましょう！**（H_2O の OH^- が O_2 になったから，H^+ が溶液中に残る。）

$OH^- < SO_4^{2-}$ ⊕ $2H_2O \longrightarrow O_2 + 4H^+ + 4e^-$

$H^+ > Cu^{2+}$ ⊖ $Cu^{2+} + 2e^- \longrightarrow Cu$

Point 063 電気分解の化学反応式

水溶液	電極	電極	イオン	反応式
NaCl	陽極	炭素C	$OH^- > Cl^-$	$2Cl^- \longrightarrow Cl_2 + 2e^-$
	陰極	炭素C	$H^+ < Na^+$	$2H_2O + 2e^- \longrightarrow H_2 + 2OH^-$
$CuSO_4$	陽極	白金Pt	$OH^- < SO_4^{2-}$	$2H_2O \longrightarrow O_2 + 4H^+ + 4e^-$
	陰極	白金Pt	$H^+ > Cu^{2+}$	$Cu^{2+} + 2e^- \longrightarrow Cu$
$AgNO_3$	陽極	白金Pt	$OH^- < NO_3^-$	$2H_2O \longrightarrow O_2 + 4H^+ + 4e^-$
	陰極	白金Pt	$H^+ > Ag^+$	$Ag^+ + e^- \longrightarrow Ag$
HCl	陽極	炭素C	$OH^- > Cl^-$	$2Cl^- \longrightarrow Cl_2 + 2e^-$
	陰極	炭素C	H^+	$2H^+ + 2e^- \longrightarrow H_2$
NaOH	陽極	白金Pt	OH^-	$4OH^- \longrightarrow O_2 + 2H_2O + 4e^-$
	陰極	白金Pt	$H^+ < Na^+$	$2H_2O + 2e^- \longrightarrow H_2 + 2OH^-$
$CuSO_4$	陽極	銅Cu	Cuの溶解	$Cu \longrightarrow Cu^{2+} + 2e^-$
	陰極	銅Cu	$H^+ > Cu^{2+}$	$Cu^{2+} + 2e^- \longrightarrow Cu$

水H_2Oは，そのほとんどが電離しておらずH^+やOH^-はほとんど存在しないため，**H_2Oから反応式を書く**んでしたね。しかし，塩酸は**強酸性**で溶液中にH^+はたくさん存在しているため，**H^+から陰極の反応式を書き**（$2H^+ + 2e^- \longrightarrow H_2$），同様に，水酸化ナトリウム水溶液は**強塩基性**で溶液中にOH^-はたくさん存在しているので，**OH^-から陽極の反応式を書く**んですね（$4OH^- \longrightarrow O_2 + 2H_2O + 4e^-$）。液性を考えて反応式を書くようにしましょう！

NaOHの陽極の反応では，OH^-からO_2を発生させたときに生じるH^+は，OH^-と中和してH_2Oになるから，右辺にH_2Oが出てくるんだよ。

2 電気分解の量的関係

それでは，電気分解の計算について説明しましょう。電気分解は電気を使うので，電気量〔C〕という少し聞きなれない言葉が出てきます。化学ではこれだけで十分なので次の2つを覚えておきましょう。

①**1 Aの電流が1秒間流れたときに1 C(クーロン)の電気量が発生**します。だから，**電流の値に時間をかけると，電気量を求めることができます**ね。

②**電子1 molあたりの電気量は9.65×10^4 C**です。この数値をファラデー定数といい，9.65×10^4 C/molと表されます。この値は問題文に与えられます。

①，②の関係を使えば，流れた**電子の物質量molを求める**ことができ，あとは反応式の量的関係を使えば計算できます。

Point 064 電気分解の計算

●電気分解の計算

① $Q=It$（Q：電気量〔C〕，I：電流〔A〕，t：時間〔s〕）

②ファラデー定数　$F=9.65 \times 10^4$ C/mol

※電流の単位〔A〕=〔C/s〕と書き表すと単位だけで計算できる

●計算のPoint

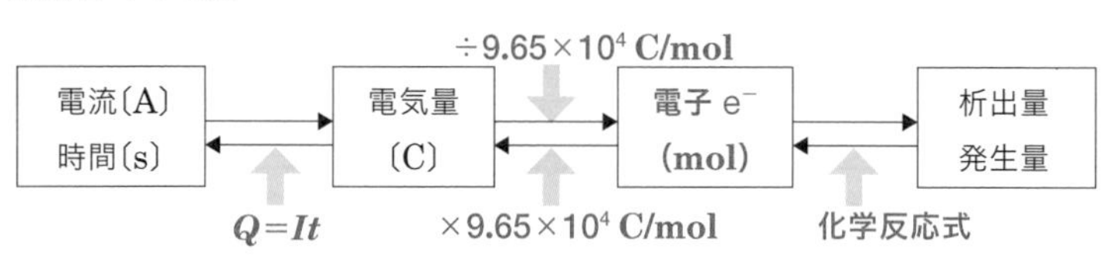

例題　白金電極を硫酸銅(Ⅱ)水溶液に浸し，2.0 Aの電流で1930秒間電気分解を行った。陰極から析出した銅は何gか。また，陽極で発生した気体の体積は0℃，1.013×10^5 Paで何Lか。有効数字2桁で求めよ。(原子量：Cu=64，ファラデー定数：9.65×10^4 C/mol)

解　それぞれの電極で起こる反応は，

$$\begin{array}{lll} OH^- < SO_4^{2-} & \oplus & \left\{ \begin{array}{l} 2H_2O \longrightarrow O_2 + 4H^+ + 4e^- \\ Cu^{2+} + 2e^- \longrightarrow Cu \end{array} \right. \\ H^+ > Cu^{2+} & \ominus & \end{array}$$

流れた電子の物質量は，

$$\frac{2.0\,\cancel{C}/\cancel{s} \times 1930\,\cancel{s}}{9.65 \times 10^4\,\cancel{C}/mol} = 0.040\,mol$$

e^- 1 mol流れるとCuが$\frac{1}{2}$ mol生じるため，陰極で析出した銅は，

$$0.040\,\text{mol} \times \underbrace{\frac{1}{2}}_{\text{Cu[mol]}} \times 64\,\text{g/mol} = 1.28\,\text{g} \fallingdotseq 1.3\,\text{g}$$

e^- 1 mol流れるとO_2が$\frac{1}{4}$ mol生じるため，陽極で発生した酸素は，

$$0.040\,\text{mol} \times \underbrace{\frac{1}{4}}_{O_2\text{[mol]}} \times 22.4\,\text{L/mol} = 0.224\,\text{L} \fallingdotseq 0.22\,\text{L}$$

☑ チェック問題

28 次の水溶液を(　)内に示した電極を用いて電気分解を行ったとき，陽極と陰極で起こる反応の化学反応式をe^-を用いて書け。

(1)　塩化銅(Ⅱ)水溶液(炭素電極)

(2)　硝酸銀水溶液(白金電極)

(3)　臭化カリウム水溶液(炭素電極)

(4)　硫酸水溶液(白金電極)

(5)　水酸化カリウム水溶液(白金電極)

(6)　硝酸銀水溶液(銀電極)

解答

(1) $OH^- > Cl^-$ ⊕ $2Cl^- \longrightarrow Cl_2 + 2e^-$
$H^+ > Cu^{2+}$ ⊖ $Cu^{2+} + 2e^- \longrightarrow Cu$

(2) $OH^- < NO_3^-$ ⊕ $2H_2O \longrightarrow O_2 + 4H^+ + 4e^-$
$H^+ > Ag^+$ ⊖ $Ag^+ + e^- \longrightarrow Ag$

(3) $OH^- > Br^-$ ⊕ $2Br^- \longrightarrow Br_2 + 2e^-$
$H^+ < K^+$ ⊖ $2H_2O + 2e^- \longrightarrow H_2 + 2OH^-$

(4) $OH^- < SO_4^{2-}$ ⊕ $2H_2O \longrightarrow O_2 + 4H^+ + 4e^-$
$H^+ = H^+$ ⊖ $2H^+ + 2e^- \longrightarrow H_2$

(5) $OH^- = OH^-$ ⊕ $4OH^- \longrightarrow O_2 + 2H_2O + 4e^-$
$H^+ < K^+$ ⊖ $2H_2O + 2e^- \longrightarrow H_2 + 2OH^-$

(6) (Ag電極) ⊕ $Ag \longrightarrow Ag^+ + e^-$
$H^+ > Ag^+$ ⊖ $Ag^+ + e^- \longrightarrow Ag$

➜ 関連　演習編パターン17

テーマ

29 反応速度

① 反応が起こるときのエネルギー変化を理解しよう！
② 反応速度の定義を覚え，反応速度式を理解しよう！
③ 反応速度の計算が解けるようになろう！

1 化学反応と反応エネルギー

化学反応が起こるときにエネルギーはどのように変化していくのでしょうか。水素 H_2 とヨウ素 I_2 からヨウ化水素 HI ができるときの反応を例にして考えてみましょう。この反応は**両方向に進むことができる**可逆反応（$\rightleftarrows$で表す）で，**右向きの反応**を正反応，**左向きの反応**を逆反応といいます。

$H_2 + I_2 \rightleftarrows HI$

水素 H_2 とヨウ素 I_2 が反応するときには，原子の状態を経由するわけではありません。原子の状態はエネルギーがとても大きく不安定であるため，**原子よりもエネルギーが低く，反応物よりはエネルギーの高い**遷移状態（活性化状態）を経てヨウ化水素 HI になります。**反応前の状態から遷移状態になるまでに必要なエネルギー**を活性化エネルギーといい，反応を起こすためには活性化エネルギー以上のエネルギーが必要なんですね。

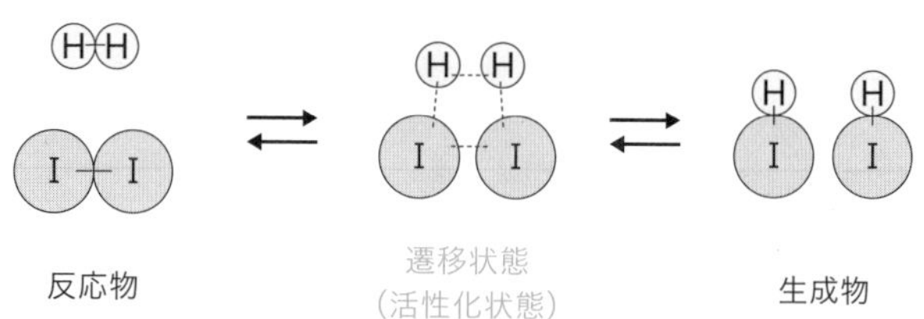

過酸化水素の分解反応（$2H_2O_2 \longrightarrow 2H_2O + O_2$）では，酸化マンガン（Ⅳ）$MnO_2$ を触媒として使います。触媒を加えると，反応の**活性化エネルギーが低下する**ため，反応が速く起こる（＝反応速度が大きくなる）んですね。

触媒は反応速度を大きくするだけで，触媒自身が反応するわけではないので，化学反応式の中に入れてはいけないよ。
「$H_2O_2 + MnO_2 \longrightarrow \cdots$」なんて書かないように！

Point 065 化学反応のエネルギー

●**遷移状態**(**活性化状態**)：エネルギーの高い反応中間体の状態

※原子の状態のエネルギーよりは低い。

●**活性化エネルギー**：反応物と活性化状態のエネルギー差

➡ 化学反応が起こるために必要なエネルギー

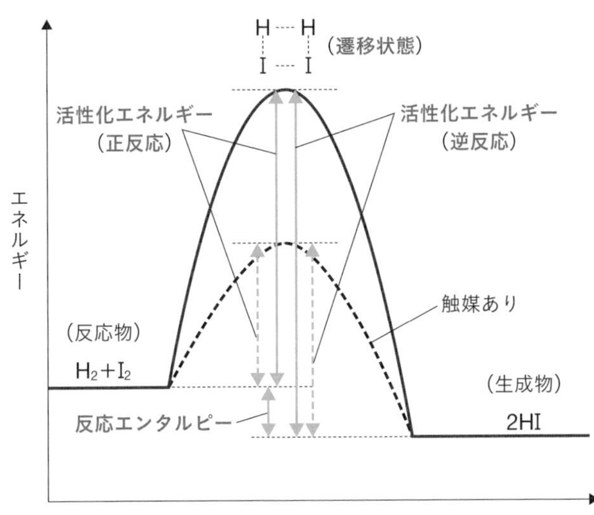

2 反応速度を変化させる要因

それでは，反応を速く起こすためには，どうすればよいか考えてみましょう。例えば，分子どうしが衝突することで反応が起こるため，反応物の濃度を高くすると，**分子どうしが衝突する回数が増え**，反応が速く起こるんですね。他にどのような要因があるか，まとめておきましょう。

Point 066 反応速度を大きくする要因

●反応速度を大きくする要因

要因	理由
濃度を高くする	分子どうしの**衝突回数が増加する**ため
温度を高くする	**活性化エネルギー以上の運動エネルギー**をもつ分子の割合が増加するため
触媒を加える	反応の**活性化エネルギーが低下する**ため

高温で反応速度が大きくなる理由を詳しく説明しましょう。容器内に存在する気体分子はそれぞれ熱運動をしています。その**気体分子の運動エネルギーとその割合をグラフにしたもの**が次の図になります。大きな運動エネルギーや小さな運動エネルギーをもつ分子さまざま存在しますが，平均的な運動エネルギーをもつ分子の割合が最も多いですね。

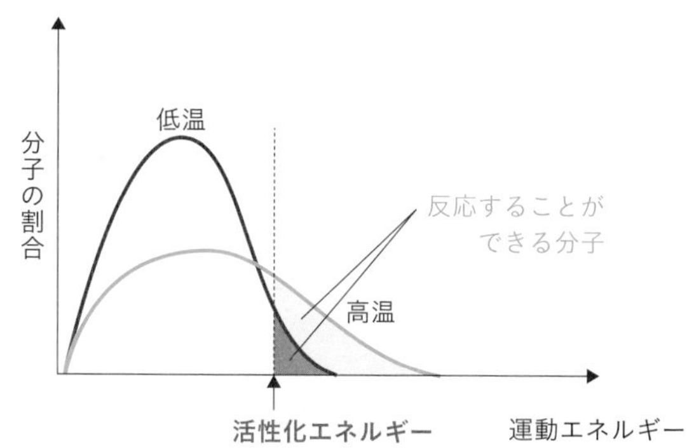

反応を起こすためには，**活性化エネルギーを超える**必要があるので，図の中の網掛け部分が反応することのできる分子ということになります。高温にすると，より大きな運動エネルギーをもつ分子の割合が増え，運動エネルギーの分布が右側にずれていきます。すると，**活性化エネルギーを超える運動エネルギーをもつ分子の割合も増える**ため，反応が速く起こるんですね。

3 反応速度の定義

反応の速さを表す数値である**反応速度**について説明します。**反応速度**は，**単**

位時間あたりの濃度変化で表すので，**濃度の変化量を時間の変化量で割る**ことで求められます。ただし，反応物は時間が経つと減少するので，反応物で表す反応速度には正の値にするため，**－を付ける**必要があるんですね！

Point 067 反応速度の定義

●反応速度の定義

$$\text{反応速度}=\frac{\text{濃度の変化量}}{\text{時間の変化量}}$$

単位：mol/(L·s)，mol/(L·min)など

例　A → 2B の反応の反応速度

$$v=-\frac{\Delta[\mathrm{A}]}{\Delta t}=-\frac{[\mathrm{A}]_2-[\mathrm{A}]_1}{t_2-t_1}$$

[A]：A のモル濃度〔mol/L〕

※反応物の濃度は時間とともに減少するので，－の符号を付ける

例題１　0.100 mol/L の過酸化水素水に酸化マンガン(Ⅳ)を加えて分解したところ，200秒後に0.070 mol/L となった。過酸化水素の平均分解速度は何 mol/(L·s)か。

解　$v=-\frac{0.070-0.100\ \mathrm{mol/L}}{200-0\ \mathrm{s}}=1.5\times10^{-4}\ \mathrm{mol/(L\cdot s)}$

反応物の濃度を時間に対してグラフにした場合，反応速度はどこに表れるのでしょうか。反応速度は，**濃度の変化量を時間の変化量で割ったものなので，２点を結んだ直線の傾き**を表すことになります。だから，**傾きの絶対値が大きいほど，反応が速く起こっている**ということがわかるんですね！

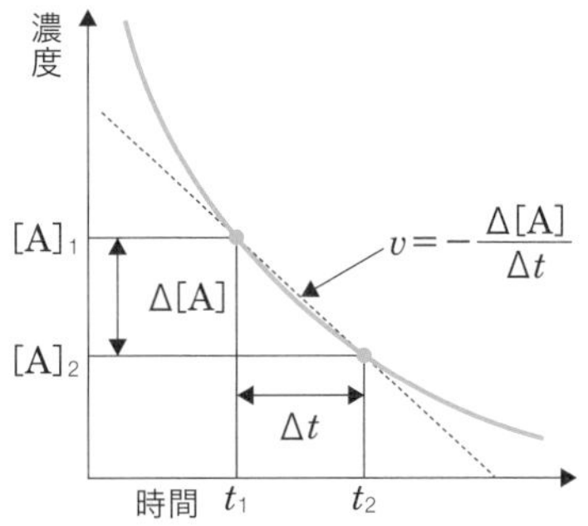

4　反応速度式

化学反応は分子どうしが衝突することで起こるため，反応物の**濃度が大きいほど反応は速く**起こります。そのため，反応速度は，**反応物の濃度の何乗かに比例する**ことになります。それを式で表したものを反応速度式といい，一般に次のように表すことができます。

Point 068　反応速度式

●反応速度式：反応物の濃度と反応速度の関係式

aA ＋ bB ⟶ cC ＋ dD（a〜d：係数）の反応速度

$v=k[\mathrm{A}]^x[\mathrm{B}]^y$

k：速度定数（反応速度定数），$x+y$：反応次数

※ x，y は反応により決まる定数

x，y は反応によって決まる定数であり，例題2のように実験をすることで決定することができます（必ずしも係数と一致するとは限りません）。また，k は速度定数（または反応速度定数）とよばれ，k の値が大きいほど反応速度が大きい，すなわち，反応が速いということがわかります。k の値は**温度が高く，活性化エネルギーが小さいほど大きい**ことが知られています。要するに，**高温にし，触媒を加えると k の値は大きくなる**のです。これは，Point 066 で示したことと一致しますね。

例題2　X＋Y ⟶ 2Zの化学反応において，Xの濃度を2倍にすると反応速度が4倍になり，Yの濃度を3倍にすると反応速度が3倍になった。この反応の反応速度式を書け。

解　Xの濃度を2倍にすると反応速度が4倍になるため，**反応速度はXの2乗に比例する**。また，Yの濃度を3倍にすると反応速度が3倍になるため，**反応速度はYの1乗に比例する**。よって，反応速度式は，

$v=k[\mathrm{X}]^2[\mathrm{Y}]$

と表される。

2の2乗は4だ($2^2=4$)。だからXが2倍になったら反応速度は4倍になるので，反応速度はXの濃度の2倍に比例するよ。それに対し3の1乗は3なので，反応速度とYの濃度は比例するんだね。

ただし，平衡状態になる反応では，x，yの値が反応式の係数と一致すると思っておいていいでしょう！

チェック問題

29 次の文を読み，問いに答えよ。

図は，$H_2+I_2 \rightarrow 2HI$ の反応に伴うエネルギー変化を表したものである。この反応は両向きに進む(**ア**)反応である。図中のXを(**イ**)とよび，(**イ**)になるために必要なエネルギーを(**ウ**)という。触媒を加えて反応を行うと，(**ウ**)が(**エ**)くなり，反応速度が(**オ**)くなるが，反応エンタルピーは(**カ**)。

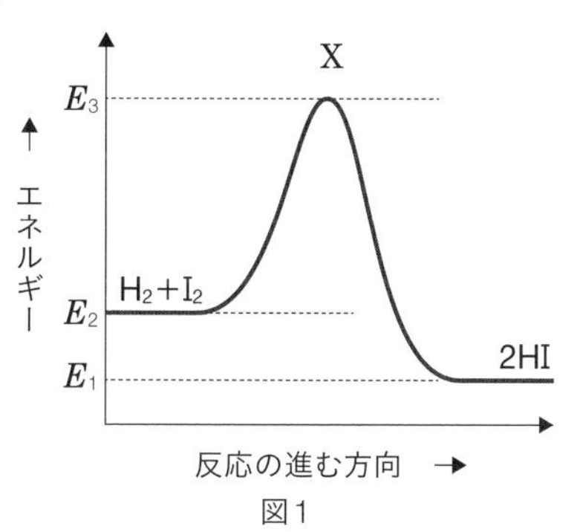

図1

問1 文中の(**ア**)～(**カ**)に適当な語句を入れよ。

問2 以下の値をE_1～E_3の文字を用いて表せ。

(1) 正反応の(**ウ**)

(2) 逆反応の(**ウ**)

(3) 反応エンタルピー

解答

問1 **ア** 可逆　**イ** 遷移状態(活性化状態)　**ウ** 活性化エネルギー
エ 小さ　**オ** 大き　**カ** 変わらない

問2 (1) E_3-E_2　(2) E_3-E_1　(3) $E_1-E_2(=-(E_2-E_1))$

→関連　演習編パターン18

テーマ 30

化学平衡

① 平衡状態を理解しよう！
② 化学平衡の計算ができるようになろう！
③ 平衡移動の方向を答えられるようにしよう！

1 平衡状態

この可逆反応について，次のようなことを考えてみましょう！

$$H_2 + I_2 \rightleftarrows 2HI$$

密閉容器に水素 H_2 とヨウ素 I_2 を封入して放置すると，その一部分がヨウ化水素 HI に変化し，これ以上時間を置いてもその数が変化しなくなります。

このように，**反応が途中で止まって見えるような状態**を平衡状態といいます。平衡状態では，**正反応と逆反応の反応速度が等しくなるため，反応が止まって見える**んですね！

それでは，反応開始から平衡状態になるまでの過程を考えてみましょう。この反応の反応速度はそれぞれ次のように表すことができます。

$$\begin{cases} \text{正反応} \quad v_1 = k_1[H_2][I_2] \\ \text{逆反応} \quad v_2 = k_2[HI]^2 \end{cases}$$

反応速度は，物質の濃度が大きいほど大きいので，正反応ははじめが最も速く，逆反応ははじめ 0 になります。反応が右向きに進むことで $[H_2]$ と $[I_2]$ は減少し，$[HI]$ は増加していきます。やがて，**正反応と逆反応の反応速度が等しくなり**，平衡状態に到達します。

この変化をグラフで考えてみましょう。平衡状態では，**正反応と逆反応の反応速度が等しくなる**ことがわかりますね。それと同時に，平衡状態になると，**それぞれの物質の物質量が変化しなくなる**のがわかるでしょう。これが平衡状態ですね。

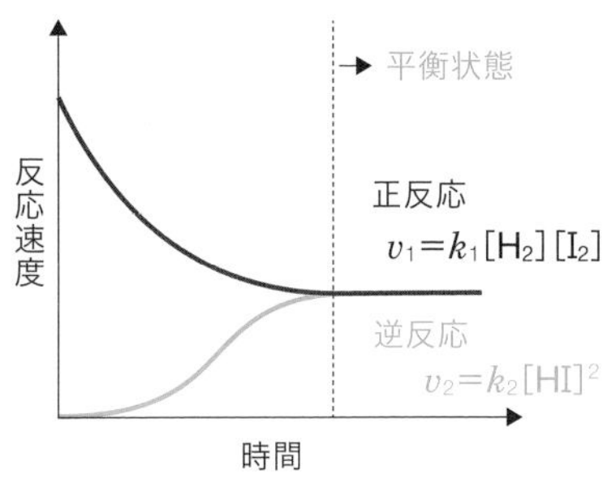

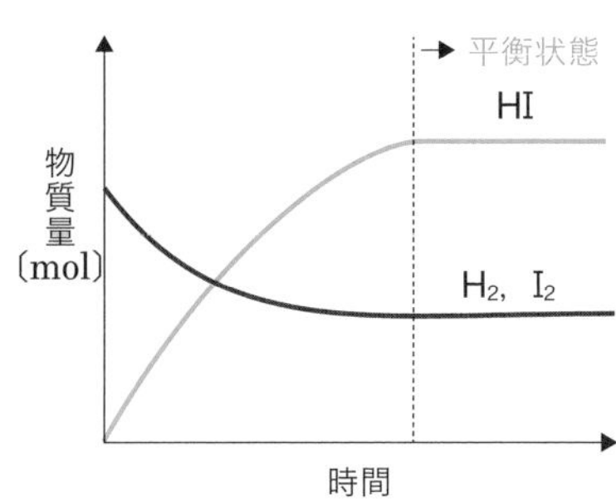

正反応と逆反応の反応速度が等しいということは，ある時間内に生成する物質の数と分解する物質の数は同じになっているということだね。だから，見た目の変化が起こらなくなるんだよ。決して，反応が止まっているわけではないので，そこは気を付けて！

2　平衡定数

平衡状態の計算をするときには，**平衡定数**という定数を使います。まずは，下の可逆反応を例として平衡定数を導出してみましょう！

$H_2 + I_2 \rightleftarrows 2HI$

$$\begin{cases} \text{正反応} \quad v_1 = k_1[H_2][I_2] \\ \text{逆反応} \quad v_2 = k_2[HI]^2 \end{cases}$$

平衡状態では**正反応と逆反応の反応速度が等しくなる**ため，

$v_1 = v_2$

それぞれの反応速度式を代入すると，

$k_1[H_2][I_2] = k_2[HI]^2$

この式を変形すると，

$$\frac{[HI]^2}{[H_2][I_2]} = \frac{k_1}{k_2} (= K)$$

この値を**平衡定数**とよび，Kという記号で表すことにします。平衡定数は，平衡状態では**温度が一定であれば必ず一定の値**となります。平衡状態において平衡定数が一定になることを**化学平衡の法則**といいます。

Point 069 平衡定数

●平衡定数の定義

$a\mathrm{A} + b\mathrm{B} \rightleftarrows c\mathrm{C} + d\mathrm{D}$（$a$〜$d$：係数）

で表される可逆反応が**平衡状態**であるとき，

平衡定数 $K=\dfrac{[\mathrm{C}]^c[\mathrm{D}]^d}{[\mathrm{A}]^a[\mathrm{B}]^b}$

は一定の値となる。（**化学平衡の法則**）

※ K は**温度によってのみ変化する値**

●平衡定数の計算

『反応前』，**『反応量』**，**『平衡状態』** の mol の値を表にまとめる

例題1　体積一定の容器に水素とヨウ素を0.050 molずつ入れたところ，$H_2+I_2 \rightleftarrows 2HI$ の反応が起こり，ヨウ化水素0.060 mol生成し平衡状態となった。平衡定数はいくらか。

解

	H_2	+ I_2	$\rightleftarrows$ $2HI$	
（反応前）	0.050	0.050	0	〔mol〕
（反応量）	−0.030	−0.030	+0.060	
（平　衡）	0.020	0.020	0.060	

体積 V〔L〕とする。平衡定数 K は，

$$K=\frac{[\mathrm{HI}]^2}{[\mathrm{H_2}][\mathrm{I_2}]}=\frac{\left(\dfrac{0.060}{V}\right)^2}{\dfrac{0.020}{V}\times\dfrac{0.020}{V}}=9.0$$

注 モル濃度〔mol/L〕を代入するので，$\dfrac{0.06\mathrm{mol}}{V〔\mathrm{L}〕}$ を代入

平衡定数の単位は反応によって変わるんだよ。この反応では，$(\mathrm{mol/L})^2$ を $(\mathrm{mol/L})^2$ で割るため，単位はないんだね。

3 平衡の移動

ある**平衡状態の温度や圧力などを変化させると，どちらかの方向に反応が進み，新しい平衡状態となります**。これを平衡の移動といいます。そのとき，**濃**

度・圧力・温度などを変化させた影響を，緩和する方向に平衡は移動します。ルシャトリエの原理(**平衡移動の原理**)といいます。

それでは，アンモニアの合成反応を例にして考えてみましょう。

$N_2 + 3H_2 \rightleftarrows 2NH_3 \quad \Delta H = -92\ \mathrm{kJ}$

この平衡状態を冷却してみましょう。すると，「冷却する」という影響を緩和しようとするため「温めよう」とします。この反応は**右向きに進むことで熱が発生する**ため，平衡状態を冷却すると，はじめよりアンモニアの増えた新しい平衡状態となります。これを，**平衡が右に移動する**というんですね。

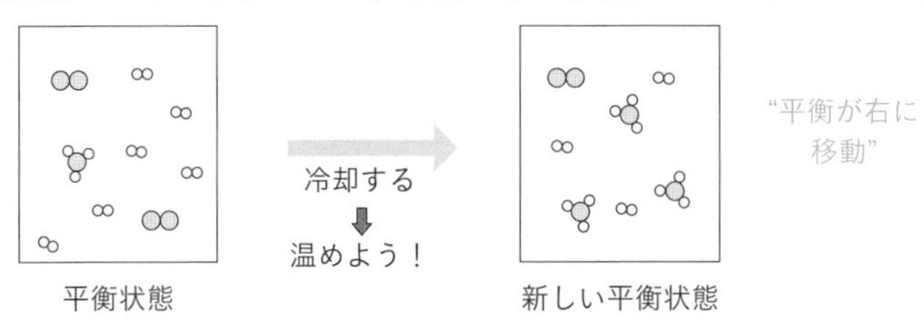

例題2　次の反応が平衡状態であるとき，①～⑦の影響を加えると，どちら向きに平衡が移動するか答えよ。

$N_2 + 3H_2 \rightleftarrows 2NH_3 \quad \Delta H = -92\ \mathrm{kJ}$

解　①窒素を加える ➡ 窒素N_2を**減らそうとする**ため，**平衡が右に移動**

②アンモニアを取り除く ➡ アンモニアNH_3を**増やそうとする**ため，**平衡が右に移動**

③冷却する ➡ 発熱方向に進み**温めようとする**ため，**平衡が右に移動**

④加熱する ➡ 吸熱方向に進み**冷やそうとする**ため，**平衡が左に移動**

⑤減圧する ➡ 気体の分子数を増やし**圧力を上げようとする**ため，**平衡が左に移動**

⑥加圧する ➡ 気体の分子数を減らし**圧力を下げようとする**ため，**平衡が右に移動**

⑦触媒を加える ➡ 平衡状態に**影響を与えない**ため，**平衡は移動しない**

圧力は気体分子の数で考えよう。左辺は4分子(N_2+$3H_2$)，右辺が2分子($2NH_3$)だから，左辺の方が圧力が高いね。

チェック問題

30 次の各反応が平衡状態にあるとき，(　)のように条件を変化させると，平衡はどちらに移動するか。「右」，「左」，「移動しない」で答えよ。

(1) $N_2O_4 \rightleftarrows 2NO_2$ (圧力を上げる)

(2) $2CO + O_2 \rightleftarrows 2CO_2$ (一酸化炭素を加える)

(3) $H_2 + I_2 \rightleftarrows 2HI$ (白金触媒を少量加える)

(4) N_2(気) + O_2(気) $\rightleftarrows$ 2NO(気)

$\Delta H = 181$ kJ (温度を下げる)

(5) SO_2(気) + $\frac{1}{2}O_2$(気) $\rightleftarrows$ SO_3(気)

$\Delta H = -99$ kJ (温度を上げる)

(6) $N_2 + 3H_2 \rightleftarrows 2NH_3$ (体積一定でアルゴンを加える)

(7) $N_2 + 3H_2 \rightleftarrows 2NH_3$ (圧力一定でアルゴンを加える)

(8) $CH_3COOH \rightleftarrows CH_3COO^- + H^+$ (酢酸ナトリウムを加える)

(9) $CH_3COOH \rightleftarrows CH_3COO^- + H^+$ (水酸化ナトリウムを加える)

解答

(1) 左　(2) 右　(3) 移動しない　(4) 左　(5) 左　(6) 移動しない
(7) 左　(8) 左　(9) 右

解説

(1) 気体の分子数を減らし圧力を下げようとするため，平衡が左に移動

(2) COを減らそうとするため，平衡が右に移動

(3) 触媒は平衡状態に影響を与えないため，平衡は移動しない

(4) 発熱方向に進み温めようとするため，平衡が左に移動

(5) 吸熱方向に進み冷やそうとするため，平衡が左に移動

(6) 体積一定でアルゴンを加えても，気体の分圧は変化しないため，平衡は移動しない

(7) 圧力一定でアルゴンを加えると，気体の分圧が低下し，気体の分子数を増やし圧力を上げようとするため，平衡が左に移動

(8) 酢酸ナトリウムは $CH_3COONa \longrightarrow CH_3COO^- + Na^+$ に電離し，CH_3COO^- が増加するので，CH_3COO^- を減らそうとするため，平衡が左に移動

(9) 水酸化ナトリウムは $NaOH \longrightarrow Na^+ + OH^-$ に電離し，OH^- が H^+ と中和して H^+ が減少するので，H^+ を増やそうとするため，平衡が右に移動

➜ 関連　演習編パターン19,20

テーマ

31 水溶液中の平衡

① 電離平衡の計算ができるようになろう！
② 緩衝液の原理を理解し，計算ができるようになろう！
③ 溶解度積の定義を理解し，計算ができるようになろう！

1 弱酸の電離平衡

それでは，弱酸の電離について考えてみましょう。酢酸のような弱酸は溶液中で完全に電離せず，平衡状態となります(**電離平衡**)。酢酸の電離の反応式は正確に書くと次のようになります。

$$CH_3COOH + H_2O \rightleftarrows CH_3COO^- + H_3O^+$$

この反応の平衡定数 K は，次のように定義されますね。

$$K = \frac{[CH_3COO^-][H_3O^+]}{[CH_3COH][H_2O]}$$

水溶液中では，**水の濃度**$[H_2O]$**はほとんど一定に保たれる**ため，$[H_2O]$を両辺にかけ次のように式変形します。

この $K[H_2O]$ を K_a とおき，これを**電離定数**といいます。

$$K_a = K[H_2O] = \frac{[CH_3COO^-][H_3O^+]}{[CH_3COOH]}$$

通常，H_3O^+ は H^+ と書き表すため，

$$CH_3COOH \rightleftarrows CH_3COO^- + H^+$$

$$K_a = \frac{[CH_3COO^-][H^+]}{[CH_3COOH]}$$

となります。

水溶液中では水分子が大過剰に存在するから，濃度はほとんど変わらないってことなんだね。

テーマ 10 でも扱ったように，弱酸の pH を求めるためには**電離度が必要**でしたね。しかし，電離度は**溶液の濃度によって変わってしまう**ので，温度でしか変化しない**電離定数**を用いて酢酸の pH を求めてみることにします。

例題1　0.10 mol/L酢酸の水素イオン濃度とpHを求めよ。酢酸の電離定数を $K_a = 2.0 \times 10^{-5}$ mol/L, $\log_{10} 2 = 0.30$, $\sqrt{2} = 1.4$ とし，電離度は1に比べてはるかに小さいとする。

解　酢酸の濃度を c〔mol/L〕，電離度 α とおく。

$$CH_3COOH \rightleftarrows CH_3COO^- + H^+$$

	CH_3COOH	CH_3COO^-	H^+	
(反応前)	c	0	0	〔mol/L〕
(反応量)	$-c\alpha$	$+c\alpha$	$+c\alpha$	
(平　衡)	$c(1-\alpha)$	$c\alpha$	$c\alpha$	

電離定数 K_a は,

$$K_a = \frac{[CH_3COO^-][H^+]}{[CH_3COOH]} = \frac{c\alpha \times c\alpha}{c(1-\alpha)} = \frac{c\alpha^2}{1-\alpha}$$

電離度 α は1よりも十分に小さいので，$1-\alpha \fallingdotseq 1$ と近似すると,

$$K_a = c\alpha^2$$

$$a = \sqrt{\frac{K_a}{c}}$$

水素イオン濃度 $[H^+]$ は,

$$[H^+] = c\alpha = c \times \sqrt{\frac{K_a}{c}} = \sqrt{cK_a}$$

数値を代入すると,

$$[H^+] = \sqrt{0.10 \times 2.0 \times 10^{-5}} = \sqrt{2} \times 10^{-3} = 1.4 \times 10^{-3} \text{ mol/L}$$

pHは,

$$\text{pH} = -\log_{10}(\sqrt{2} \times 10^{-3}) = 3 - \frac{1}{2}\log_{10} 2 = 2.85$$

この例題はとてもよく出題されるよ。$[H^+] = \sqrt{cK_a}$ の式が必ず導出できるようにしておこう。

2 緩衝液

少量の酸や塩基を加えてもpHの変化が小さい溶液のことを緩衝液といいます。実験でpHを一定に保ちたいときに用いるんですね。また，ヒトの血液も緩衝液です。それでは，緩衝液の原理を説明していきますね。

緩衝液は，**弱酸(または弱塩基)とその塩を混合する**ことでつくることができます。例えば，**酢酸** CH_3COOH **と酢酸ナトリウム** CH_3COONa **の混合水溶液**が緩衝液になります。酢酸ナトリウム CH_3COONa は溶液中で完全に電離し，酢酸イオン CH_3COO^- として存在しているので，混合溶液中では次の平衡が成り立っています。

$$CH_3COOH \rightleftarrows CH_3COO^- + H^+ \quad \cdots(*)$$

緩衝液に酸を加えると，(*)の**平衡が左に移動する**ことにより，**加えられた酸の** H^+ **は** CH_3COO^- **と結び付き** CH_3COOH **に戻る**ため，水素イオン濃度 $[H^+]$ はあまり変わりません。また，緩衝液に塩基を加えると，塩基の OH^- と H^+ が中和して H^+ が消費され，(*)の**平衡が右に移動する**ことにより，**消費された** H^+ **は** CH_3COOH **が電離することで補われる**ため，こちらも水素イオン濃度 $[H^+]$ はあまり変わらないのです。よって，緩衝液中の pH はほぼ一定に保たれます。このはたらきを**緩衝作用**といいます。

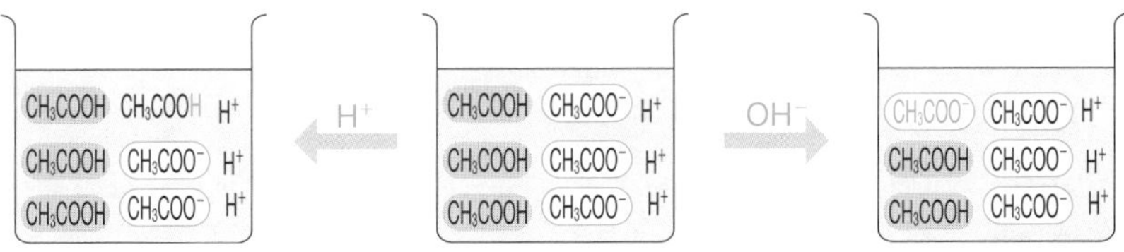

CH_3COOH と CH_3COO^- が存在することで，平衡を右にも左にも動かすことができるため，pHがほぼ一定に保たれるんだ。

それでは，緩衝液の pH を求めてみましょう。緩衝液では，次のような近似が成り立ちます。

$$CH_3COOH \rightleftarrows CH_3COO^- + H^+ \quad \cdots(*)$$

酢酸は水溶液中で少しだけ電離をしていますね。ここに酢酸ナトリウム CH_3COONa(電離している酢酸イオン CH_3COO^-)を加えることで，(*)の**平衡が大きく左に偏るため酢酸の電離は無視**することができます。だから，**電離定数の式を変形し，代入するだけで水素イオン濃度を計算することができる**のです。

Point 070 緩衝液の計算

●緩衝液の計算

緩衝液では，**弱酸の電離を無視する**ことができるため，電離定数の式を変形して代入すればよい。

例　$CH_3COOH+CH_3COONa$ の混合溶液

$$K_a=\frac{[CH_3COO^-][H^+]}{[CH_3COOH]} \Rightarrow [H^+]=\frac{[CH_3COOH]}{[CH_3COO^-]}\times K_a$$

c_a〔mol/L〕の弱酸と c_s〔mol/L〕の弱酸の塩の混合溶液の水素イオン濃度

$$[H^+]=\frac{c_a}{c_s}\times K_a$$

※緩衝液の体積は等しいため，モル濃度〔mol/L〕の体積〔L〕が分母・分子で割り切れる。よって，**弱酸と塩の mol を代入する**ことで水素イオン濃度が求められる。

緩衝溶液では，はじめに入っている酢酸と酢酸ナトリウムがそのまま CH_3COOH や CH_3COO^- として存在しているんだ。だから，弱酸と塩のモル比さえわかれば水素イオン濃度を計算することができるんだね。

例題2　0.10 mol/L 酢酸と 0.20 mol/L 酢酸ナトリウム混合溶液の水素イオン濃度と pH を求めよ。ただし，酢酸の電離定数 $K_a=2.0\times10^{-5}$ mol/L とする。

解　$[CH_3COOH]=0.10$ mol/L，$[CH_3COO^-]=0.20$ mol/L より，

$$[H^+]=\frac{[CH_3COOH]}{[CH_3COO^-]}\times K_a$$

$$=\frac{0.10\ \text{mol/L}}{0.20\ \text{mol/L}}\times2.0\times10^{-5}\ \text{mol/L}$$

$$=1.0\times10^{-5}\ \text{mol/L}$$

$$\text{pH}=-\log_{10}10^{-5}=5.0$$

3 溶解度積

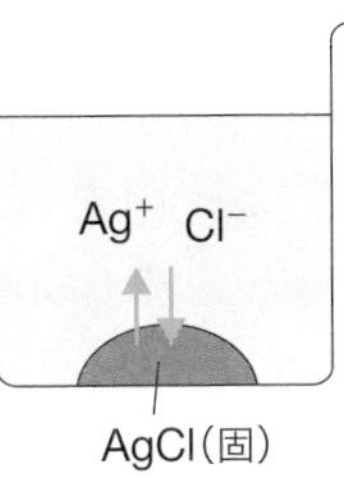

塩化銀などの水に溶けにくい塩は，水中で(*)式のように**沈殿とイオンが平衡状態**になっています。すなわち，沈殿が溶解する速度と，結晶が析出する速度が等しくなっており，これを**溶解平衡**といいます。それでは，塩化銀AgClの溶解平衡を考えてみましょう。

$$AgCl(固) \rightleftarrows Ag^+ + Cl^- \quad \cdots(*)$$

この式の平衡定数 K は，次のように定義されます。

$$K=\frac{[Ag^+][Cl^-]}{[AgCl(固)]}$$

固体の塩化銀のモル濃度は[AgCl(固)]は一定に保たれるため，[AgCl(固)]を両辺にかけ次のように式変形します。

この K[AgCl]の値を K_{sp} とおき，**溶解度積**といいます。

$$K_{sp}=K[AgCl(固)]=[Ag^+][Cl^-]$$

溶解度積は平衡定数だから $PbCl_2(固) \rightleftarrows Pb^{2+} + 2Cl^-$ のように，係数がつくときは $K_{sp}=[Pb^{2+}][Cl^-]^2$ のように係数が指数となるので気を付けよう。

溶解度積は，溶解平衡が成立している，すなわち，**沈殿が生じているときに溶液中のイオンについて成り立つ関係**なんですね！　だから，**沈殿が生じているときは，溶解度積の関係が成立する**のです。

例題3　純水1Lに塩化銀は最大何mol溶けるか。ただし，AgClの溶解度積は $K_{sp}=[Ag^+][Cl^-]=1.0\times10^{-10}\ mol^2/L^2$ とし，体積変化は無視せよ。

解　水1Lに溶けることのできるAgClを x〔mol/L〕とする。

$$AgCl(固) \rightleftarrows Ag^+ + Cl^-$$

$$x \qquad x\ 〔mol/L〕$$

塩化銀の**飽和溶液**となるため，$K_{sp}=[Ag^+][Cl^-]$**が成立する**ので，

$$K_{sp}=x\times x=1.0\times10^{-10}$$

$$x=1.0\times10^{-5}\ mol/L$$

塩化銀の飽和水溶液に塩化水素 HCl を吹きこむとどのような現象が起こるでしょうか。塩化銀は，水中で①式のような溶解平衡が成り立っていますね。

$AgCl(固) \rightleftharpoons Ag^+ + Cl^-$ …①

塩化水素 HCl は水に溶けると，次の②式のように完全に電離し，Cl^-が生じます。

$HCl \longrightarrow H^+ + Cl^-$ …②

Cl^-濃度が増加することで，①式の**平衡が左に移動し，塩化銀の沈殿が増加していくん**ですね。このように，共通に含まれるイオンを加えることで，電解質の溶解度が減少する現象を，**共通イオン効果**といいます。

チェック問題

31 文中の(ア)～(キ)に適当な語句または化学式を入れよ。

弱酸である酢酸は，水溶液中でその一部が電離し，式①で表される平衡状態となる。

$CH_3COOH \rightleftharpoons CH_3COO^- + H^+$ …①

酢酸水溶液に酢酸ナトリウムを加えると，酢酸ナトリウムの電離で生じた(**ア**)の存在により，式①の平衡が(**イ**)に移動するため，酢酸の電離は抑えられる。

この混合溶液に塩酸を加えると，塩酸から生じた(**ウ**)は(**ア**)と反応し(**エ**)に変化するため，水溶液中の水素イオン濃度はあまり変化しない。また，水酸化ナトリウム水溶液を加えると，水酸化ナトリウムから生じた(**オ**)は(**エ**)と反応し(**ア**)に変化するため，やはり水溶液中の水素イオン濃度はあまり変化しない。このようなはたらきを(**カ**)といい，(**カ**)をもつ溶液を(**キ**)という。

解答

ア CH_3COO^-　**イ** 左　**ウ** H^+　**エ** CH_3COOH　**オ** OH^-
カ 緩衝作用　**キ** 緩衝液

➜ 関連　演習編パターン21,22

第3章

無機化学

テーマ

32 気体の製法

① 化学反応式のつくり方を理解しよう！
② 気体の製法の化学反応式をつくれるようになろう！
③ 気体の製法の実験装置を選べるようになろう！

1 化学反応の種類

ここから無機化学に入ります。テーマ 32 では，「**化学反応式をつくる**」ことを意識しながら，気体の実験室的製法をまとめてみましょう。高校化学で勉強する化学反応には大きく分けて，次の２種類があるんですね！

①酸・塩基反応：**水素イオン** H^+ の授受反応
②酸化還元反応：**電子** e^- の授受反応

まずは，これらの化学反応式のつくり方をマスターしましょう。それでは，気体の実験室的製法を，化学反応の種類ごとにまとめてみましょう！

2 酸・塩基反応を利用した気体の製法

酸・塩基反応とは，**水素イオン** H^+ **を授受する反応**のことでしたね(➡ p.44)。ここで，酢酸ナトリウム CH_3COONa と塩酸 HCl の反応を例にして考えてみましょう。酢酸ナトリウムは酢酸イオン CH_3COO^- をもっていますね。塩酸は**強酸**なので**水素イオンを離しやすく**(電離度が大きい)，酢酸は**弱酸**なので酢酸イオン**水素イオンを受け取りやすい**(電離度が小さい)ので，次のような反応が起こります。

$$HCl + CH_3COO^- \longrightarrow Cl^- + CH_3COOH$$

強酸　弱酸の陰イオン　強酸の陰イオン　弱酸

ここにナトリウムイオン Na^+ を補うと次のような式になりますね。

$$HCl + CH_3COONa \longrightarrow NaCl + CH_3COOH$$

強酸　弱酸の塩　強酸の塩　弱酸

よって，**弱酸の塩**に強酸を加えると，**弱酸**が遊離して強酸の塩になります。この反応を**弱酸遊離反応**といい，酸・塩基反応を利用した気体の製法はほとんどこの反応を利用しています。原理を理解しておきましょうね！

結果的に，強酸のH^+と弱酸の塩の陽イオン(Na^+)が交換されているだけなんだ。酸・塩基反応を利用した気体の製法のほとんどが，ただのイオンの交換だと気付くと，反応式を書くのも簡単だね。

例えば，**硫化水素(弱酸)の塩**である**硫化鉄(Ⅱ)**に，強酸である塩酸を加えると，**弱酸**である**硫化水素が遊離**して，強酸である塩酸が塩(**塩化鉄(Ⅱ)**)になるんですね！

$$FeS + 2HCl \rightarrow FeCl_2 + H_2S \uparrow$$

弱酸の塩　強酸　強酸の塩　弱酸

ちなみに，このとき硫化物イオンS^{2-}と結合している陽イオンはFe^{2+}**じゃなくてもよい**のです。H_2Sを発生させるためには，S^{2-}**に**H^+**が渡されればいい**ので，例えば，**硫化ナトリウム**Na_2S**を使っても硫化水素**H_2S**が発生する**んですね。強酸として使う酸も塩酸HClではなく硫酸H_2SO_4でもよいのです。

それでは，酸・塩基反応を利用した気体の製法をまとめておきましょうね！ただし，**炭酸**H_2CO_3**や亜硫酸**H_2SO_3**など，気体を水に溶かした酸は，遊離すると分解して**CO_2+H_2O**や**SO_2+H_2O**となる**ことは覚えておいてくださいね。(装置についてはp.160で説明しています。)

Point 071 酸・塩基反応を利用した気体の製法

気体	反応試薬	化学反応式	装置
H_2S	硫化物＋強酸	$FeS + 2HCl \longrightarrow FeCl_2 + H_2S \uparrow$	A
CO_2	炭酸塩＋塩酸	$CaCO_3 + 2HCl \longrightarrow CaCl_2 + CO_2 \uparrow + H_2O$	A
NH_3	アンモニウム塩＋強塩基	$2NH_4Cl + Ca(OH)_2 \longrightarrow CaCl_2 + 2NH_3 \uparrow + 2H_2O$	C
SO_2	亜硫酸塩＋強酸	$Na_2SO_3 + H_2SO_4 \longrightarrow Na_2SO_4 + SO_2 \uparrow + H_2O$	A
HF	ホタル石＋濃硫酸	$CaF_2 + H_2SO_4 \longrightarrow CaSO_4 + 2HF \uparrow$	B
HCl	塩化物＋濃硫酸	$NaCl + H_2SO_4 \longrightarrow NaHSO_4 + HCl \uparrow$	B

実は，表の下の２つの反応は，仕組みが少し違うんです。塩酸やフッ化水素酸（フッ化水素が水に溶けたもの）は**水に溶けた物質が気体として逃げていく，揮発性**であり，硫酸は**水に溶けた物質は気体にならない不揮発性**なんですね。だから，**揮発性の酸の塩**である**塩化ナトリウム**に，**不揮発性の酸である濃硫酸**を加えると，**揮発性の酸**である**塩化水素が遊離して，不揮発性の酸**である**硫酸が塩（硫酸水素ナトリウム）**になるんですね！

$$NaCl + H_2SO_4 \longrightarrow NaHSO_4 + HCl\uparrow$$

揮発性の酸の塩　　不揮発性の酸　　不揮発性の酸の塩　　揮発性の酸

しかし，水素イオンの交換であるという点では同じなので，反応式のつくり方は同じになりますね。ただし，**硫酸水素ナトリウム $NaHSO_4$ が生じること**と，**濃硫酸を使うこと**はしっかり覚えておきましょう！

この反応では生成物が Na_2SO_4 にならないことに注意だ。反応に使っている濃硫酸は電離度がとても小さく，一段階しか電離せず HSO_4^- になるため，$NaHSO_4$ が生成するんだ。少し難しいかな。よく書き間違える人が多いから気を付けよう！

3　酸化還元反応を利用した気体の製法

酸化還元反応は電子 e^- を授受する反応のことでしたね（➡ p.58）。金属と酸の反応はテーマ26で解説しましたね。改めて確認しておきましょう。

イオン化傾向が水素 H_2 よりも大きい金属（Pb 除く）は，希塩酸や希硫酸などの希酸と反応し，水素 H_2 を発生させながら溶解します。これが水素 H_2 の製法となります。ただし，イオン化傾向が H_2 よりも小さい銅 Cu や銀 Ag は，酸化力のある酸である熱濃硫酸や希硝酸，濃硝酸に加えると気体を発生させながら溶けますね。このとき，**熱濃硫酸を使うと** SO_2 が，**希硝酸を使うと** NO が，**濃硝酸を使うと** NO_2 が発生するので，これらの気体の製法に利用します。化学反応式のつくり方もあわせて確認しておきましょうね。

次に塩素 Cl_2 の製法です。塩酸に含まれる塩化水素 HCl はとても酸化されやすいので，酸化剤としてはたらく**酸化マンガン（Ⅳ）MnO_2 で HCl を酸化して Cl_2 を発生させる**ことができます。さらし粉 $CaCl(ClO)\cdot H_2O$ に塩酸を加えることで発生させることもできます。それでは，酸化マンガン（Ⅳ）MnO_2

と濃塩酸 HCl の反応の化学反応式を半反応式からつくってみましょう。この反応では，MnO_2 が**酸化剤としてはたらき** Mn^{2+} **に変化し，HCl が酸化され** Cl_2 **になる**んですね。

（酸化剤）　$MnO_2 + 4H^+ + 2e^- \longrightarrow Mn^{2+} + 2H_2O$

（還元剤）　$2HCl \longrightarrow Cl_2 + 2H^+ + 2e^-$

$$MnO_2 + \underset{+2Cl^-}{2H^+} + 2HCl \longrightarrow \underset{+2Cl^-}{Mn^{2+}} + Cl_2 + 2H_2O$$

両辺に$2Cl^-$を補うと，

$MnO_2 + 4HCl \longrightarrow MnCl_2 + Cl_2 + 2H_2O$

それでは，酸化還元反応を利用した気体の製法をまとめておきましょうね！

Point 072 酸化還元反応を利用した気体の製法

気体	反応試薬	化学反応式	装置
H_2	希酸＋溶ける金属	$Zn + H_2SO_4 \longrightarrow ZnSO_4 + H_2\uparrow$	A
NO	銅＋希硝酸	$3Cu + 8HNO_3 \longrightarrow 3Cu(NO_3)_2 + 2NO\uparrow + 4H_2O$	A
NO_2	銅＋濃硝酸	$Cu + 4HNO_3 \longrightarrow Cu(NO_3)_2 + 2NO_2\uparrow + 2H_2O$	A
SO_2	銅＋熱濃硫酸	$Cu + 2H_2SO_4 \longrightarrow CuSO_4 + SO_2\uparrow + 2H_2O$	B
Cl_2	酸化マンガン(Ⅳ)＋濃塩酸	$MnO_2 + 4HCl \longrightarrow MnCl_2 + Cl_2\uparrow + 2H_2O$	B
	さらし粉＋濃塩酸	$CaCl(ClO)\cdot H_2O + 2HCl \longrightarrow CaCl_2 + Cl_2\uparrow + 2H_2O$	A
	高度さらし粉＋塩酸	$Ca(ClO)_2\cdot 2H_2O + 4HCl \longrightarrow CaCl_2 + 2Cl_2 + 4H_2O$	A

NO, NO_2, SO_2 の製法の化学反応式は**テーマ 26** でつくり方を説明してあるよ。忘れていたら戻って復習しよう！

4　分解反応を利用した気体の製法

分解反応を用いて気体を発生させる方法もあります。分解反応とは，**1つの物質が2つ以上の物質に分かれる反応**です。分解反応を利用した気体の製法は覚えてしまいましょう。

Point 073　分解反応を利用した気体の製法

気体	反応試薬	化学反応式	
O_2	過酸化水素の分解 MnO_2（触媒）	$2H_2O_2 \longrightarrow 2H_2O + O_2\uparrow$	A
	塩素酸カリウムの熱分解 MnO_2（触媒）	$2KClO_3 \longrightarrow 2KCl + 3O_2\uparrow$	C
N_2	亜硝酸アンモニウム の熱分解	$NH_4NO_2 \longrightarrow N_2\uparrow + 2H_2O$	C
CO_2	炭酸カルシウムの熱分解	$CaCO_3 \longrightarrow CaO + CO_2\uparrow$	C
	炭酸水素ナトリウムの熱分解	$2NaHCO_3$ $\longrightarrow Na_2CO_3 + CO_2\uparrow + H_2O$	C
CO	ギ酸＋濃硫酸	$HCOOH \longrightarrow CO\uparrow + H_2O$	B

5　気体の実験室的製法の実験装置

気体を実験室で発生させるときには，次の3種類の装置を使います。

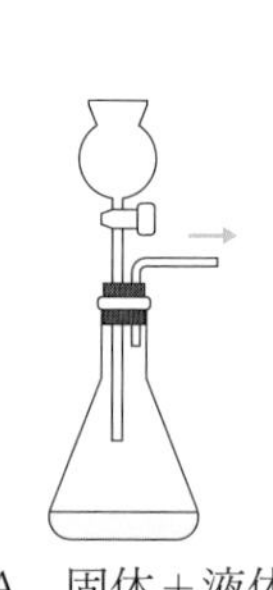

A．固体＋液体

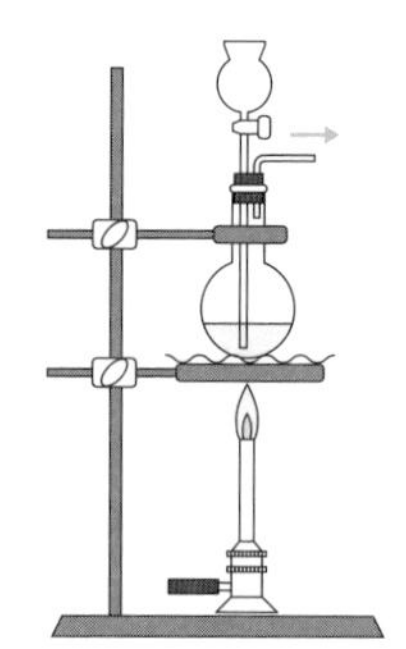

B．固体＋液体（加熱）

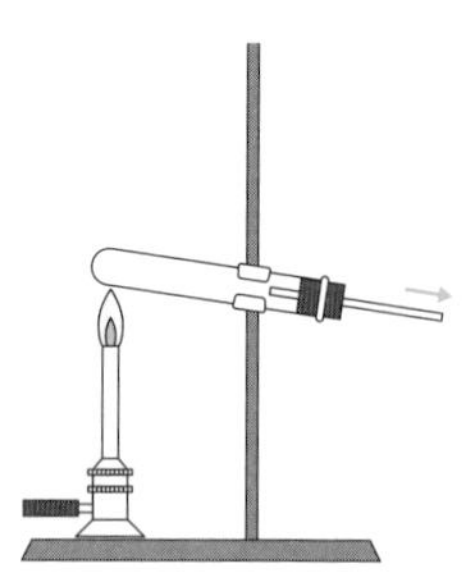

C．固体＋固体（加熱）

それぞれの製法で，加熱するかどうかを覚える必要があるのですが，反応ごとに覚えるのではなく，**加熱する条件3つ**を覚えておきましょう！

加熱が必要な条件

①**固体のみ**の反応(装置 C)

②**濃硫酸を利用する**反応 ｝(装置 B)

③**酸化マンガン(Ⅳ)＋濃塩酸** ｝(装置 B)

それぞれの製法でどの装置を使えばよいかは，**Point 071～073**の表に書き加えておいたよ！　戻って確認しておこう！

☑ チェック問題

32 次の(1)～(7)は気体の実験室的製法である。(1)～(7)で起こる反応の化学反応式を書け。

(1)　炭酸カルシウムに希塩酸を加える。

(2)　銅に濃硝酸を加える。

(3)　酸化マンガン(Ⅳ)に濃塩酸を加え加熱する。

(4)　酸化マンガン(Ⅳ)に過酸化水素水を加える。

(5)　塩化ナトリウムに濃硫酸を加え加熱する。

(6)　銅に濃硫酸を加え加熱する。

(7)　硫化鉄(Ⅱ)に希硫酸を加える。

解答

(1)　$CaCO_3 + 2HCl \longrightarrow CaCl_2 + CO_2 + H_2O$

(2)　$Cu + 4HNO_3 \longrightarrow Cu(NO_3)_2 + 2NO_2 + 2H_2O$

(3)　$MnO_2 + 4HCl \longrightarrow MnCl_2 + Cl_2 + 2H_2O$

(4)　$2H_2O_2 \longrightarrow 2H_2O + O_2$

(5)　$NaCl + H_2SO_4 \longrightarrow NaHSO_4 + HCl$

(6)　$Cu + 2H_2SO_4 \longrightarrow CuSO_4 + SO_2 + 2H_2O$

(7)　$FeS + H_2SO_4 \longrightarrow FeSO_4 + H_2S$

テーマ
33 気体の性質

① 気体の色，におい，液性，捕集法を覚えよう！
② 気体の検出反応を覚えよう！
③ 乾燥剤の種類を覚え，その使い方を理解しよう！

1 気体の基本性質

それでは，次に気体の性質をまとめていきましょう！　気体の性質は暗記しなければならないので，1つずつ覚えていってくださいね。

Point 074 気体の基本性質

●気体の色

有色の気体：F_2（淡黄色），Cl_2（黄緑色），O_3（淡青色），NO_2（赤褐色）

※それ以外の気体は無色

●気体のにおい

無臭の気体：H_2，N_2，O_2，CO_2，CO，（NO）

特有なにおいをもつ気体：H_2S（腐卵臭），O_3（特異臭）

※その他の気体は刺激臭

●気体の毒性

無毒な気体：H_2，N_2，O_2，CO_2

※その他は有毒

●気体の溶解性

水に溶けにくい気体：H_2，N_2，O_2，O_3，CO，NO　⇒　水上置換で捕集

※それ以外の気体は水に溶けやすい

➡ NH_3のみ上方置換で捕集（空気より**軽い**）
　その他の気体は下方置換で捕集（空気より**重い**）

●気体の液性

中性の気体：H_2，N_2，O_2，O_3，CO，NO（すべて水に溶けにくい気体）

※ NH_3のみ塩基性
　その他の気体は酸性

無臭の気体は「空気中にあるものと一酸化物」，水に溶けにくい気体は「ハロゲン以外の単体と一酸化物」で暗記すると覚えやすいね！　それから，気体の溶解性と液性が完全に一致しているのも覚えるきっかけにするといいよ。下方置換で集める気体はすべて酸性なんだ。

気体の捕集法の実験装置は次の通りです。

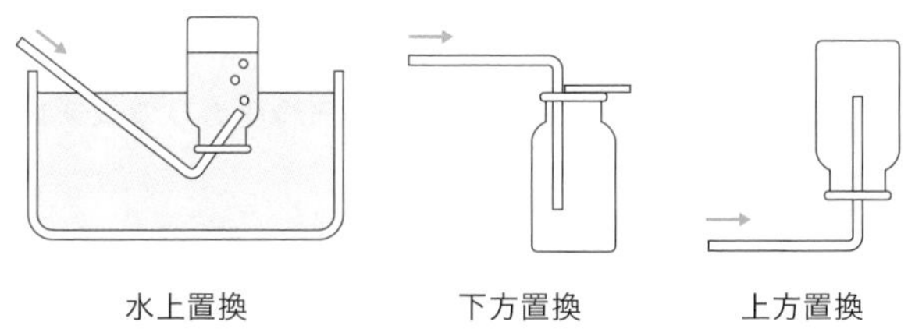

Q 気体の集め方ってどうやって判断すればいいんですか？

A まず，水に溶けにくい気体は水の中に通して集めることができるので，水上置換で集めるよ。
そして，水に溶けやすい気体は，空気より重いか軽いかで判断するんだ。水に溶けやすくて空気より軽い気体は上方置換，水に溶けやすくて空気より重い気体は下方置換で集めるんだね。
ただ，上方置換で集めなければならない気体は，アンモニアNH_3しかないんだけどね。

2　気体の検出反応

気体が何の物質であるかを判断するには，試薬を加えることによる見た目の変化で判断します。これを気体の検出反応といいます。例えば，湿った**赤色リトマス紙を青変する**気体は**塩基性**のアンモニアNH_3ですね。また，アンモニアNH_3に塩化水素HClを近づけると，固体の塩化アンモニウムNH_4Clが生成し，白煙が生じるのです。では，気体の検出反応をまとめます。

Point 075　気体の検出反応

- HCl の検出：**濃アンモニア水**を近づけると**白煙**が発生
- NH_3 の検出：**濃塩酸**を近づけると**白煙**が発生

$NH_3 + HCl \longrightarrow NH_4Cl$　（白い煙に見える）

- NO の検出：空気(O_2)に触れると**赤褐色に変化**

$2NO + O_2 \longrightarrow 2NO_2$　（赤褐色の気体）

- O_3，Cl_2（**酸化作用**あり）の検出：湿った**ヨウ化カリウムデンプン紙**を**青変**

$2KI + Cl_2 \longrightarrow 2KCl + I_2$　（デンプンと反応し青色に変化）

- H_2S（**還元作用**あり）の検出：SO_2 水溶液に吹き込むと**(黄)白色**物質生成

$SO_2 + 2H_2S \longrightarrow 3S + 2H_2O$　（硫黄が生じ白濁する）

※この反応では，SO_2 が**酸化剤**としてはたらく

- CO_2 の検出：**石灰水**に吹き込むと**白濁**し，さらに吹き込むと**無色に変化**

$$\begin{cases} Ca(OH)_2 + CO_2 \longrightarrow CaCO_3\downarrow + H_2O & \text{（白色沈殿生成）} \\ CaCO_3 + CO_2 + H_2O \longrightarrow Ca(HCO_3)_2 & \text{（水に溶けるため無色に変化）} \end{cases}$$

CO_2 の検出に使われる2つ目の反応は，鍾乳洞が形成される原理と同じ反応なんだよ。

オゾン O_3 や塩素 Cl_2 などは**酸化作用**をもつ気体なので，湿ったヨウ化カリウムに触れると**ヨウ化物イオン I^- が酸化されヨウ素 I_2 が遊離します**。その遊離したヨウ素とデンプンが**ヨウ素デンプン反応**を起こし，**青紫色**に呈色するんですね。これがヨウ化カリウムデンプン紙を変色させる原理です。

また，二酸化硫黄 SO_2 や硫化水素 H_2S は**還元作用**をもつ気体ですが，その2つを混合すると**二酸化硫黄が酸化剤としてはたらき**，**硫黄**が生成します。また，**オゾン，塩素，二酸化硫黄は漂白作用をもつ**ことも覚えておきましょう！

硫化水素の方が二酸化硫黄より強い還元剤なので，硫化水素と二酸化硫黄が反応するときは二酸化硫黄が酸化剤になるんだな。

3 乾燥剤

気体が湿っているときには，**乾燥剤**を使って乾燥させます。当然，乾燥剤は不純物として含まれる水蒸気を取り除くものなので，**乾燥剤自体が気体と反応しないように**使う必要があります。だから，**酸性の気体を塩基性乾燥剤**に通したり，**塩基性の気体を酸性乾燥剤**に通したりというような**中和反応の起こる組み合わせで使用することはできません**。乾燥剤の種類をそれぞれ暗記し，使い方もきちんと覚えておきましょう。

Point 076 乾燥剤

●乾燥剤の種類

- 酸性乾燥剤：**濃硫酸**，**十酸化四リン P_4O_{10}**
- 塩基性乾燥剤：**生石灰 CaO**，**水酸化ナトリウム NaOH**
- 中性乾燥剤：**塩化カルシウム $CaCl_2$**，**シリカゲル**

※生石灰と水酸化ナトリウムを混ぜると**ソーダ石灰**という乾燥剤となる

●乾燥剤の使い方：**中和反応が起こらないように**使用

酸性気体＋**塩基性**乾燥剤
塩基性気体＋**酸性**乾燥剤
の組み合わせは使えない

※例外的に使うことのできない組み合わせ

①**塩化カルシウム，シリカゲル**＋**アンモニア**の組み合わせは不適

②**濃硫酸**＋**硫化水素**の組み合わせは不適

➡ **酸化還元反応を起こす**ため不適

酸と塩基は混ぜちゃダメ，それが乾燥剤の使い方だ。例外的に使えない組み合わせはきちんと覚えておこう！　よく入試で狙われるよ。

☑ チェック問題

33 次の(1)～(6)は実験室で気体を発生するための試薬の組み合わせである。(1)～(6)について，次の問いに答えよ。

(1) 銅，希硝酸　(2) 塩化アンモニウム，水酸化カルシウム
(3) 酸化マンガン(Ⅳ)，濃塩酸　(4) 硫化鉄(Ⅱ)，希塩酸
(5) 塩化ナトリウム，濃硫酸　(6) 炭酸カルシウム，希塩酸

問1 (1)～(6)で発生する気体の化学式を書け。
問2 気体を発生させるために加熱する必要があるのはどれか。
問3 発生した気体を下方置換で捕集する必要があるのはどれか。
問4 発生した気体を濃硫酸で乾燥させることができないのはどれか。
問5 (1)～(6)で発生する気体の性質として最も適当なものを(**ア**)～(**カ**)からそれぞれ選べ。

(**ア**) 刺激臭をもつ黄緑色の気体で，水に溶かすと酸性を示す。
(**イ**) 塩酸を付けたガラス棒を近づけると白煙が生じる。
(**ウ**) 二酸化硫黄の水溶液に通すと白濁する。
(**エ**) 空気に触れると速やかに変色する。
(**オ**) 水に溶けやすく，水溶液は強酸性を示す。
(**カ**) 石灰水に吹き込むと白濁する。

解答

問1 (1) NO　(2) NH_3　(3) Cl_2　(4) H_2S　(5) HCl　(6) CO_2
問2 (2), (3), (5)
問3 (3), (4), (5), (6)
問4 (2), (4)
問5 (1) **エ**　(2) **イ**　(3) **ア**　(4) **ウ**　(5) **オ**　(6) **カ**

テーマ

34 ハロゲン(17族元素)

① ハロゲンの単体の性質・反応を覚えよう！
② 塩素の精製方法を覚えよう！
③ ハロゲン化水素，ハロゲン化銀の性質を覚えよう！

1 ハロゲンの単体

ここから，各元素の性質をまとめていきましょう！　まずは，**17族元素**の**ハロゲン**についてです。まずは，その単体の色と状態，水との反応をきちんと覚えておきましょう。

Point 077 ハロゲンの単体

●ハロゲンの単体の性質

	フッ素 F_2	塩素 Cl_2	臭素 Br_2	ヨウ素 I_2
色	淡黄色	黄緑色	赤褐色	黒紫色
状態	気体	気体	液体	固体
酸化力	強 ←			弱

●単体と水の反応

①**フッ素**：フッ素は**水と激しく反応**し，酸素を発生する(＝酸化力が強い)

$$2F_2 + 2H_2O \longrightarrow 4HF + O_2 \uparrow$$

②**塩素**：塩素は水と反応し，塩化水素 HCl と次亜塩素酸 HClO を生じる

$$Cl_2 + H_2O \rightleftarrows HCl + HClO$$

※次亜塩素酸は酸化作用がある物質で，殺菌・漂白作用をもつ

③**ヨウ素**：ヨウ素は水に**溶けにくい**が，ヨウ化カリウム KI 水溶液に溶解

$$I_2 + I^- \rightleftarrows I_3^-$$

※三ヨウ化物イオン I_3^- を生成し，褐色のヨウ素溶液となる

ハロゲンの酸化力は，次のような実験をすると確認することができるんです。例えば，ヨウ化物イオン I^- に臭素 Br_2 を加えると，**Br_2 は I^- を酸化することができるのでヨウ素 I_2 が遊離します(酸化力 $Br_2 > I_2$)**。それに対し，塩化

物イオン Cl^- に臭素 Br_2 を加えても，Br_2 **は** Cl^- **を酸化することができないので反応は起こらない**のです。（**酸化力** $Br_2 < Cl_2$）

ヨウ化カリウムと臭素の反応 ➡ 反応が起こる（**酸化力** $Br_2 > I_2$）

$$2K\underline{I} + Br_2 \longrightarrow 2KBr + \underline{I}_2$$

$-1 \xrightarrow{\text{酸化}} 0$

塩化カリウムと臭素の反応 ➡ **反応しない**（**酸化力** $Br_2 < Cl_2$）。

$$2KCl + Br_2 \longrightarrow \times$$

自分より酸化力の強いハロゲンの陰イオンを酸化することはできないから，KBr と Cl_2 は反応しないんだね。

塩素を実験室で発生させると，**不純物として塩化水素 HCl と水蒸気** H_2O **を含んでしまう**んですね。不純物を取り除くために，まず**水に通す**んです。**塩化水素は塩素よりも水に溶けやすい**ために，水に通すことで**塩化水素を除去できる**んです。次に乾燥剤である濃硫酸に通すことで，**水蒸気を取り除く**ことができるんですね！

Point 078 塩素の精製

●塩素の発生と捕集

$$MnO_2 + 4HCl \longrightarrow MnCl_2 + 2H_2O + Cl_2 \uparrow$$

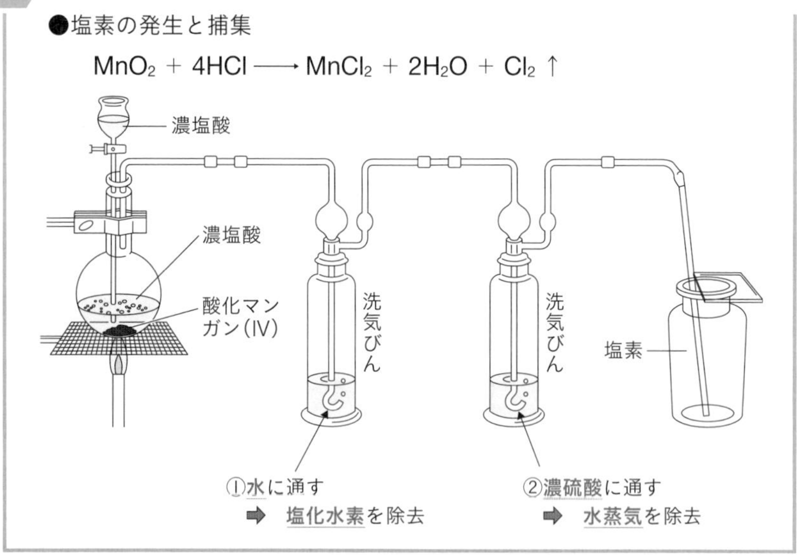

2 ハロゲン化水素

次に**ハロゲンと水素の化合物**である**ハロゲン化水素**の性質をまとめてみましょう。ハロゲン化水素はいずれも**無色の気体**で水に溶かすと酸性を示しますが，**フッ化水素酸**(フッ化水素の水溶液)だけが**弱酸性**を示します。これは，HF の分子間に**水素結合**(➡ p.32)を形成するのが理由の1つです。また，フッ化水素酸はガラスの主成分である**二酸化ケイ素 SiO_2 と反応**し，**ガラスを溶かし，ヘキサフルオロケイ酸 H_2SiF_6 を生成する**ことも覚えておきましょうね！

$$SiO_2 + 6HF \longrightarrow H_2SiF_6 + 2H_2O$$

(参考)　二酸化ケイ素を気体のフッ化水素と反応させると，四フッ化ケイ素 SiF_4 が生成します。水溶液との反応とは生成物が変わるので注意しましょう。

$$SiO_2 + 4HF \longrightarrow SiF_4 + 2H_2O$$

Point 079 ハロゲン化水素

●ハロゲン化水素の性質

	フッ化水素 HF	塩化水素 HCl	臭化水素 HBr	ヨウ化水素 HI
状態	気体	気体	気体	気体
液性	弱酸性	強酸性	強酸性	強酸性

●フッ化水素酸とガラスの反応

$$SiO_2 + 6HF \longrightarrow H_2SiF_6 + 2H_2O$$

※フッ化水素酸は**ポリエチレン製**の容器に保存する

フッ化水素 HF は他のハロゲン化水素とは異なる性質を示すものが多いね。それは，フッ素Fの電気陰性度がとても大きく，HF の分子間に水素結合をつくるからなんだ。水素結合はファンデルワールス力よりも強いため沸点が高くなるし，水素結合することで H^+ が電離しにくくなるため，水溶液は弱酸性を示すんだね。ガラスを溶かしてしまうのも HF の特徴だね。

3 ハロゲン化銀

最後はハロゲン化銀についてです。ハロゲン化銀は，**フッ化銀以外は水に溶けにくく沈殿をつくる**んです。その沈殿の色を覚えておきましょう。

また，塩化銀 AgCl や臭化銀 AgBr の沈殿は**光に当てると分解する**感光性があるんですね。さらに，AgCl や AgBr は錯イオン(➡ p.190)をつくるため，アンモニア NH_3 水やチオ硫酸ナトリウム $Na_2S_2O_3$ 水溶液に溶けるのです。

$$AgCl + 2NH_3 \longrightarrow [Ag(NH_3)_2]Cl$$

$$AgBr + 2Na_2S_2O_3 \longrightarrow Na_3[Ag(S_2O_3)_2] + NaBr$$

Point 080 ハロゲン化銀

●ハロゲン化銀の性質

	フッ化銀 AgF	塩化銀 AgCl	臭化銀 AgBr	ヨウ化銀 AgI
溶解性	溶けやすい	溶けにくい	溶けにくい	溶けにくい
沈殿の色		白色	淡黄色	黄色

●ハロゲン化銀の感光性：光を当てると分解し，**銀**が遊離

$$2AgCl \longrightarrow 2Ag + Cl_2$$

$$2AgBr \longrightarrow 2Ag + Br_2$$

●ハロゲン化銀の溶解：AgCl はアンモニア NH_3 水に，AgCl，AgBr，AgI の沈殿は，**チオ硫酸ナトリウム $Na_2S_2O_3$ 水溶液に溶解**

ハロゲン化銀の沈殿の色は，AgCl，AgBr，AgI になるにしたがって黄色が濃くなっているね。そんなイメージをもつと覚えられるんじゃないかな？
また，フッ化銀 AgF は水に溶けやすいなど，他とは異なる性質を示すことがわかるね。このように「ハロゲンの中で，F をもつ化合物は特殊な性質を示すこと」を押さえておくと覚えやすいね。

チェック問題

34 次の文を読み，問いに答えよ。

ハロゲンは(**ア**)族元素の総称で，その単体はすべて二原子分子で存在する。それぞれの単体は常温・常圧で，フッ素が(**イ**)色の(**ウ**)体，塩素が(**エ**)色の(**オ**)体，臭素が(**カ**)色の(**キ**)体，ヨウ素が(**ク**)色の(**ケ**)体である。①単体のフッ素は水に溶かすと(**コ**)を発生するが，②塩素を水に溶かすと塩酸と漂白・(**サ**)作用をもつ(**シ**)が生成する。

ハロゲン化水素はいずれも水に溶かすと酸性を示す気体であるが，分子間に(**ス**)のはたらく(**セ**)の水溶液のみ弱酸性を示す。また，フッ化銀以外のハロゲン化銀は水に溶けにくく，塩化銀が(**ソ**)色，臭化銀が(**タ**)色，ヨウ化銀が(**チ**)色の沈殿を生成する。

問1 文中の(**ア**)～(**チ**)に適当な語句を入れよ。

問2 下線部①，②について，フッ素および塩素と水の反応を化学反応式でそれぞれ書け。

問3 二酸化ケイ素とフッ化水素酸の反応を化学反応式で書け。

解答

問1

ア	17	**イ**	淡黄	**ウ**	気	**エ**	黄緑	**オ**	気
カ	赤褐	**キ**	液	**ク**	黒紫	**ケ**	固	**コ**	酸素
サ	殺菌	**シ**	次亜塩素酸	**ス**	水素結合	**セ**	フッ化水素	**ソ**	白
タ	淡黄	**チ**	黄						

問2 $2F_2 + 2H_2O \longrightarrow 4HF + O_2$

$Cl_2 + H_2O \rightleftarrows HCl + HClO$

問3 $SiO_2 + 6HF \longrightarrow H_2SiF_6 + 2H_2O$

硫黄（16族元素）

① 硫黄の同素体の名称を覚えよう！
② 硫酸の工業的製法を理解し，化学反応式が書けるようにしよう！
③ 硫酸の性質を覚えよう！

1 硫黄の同素体

次に，16 族元素の硫黄についてまとめていきましょう。しかし，二酸化硫黄 SO_2，硫化水素 H_2S については気体の製法・性質のところにまとめてあるので，ここでは**硫黄の単体**と**硫酸** H_2SO_4 についてまとめます。

硫黄の単体は，p.13 で扱ったように，斜方硫黄，単斜硫黄，ゴム状硫黄の 3 種類の同素体が存在します。斜方硫黄，単斜硫黄は，**分子式** S_8 であり，**王冠のような分子構造**（右の図）をしています。それに対し，斜方硫黄，単斜硫黄を加熱してできる**ゴム状硫黄は鎖状構造**を取っているんですね。

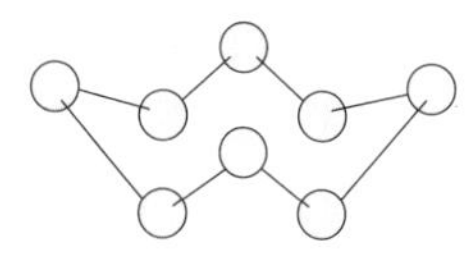

斜方硫黄が室温で最も安定なんだ。「単斜」「斜方」というのは結晶の形を表す用語なんだよ。

2 硫酸の工業的製法

無機化学では，**工業的製法**がいくつか登場します。工業的製法とは実験室的製法と違い，その物質を**大規模かつ効率的に製造する方法**です。工業的製法では，**名称・流れ・触媒**をおさえていきましょう！

硫酸の工業的製法は接触法といいい，まず単体の**硫黄 S もしくは黄鉄鉱** FeS_2 **を燃焼し**二酸化硫黄 SO_2 をつくります（Step1）。その二酸化硫黄 SO_2 は酸化されにくいので，酸化バナジウム（V）V_2O_5 **を触媒とし空気酸化する**ことで，三酸化硫黄 SO_3 **をつくります**（Step2）。その三酸化硫黄を水と反応させて硫酸 H_2SO_4 を得ます。ただし，三酸化硫黄 SO_3 は水と反応させると多量の熱が出て水が沸騰してしまうので，三酸化硫黄 SO_3 を**濃硫酸に吸収させる**ことで，濃硫酸中の水と三酸化硫黄が反応し，**発煙硫酸**を得ることができます。それを希硫酸と混ぜることで，大量の濃硫酸を得るんですね！

Point 081 硫酸の工業的製法

●硫酸の工業的製法：**接触法**

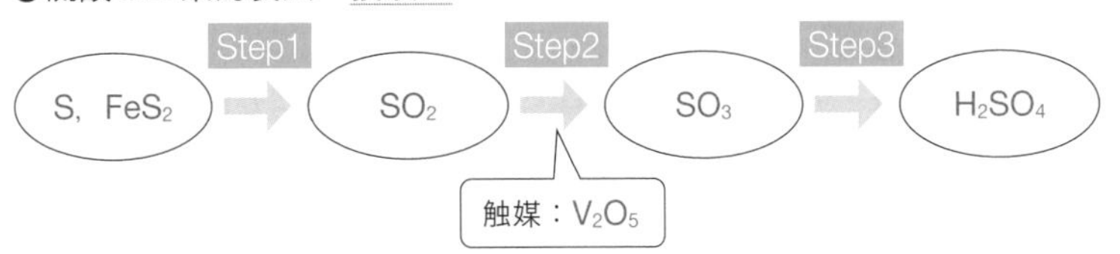

化学反応式

Step1　硫黄または黄鉄鉱を**燃焼**させる

$$\begin{cases} S + O_2 \longrightarrow SO_2 \\ 4FeS_2 + 11O_2 \longrightarrow 2Fe_2O_3 + 8SO_2 \end{cases}$$

Step2　二酸化硫黄を**酸化バナジウム(V) V_2O_5**を**触媒とし空気酸化する**

$$2SO_2 + O_2 \longrightarrow 2SO_3$$

Step3　**濃硫酸中の水と三酸化硫黄を反応**させ**発煙硫酸**を得る

$$SO_3 + H_2O \longrightarrow H_2SO_4$$

※発煙硫酸を希硫酸と混ぜることで，濃硫酸を得る

工業的製法を覚えるコツは，流れを押さえることだね。流れがわかれば化学反応式はつくれるからね。また，触媒は「通常，反応が起こらないところで使う」と理解しておくといいよ。どの反応に何の触媒を使うか，きちんと暗記しておこう。

3 硫酸の性質

硫酸は**希硫酸と濃硫酸で性質が大きく異なります。希硫酸**は**強酸性**で，イオン化傾向の大きい金属を溶かしたりすることができます(➡ p.125)。それに対し，**濃硫酸**は，**脱水作用**，**吸湿作用**，**酸化作用**などの性質をもつんですね。

硫酸の性質である「強酸，不揮発，脱水，吸湿，酸化」の頭文字をとって「恐怖の脱臼3回」と覚えると覚えやすいよ。

Point 082 硫酸の性質

●希硫酸の性質：**強酸性**

例　亜硫酸ナトリウムに希硫酸を加える

$Na_2SO_3 + H_2SO_4 \longrightarrow Na_2SO_4 + SO_2 \uparrow + H_2O$

●濃硫酸の性質

①**不揮発性**：水に溶けている H_2SO_4 が**気体にならない**(➡ p.158)

例　塩化ナトリウムに濃硫酸を加えて加熱する

$NaCl + H_2SO_4 \longrightarrow NaHSO_4 + HCl$

②**脱水作用**：有機物から H : O＝2 : 1 を H_2O として取り外す

例　グルコース $C_6H_{12}O_6$ に濃硫酸を加える

$C_6H_{12}O_6 \longrightarrow 6C + 6H_2O$

③**吸湿作用**：不純物として含まれる水蒸気を取り除く

➡　**酸性乾燥剤**として利用(➡ p.165)

④**酸化作用**：イオン化傾向の小さい銅や銀を溶かす(➡ p.125)

例　銅に濃硫酸を加え加熱する

$Cu + 2H_2SO_4 \longrightarrow CuSO_4 + SO_2 \uparrow + 2H_2O$

硫酸の性質は必ず反応とセットで覚えておこう！　その反応が起こる理由として，硫酸の役割が問われるよ。

濃硫酸を薄めるときには注意が必要ですね。濃硫酸は，水と混合することで**大量の熱が発生する**ので，濃硫酸に水を加えると**その熱で水が沸騰してしまい飛び散る**ため危険なんですね。だから，必ず**水に濃硫酸を加える**必要があります。そうすることで，一度に発生する熱も少なくなり，また，水が多く存在するので沸騰することはないんですね。

チェック問題

35 次の文を読み，問いに答えよ。

硫黄の単体には3種類の同素体が存在し，分子式 S_8 で表される(**ア**)硫黄，(**イ**)硫黄および，鎖状構造をとる(**ウ**)硫黄がある。単体の硫黄などを原料として工業的に硫酸を製造する方法を(**エ**)法という。(**エ**)法では，①硫黄を燃焼し得られた②二酸化硫黄を，触媒として(**オ**)を用いて空気酸化し(**カ**)を生成した後，③それを濃硫酸に吸収させ(**キ**)硫酸を得て，希硫酸と混合することで濃硫酸を得るという方法である。濃硫酸にはさまざまな性質があり，いろいろな反応に利用されている。

問1　文中の(**ア**)～(**キ**)に適当な語句を入れよ。

問2　下線部①～③の反応を化学反応式で書け。

問3　次の(1)～(3)の反応を化学反応式で書け。また，次の(1)～(3)の反応は硫酸のどの性質を利用したものか。(あ)～(え)からそれぞれ選べ。

(1)　銅に濃硫酸を加えて加熱すると気体が発生する。

(2)　塩化ナトリウムに濃硫酸を加えて加熱すると気体が発生する。

(3)　スクロース $C_{12}H_{22}O_{11}$ に濃硫酸を加えると黒い固体が残る。

(あ)　不揮発性　　(い)　弱酸性　　(う)　脱水作用

(え)　酸化作用

解答

問1　**ア**, **イ**　単斜，斜方(順不同)　**ウ**　ゴム状　**エ**　接触

オ　酸化バナジウム(V)　**カ**　三酸化硫黄　**キ**　発煙

問2　①　$S + O_2 \longrightarrow SO_2$

②　$2SO_2 + O_2 \longrightarrow 2SO_3$

③　$SO_3 + H_2O \longrightarrow H_2SO_4$

問3　(1)　$Cu + 2H_2SO_4 \longrightarrow CuSO_4 + SO_2 + 2H_2O$, (**え**)

(2)　$NaCl + H_2SO_4 \longrightarrow NaHSO_4 + HCl$, (**あ**)

(3)　$C_{12}H_{22}O_{11} \longrightarrow 12C + 11H_2O$, (**う**)

テーマ

36 窒素・リン(15族元素)

① アンモニア・硝酸の工業的製法を覚えよう！
② 硝酸の性質を覚えよう！
③ リンの単体・化合物の反応・性質を覚えよう！

1 アンモニア・硝酸の工業的製法

ここでは窒素の化合物についてまとめてみましょう。一酸化窒素 NO や二酸化窒素 NO_2, アンモニア NH_3 の製法・性質はテーマ 32, 33 の部分でまとめていますので，**アンモニアと硝酸の工業的製法**を中心に説明します。

①アンモニアの工業的製法

まず，アンモニア NH_3 は窒素 N_2 と水素 H_2 を混合し，**四酸化三鉄 Fe_3O_4 を主成分とする触媒**を用い，**高温・高圧**で反応させて合成します。この方法を**ハーバー・ボッシュ法**といいます。

②硝酸の工業的製法

次に，硝酸の工業的製法である**オストワルト法**についてです。まず，**アンモニア NH_3 を白金触媒を用いて空気酸化し一酸化窒素 NO を得ます**(Step1)。その一酸化窒素 NO をさらに酸化し，**二酸化窒素 NO_2** をつくります(Step2)。その二酸化窒素を温水に吸収させることで，**硝酸 HNO_3** を得ることができます(Step3)。 Step3 では，**硝酸の他に一酸化窒素 NO が生じる**ことを覚えておきましょう！

Step3では，NO_2の一部が酸化されてHNO_3が生じ，一部が還元されてNOが生じるんだ。

(参考) 二酸化窒素NO_2を冷水と反応させると，硝酸HNO_3と亜硝酸HNO_2が生成します。 Step3 とは生成物が変わるので注意しましょう。

$$2NO_2 + H_2O \longrightarrow HNO_3 + HNO_2$$

Point 083 アンモニア・硝酸の工業的製法

●アンモニアの工業的製法：**ハーバー・ボッシュ法**

$N_2 + 3H_2 \rightleftarrows 2NH_3$

※触媒として Fe_3O_4 を用いて，高温・高圧で反応させる

●硝酸の工業的製法：**オストワルト法**

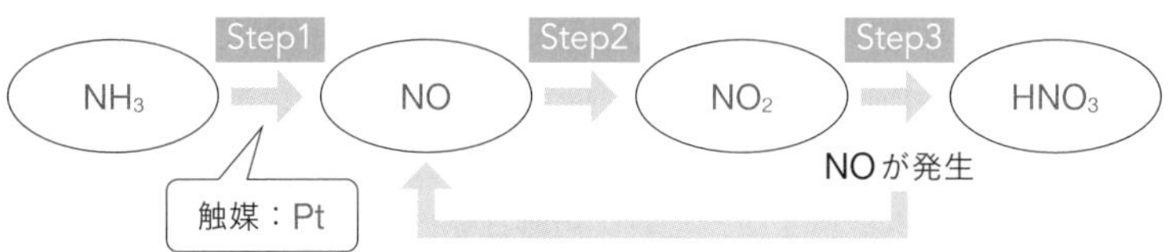

化学反応式

Step1　アンモニアを**白金触媒**に通して**酸化**する

$4NH_3 + 5O_2 \longrightarrow 4NO + 6H_2O$　…①

Step2　一酸化窒素を**空気酸化**する

$2NO + O_2 \longrightarrow 2NO_2$　…②

Step3　二酸化窒素を**温水に吸収**させる

$3NO_2 + H_2O \longrightarrow 2HNO_3 + NO$　…③

※①～③を1つにまとめると(①+②×3+③×2)÷4より，

$NH_3 + 2O_2 \longrightarrow HNO_3 + H_2O$

オストワルト法の化学反応式を1つにまとめるときは，①～③から NO と NO_2 を消去します。まず，**②×3＋③×2より NO_2 を消去**して，

$4NO + 3O_2 + 2H_2O \longrightarrow 4HNO_3$　…④

次に①＋④より **NO を消去**します。

$4NH_3 + 8O_2 \longrightarrow 4HNO_3 + 4H_2O$

この式の**全体を $\frac{1}{4}$ 倍**することで，オストワルト法の反応を1つにまとめることができます。

$NH_3 + 2O_2 \longrightarrow HNO_3 + H_2O$

オストワルト法は入試によく出題されるぞ！　流れを押さえ，化学反応式をつくれるようにしておこう！

2　硝酸の性質

硝酸の性質を簡単に説明しておきますね。硝酸は，希硝酸，濃硝酸ともに**強酸性**を示します。また，強い**酸化作用**をもつため**イオン化傾向の小さい銅や銀を溶かす**ことができますね(反応式のつくり方はp.126を参照)。

銅と希硝酸の反応　$3Cu + 8HNO_3 \longrightarrow 3Cu(NO_3)_2 + 2NO + 4H_2O$

銅と濃硝酸の反応　$Cu + 4HNO_3 \longrightarrow Cu(NO_3)_2 + 2NO_2 + 2H_2O$

ただし，p.127でも説明したように，**アルミニウムAl**，**鉄Fe**，**ニッケルNi**などは**濃硝酸に加えると表面に緻密な酸化被膜を形成する**ため，溶けません。この状態を**不動態**といいます。また，**硝酸は光に当てると分解する**ため，**褐色瓶に保存する**ことも覚えておきましょう！

また，硝酸は塩酸と同じ**揮発性**の酸であり，硝酸カリウムに濃硫酸を加え加熱することで製造できます(揮発性酸の遊離)。

$KNO_3 + H_2SO_4 \longrightarrow KHSO_4 + HNO_3$

銅に希硝酸を反応させると一酸化窒素が発生し，銅に濃硝酸を反応させると二酸化窒素が発生するんだったね。この違いに注意しておこう！

3　リンの単体と化合物

窒素と同じ15族元素であるリンについてまとめましょう。リンの同素体には**黄リン**(白リン)と**赤リン**が存在しますね。**黄リン**は淡黄色のろう状の固体で，その分子構造は**正四面体構造**の分子式P_4の分子で，ひずみが大きく不安定で**空気中で自然発火する**ため，**水中に保存する**必要があります。**赤リン**は赤褐色の固体で，黄リンが重合した構造をしており，毒性も弱く安定です。リンは**空気中で燃焼する**と**十酸化四リンP_4O_{10}**となり，**熱水に溶かす**と**リン酸H_3PO_4**になります。

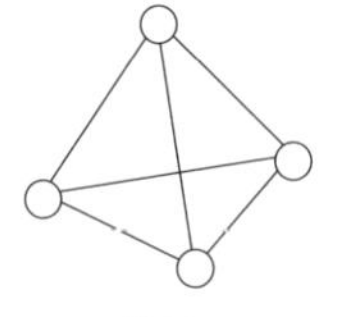

黄リン

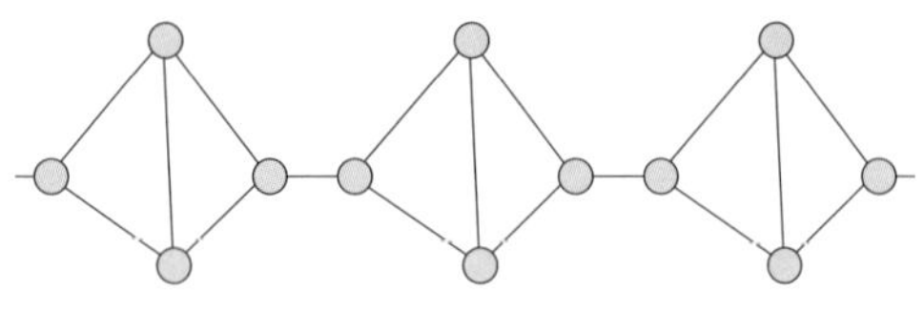

赤リン

Point 084 リンの単体と化合物

●リンの同素体

	色	毒性	特徴
黄リン	淡黄色	有毒	空気中で自然発火するため水中に保存
赤リン	赤褐色	弱い	自然発火しない，マッチ箱の発火剤

●リンの燃焼：リンの単体を燃焼すると十酸化四リンを生じる

$$4P + 5O_2 \longrightarrow P_4O_{10}$$

※十酸化四リン P_4O_{10} は潮解性があり，酸性乾燥剤として利用される(➡p.165)

●リン酸の生成：十酸化四リンを熱水に加えるとリン酸 H_3PO_4 が得られる

$$P_4O_{10} + 6H_2O \longrightarrow 4H_3PO_4$$

リンは，肥料としても使われます。植物には，成長に必要な元素が16種類あり，その中で**特に不足しやすい三元素**(N，P，K)を**肥料の三要素**といい，化学肥料の中にはこれらの元素が含まれています。そのうち，リンを含む化学肥料であるリン肥料の中に，**過リン酸石灰**とよばれるものがあります。これは水に溶けにくいリン酸カルシウム $Ca_3(PO_4)_2$ を主成分とするリン鉱石を濃硫酸で処理し，**リン酸二水素カルシウム $Ca(H_2PO_4)_2$ と硫酸カルシウム $CaSO_4$ の混合物にしたもの**です。リン酸二水素カルシウム $Ca(H_2PO_4)_2$ は水に溶けやすいため，植物が肥料として吸収できるんですね。

$$Ca_3(PO_4)_2 + 2H_2SO_4 \longrightarrow \underbrace{Ca(H_2PO_4)_2 + 2CaSO_4}_{\text{過リン酸石灰}}$$

肥料は植物が水と一緒に根っこから吸収するから，肥料は水に溶ける物質でなければならないんだ。だからリン酸カルシウムに濃硫酸を加え，水に溶ける $Ca(H_2PO_4)_2$ にする必要があるんだね。

チェック問題

36 次の文を読み,問いに答えよ。

アンモニアは(**ア**)性の気体で,工業的には窒素と水素から(**イ**)を主成分とした触媒を用いて高温・高圧で合成される。この方法を(**ウ**)法という。アンモニアは湿ったリトマス紙を(**エ**)色に変化させることや,(**オ**)と反応し白煙を生じることで確認することができる。

硝酸は酸化力をもつ酸であり,工業的に硝酸を製造する方法を(**カ**)法という。(**カ**)法では,①アンモニアを触媒として(**キ**)を用いて酸化して得られた②一酸化窒素をさらに空気酸化し(**ク**)を生成した後,③それを温水に吸収させることで硝酸を得る。

リンの単体には(**ケ**),(**コ**)の2種類の同素体が存在し,(**ケ**)は空気中で自然発火するため(**サ**)中に保存する。リンの単体を燃焼すると(**シ**)が生成し,(**シ**)を水に加え加熱すると(**ス**)が生成する。

問1 文中の(**ア**)～(**ス**)に適当な語句を入れよ。

問2 下線部①～③の反応を化学反応式で書け。

問3 下線部①～③の反応を1つにまとめた化学反応式を書け。

解答

問1
ア 弱塩基 **イ** 四酸化三鉄(鉄) **ウ** ハーバー・ボッシュ
エ 青 **オ** 濃塩酸 **カ** オストワルト
キ 白金 **ク** 二酸化窒素 **ケ** 黄リン
コ 赤リン **サ** 水 **シ** 十酸化四リン
ス リン酸

問2
① $4NH_3 + 5O_2 \longrightarrow 4NO + 6H_2O$
② $2NO + O_2 \longrightarrow 2NO_2$
③ $3NO_2 + H_2O \longrightarrow 2HNO_3 + NO$

問3 $NH_3 + 2O_2 \longrightarrow HNO_3 + H_2O$

テーマ37 炭素・ケイ素(14族元素)

① 炭素の同素体とその性質を覚えよう！
② ケイ素の単体の性質を覚えよう！
③ 二酸化ケイ素の反応・性質を覚えよう！

1 炭素の同素体

炭素の単体にはいくつかの同素体が存在します。特に特徴的なのが，黒鉛です。黒鉛は Point 085 の図のように，**炭素原子の4つの価電子のうち3つを使い共有結合することで層状構造となり，その層どうしがファンデルワールス力で重なり合った構造**をしています。だから，**層状にはがれやすく，電気を通す**んですね。それに対し，ダイヤモンドはとても硬く，電気を通さないんですね。

Point 085 炭素の同素体

●炭素の同素体

名称	ダイヤモンド	黒鉛	フラーレン
構造			
性質	①非常に**硬い** ②融点がとても**高い** ③電気を**通さない**	①**やわらかく**，層状**にはがれやすい** ②電気を**通す**	①サッカーボール状の構造 ②分子式：C_{60}など

一酸化炭素COや二酸化炭素CO_2の性質や製法は，気体の製法・性質(テーマ32, 33)のところを確認しておこう！

2 ケイ素の単体

次は，ケイ素についてです。ケイ素は**地殻中に酸素に次いで多く存在する元素**なのですが，その**単体は天然に存在しない**ため，二酸化ケイ素 SiO_2 をコークスとともに加熱し還元してつくります。

$$SiO_2 + 2C \longrightarrow Si + 2CO$$

ケイ素の単体はダイヤモンドと同じ構造の共有結合の結晶ですが，半導体として性質をもつため，集積回路や太陽電池に使われています。

コークスとは炭素のことだ。「コークスとともに加熱」すると，高温で $C + CO_2 \longrightarrow 2CO$ の反応が起こり，COが発生するところに注意しておこう。右辺を CO_2 にしたらダメだよ。

3 二酸化ケイ素

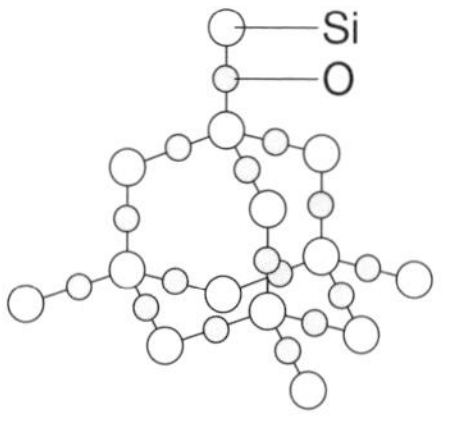

次に，ケイ素の化合物である二酸化ケイ素 SiO_2 についてまとめてみましょう！　二酸化ケイ素は，図のように1つのケイ素原子 Si が**4つの酸素原子 O と正四面体形に結合した**共有結合の結晶なので，とても硬く融点が高いんですね。

Q 同じ酸化物でも CO_2 と SiO_2 って性質が全然違うんですね。

A そうだね。二酸化炭素 CO_2 は炭素原子1個と酸素原子2個からなる分子がファンデルワールス力で結合した分子結晶なのに対し，二酸化ケイ素 SiO_2 が多数のケイ素原子と酸素原子が1：2で共有結合した共有結合の結晶だからね。CO_2 はやわらかくて融点が低いのに対し，SiO_2 は硬くて融点も高いんだね。

二酸化ケイ素は**非金属元素の酸化物**なので酸性酸化物に分類されます。ですから，フッ化水素酸以外の酸とは反応せず，**塩基とともに加熱すると反応**し，ケイ酸ナトリウム Na_2SiO_3 のようなケイ酸塩が得られます。それに水を加え加熱すると，粘性の高い無色の液体である水ガラスになります。また，ケイ酸を加熱すると脱水し，乾燥剤として使われるシリカゲルとなります。

Point 086 二酸化ケイ素

●二酸化ケイ素の性質・反応(**ガラス**，**水晶**，**石英**の主成分)

①**フッ化水素酸**に溶解

$$SiO_2 + 6HF \longrightarrow H_2SiF_6 + 2H_2O$$

②**塩基とともに加熱**すると，**ケイ酸塩(ケイ酸ナトリウム)**となる

$$\begin{cases} SiO_2 + 2NaOH \longrightarrow Na_2SiO_3 + H_2O \\ SiO_2 + Na_2CO_3 \longrightarrow Na_2SiO_3 + CO_2 \end{cases}$$

※ Na_2SiO_3 に水を加え加熱すると，**粘性の高い水ガラス**となる

③**水ガラスに塩酸を加える**と，**ケイ酸**の白色ゲル状沈殿が生成

$$Na_2SiO_3 + 2HCl \longrightarrow 2NaCl + H_2SiO_3$$

※**ケイ酸を加熱する**と，**シリカゲル**が得られる

シリカゲルの構造は下の図のように，多くの穴をもつため**多孔質**とよばれます。その穴に存在する親水基の－OH が，**水素結合すること**で水分子を吸着するため，**乾燥剤**として利用することができるんですね。

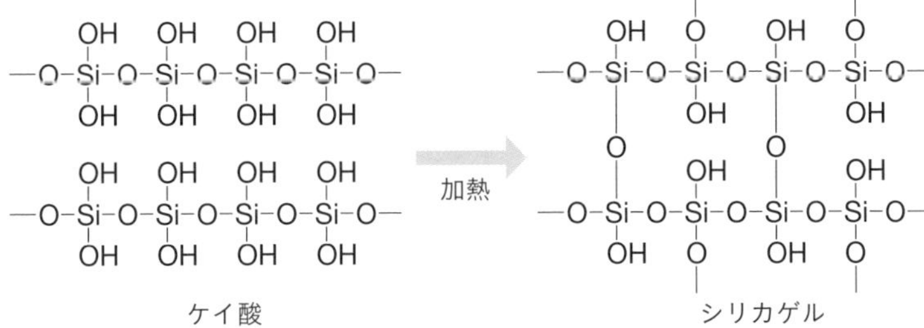

ケイ酸　　シリカゲル

青いシリカゲルはCo^{2+}が加えられており，水を吸着すると赤くなるんだ。色の変化で水の吸着を判断できるんだね。

☑ チェック問題

37 次の文を読み，問いに答えよ。

ケイ素の単体は共有結合の結晶で，(**ア**)としての性質をもつため集積回路などに用いられる。ケイ素は，(**イ**)についで地殻中に多く存在する元素であるが，その単体が天然には産出しないため，①二酸化ケイ素を(**ウ**)と共に加熱することで単体を得ている。

二酸化ケイ素は１つのケイ素原子が(**エ**)つの酸素原子と結合した共有結合の結晶である。二酸化ケイ素は酸性酸化物であるため，通常酸とは反応しないが，②(**オ**)酸には反応して溶解する。③二酸化ケイ素を水酸化ナトリウムと混合し加熱すると(**カ**)が生じ，(**カ**)を水とともに加熱すると粘性の大きい(**キ**)とよばれる液体が生成する。また，(**キ**)に塩酸を加えると(**ク**)の白色ゲル状沈殿が生成し，(**ク**)を加熱乾燥することで乾燥剤として用いられる(**ケ**)を得ることができる。

問1　文中の(**ア**)～(**ケ**)に適当な語句を入れよ。

問2　下線部①～③の反応を化学反応式で書け。

解答

問1　**ア**　半導体　**イ**　酸素　**ウ**　コークス　**エ**　4　**オ**　フッ化水素
カ　ケイ酸ナトリウム　**キ**　水ガラス　**ク**　ケイ酸　**ケ**　シリカゲル

問2
① $SiO_2 + 2C \longrightarrow Si + 2CO$
② $SiO_2 + 6HF \longrightarrow H_2SiF_6 + 2H_2O$
③ $SiO_2 + 2NaOH \longrightarrow Na_2SiO_3 + H_2O$

テーマ

38 アルカリ金属・アルカリ土類金属

① アルカリ金属・アルカリ土類金属の性質を押さえよう！
② カルシウム化合物の反応を覚えよう！
③ 炭酸ナトリウムの工業的製法を理解し覚えよう！

1 アルカリ金属・アルカリ土類金属

1族の金属元素(Li，Na，K など)を**アルカリ金属**，**2族の金属元素**(Mg，Ca，Ba など)を**アルカリ土類金属**といいます。アルカリ金属や Ca **以下のアルカリ土類金属はイオン化傾向がとても大きい**ため，単体の反応性が高く，**常温の水や酸素と速やかに反応する**んですね。だから，アルカリ金属や Ca 以下のアルカリ土類金属は**石油中に保存する**必要があります。また，**炎色反応を示す元素が多い**のも特徴ですね。

$2Na + 2H_2O \longrightarrow 2NaOH + H_2$　　$4Na + O_2 \longrightarrow 2Na_2O$

$Ca + 2H_2O \longrightarrow Ca(OH)_2 + H_2$　　$2Ca + O_2 \longrightarrow 2CaO$

それに対し，**マグネシウム Mg** はその他のアルカリ土類金属と異なり，**反応性が少し低い**んですね。だから，常温では水には溶けず，**熱水に溶け**，加熱することで**大量の熱と光を出して酸化されます**。Mg は**炎色反応を示さない**のも特徴になりますね。

$Mg + 2H_2O \longrightarrow Mg(OH)_2 + H_2$　　$2Mg + O_2 \longrightarrow 2MgO$

Mg はアルカリ土類金属だけど，Na や Ca とは性質が大きく違うことを押さえておくと，反応を覚えやすいぞ。

2 ナトリウムの化合物

ナトリウムの化合物にはさまざまなものが存在しますが，その中でも**水酸化ナトリウム NaOH** は特に有名ですね。NaOH の固体は**潮解性**をもつので，空気中の水分を吸収し表面が溶けてべとべとになってしまいます。それに対し，**炭酸ナトリウム十水和物 $Na_2CO_3 \cdot 10H_2O$** は**風解性**をもつため**結晶中の水和水が失われ，炭酸ナトリウム一水和物 $Na_2CO_3 \cdot H_2O$ に変化する**んですね。

3 カルシウムの反応

カルシウムの化合物はナトリウムに比べ，さまざまな反応をします。それぞれの化合物の関係をフローチャートで覚え，化学反応式はつくれるようにしておきましょう！

Point 087 カルシウム化合物の反応

●カルシウム化合物の反応

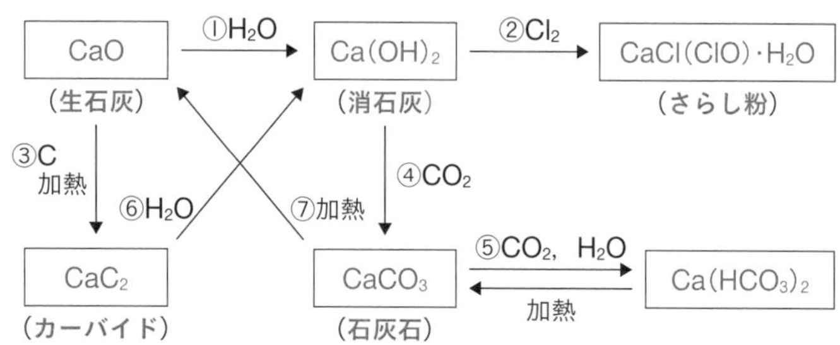

①**酸化カルシウム**（生石灰）に**水**を加える ➡ **発熱反応**

$CaO + H_2O \longrightarrow Ca(OH)_2$

②**水酸化カルシウム**（消石灰）に**塩素**を吸収させる

$Ca(OH)_2 + Cl_2 \longrightarrow CaCl(ClO)\cdot H_2O$

③**生石灰にコークスを加えて加熱する**（COが発生することに注意）

$CaO + 3C \longrightarrow CaC_2 + CO$

④水酸化カルシウム水溶液（石灰水）に**二酸化炭素**を吹き込むと**白濁**する

$Ca(OH)_2 + CO_2 \longrightarrow CaCO_3\downarrow + H_2O$

⑤さらに二酸化炭素を吹き込むと**無色**になる

$CaCO_3 + CO_2 + H_2O \longrightarrow Ca(HCO_3)_2$

⑥**炭化カルシウム**（カーバイド）**に水を加える** ➡ アセチレン C_2H_2 が発生

$CaC_2 + 2H_2O \longrightarrow Ca(OH)_2 + C_2H_2$

⑦炭酸カルシウムを加熱する

$CaCO_3 \longrightarrow CaO + CO_2$

硫酸カルシウム二水和物 $CaSO_4 \cdot 2H_2O$ を**セッコウ**といいます。セッコウは加熱すると水和水の一部を失い，$CaSO_4 \cdot \frac{1}{2}H_2O$ の**焼きセッコウ**となります。

$$CaSO_4 \cdot 2H_2O \longrightarrow CaSO_4 \cdot \frac{1}{2}H_2O + \frac{3}{2}H_2O$$

焼きセッコウは水と練り合わせることで再びセッコウとなり固まります。この性質を利用して，建築材料やセッコウ像などに利用されているんですね。

また，**硫酸バリウム** $BaSO_4$ はＸ線をよく吸収し透過させないため，**Ｘ線撮影の造影剤**として使われています。

4　炭酸ナトリウムの工業的製法

最後に，**炭酸ナトリウムの工業的製法**である**ソルベー法**(または**アンモニアソーダ法**)について説明します。

まず，**飽和塩化ナトリウム水溶液にアンモニア** NH_3 **と二酸化炭素** CO_2 **を吹き込む**と，溶液中に存在する Na^+，Cl^-，NH_4^+，HCO_3^- の４種類のイオンのうち，最も溶解度の小さい組み合わせである**炭酸水素ナトリウム** $NaHCO_3$ **が沈殿します**(Step1)。得られた**炭酸水素ナトリウムを加熱する**ことで，**炭酸ナトリウム** Na_2CO_3 を製造することができるんですね！(Step2)

Step1 で用いる二酸化炭素を発生させるために**炭酸カルシウム** $CaCO_3$ **を熱分解する**(Step3)のですが，そのとき酸化カルシウム CaO が生じます。**その酸化カルシウム CaO を水と反応させ水酸化カルシウム** $Ca(OH)_2$ とし(Step4)，Step1 **で生じた塩化アンモニウム** NH_4Cl **と反応させ，発生したアンモニア** NH_3 **を** Step1 **で再利用する**んですね。

Step1 の NH_3 と CO_2 は，どちらを先に吹きこむかわかるかな？　先に吹きこむのは，NH_3 だ。その理由は，NH_3 の方が水に溶けやすいから。溶けやすい NH_3 を水に吹きこみ，塩基性にしてから CO_2 を吹きこんだ方が，酸性である CO_2 はより溶けやすくなるね。こうやって理解していくと，知識も定着しやすいんじゃないかな。

Point 088 炭酸ナトリウムの工業的製法

●炭酸ナトリウムの工業的製法：ソルベー法(アンモニアソーダ法)

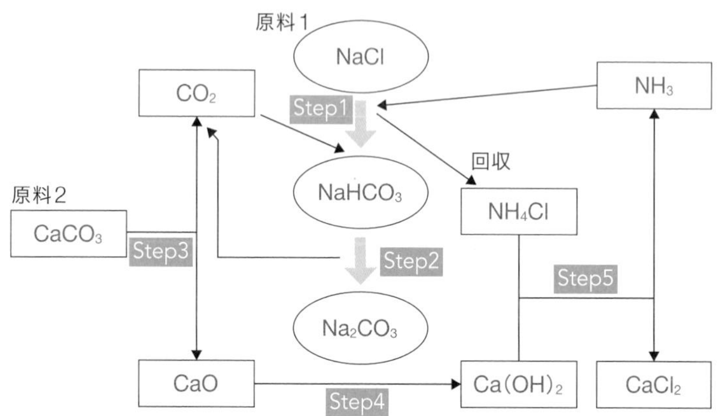

Step1　飽和塩化ナトリウム水溶液に二酸化炭素とアンモニアを吹き込み，炭酸水素ナトリウムを**沈殿**させる。

$NaCl + H_2O + CO_2 + NH_3 \longrightarrow NaHCO_3 + NH_4Cl$　…①

Step2　炭酸水素ナトリウムを熱分解する。

$2NaHCO_3 \longrightarrow Na_2CO_3 + CO_2 + H_2O$　…②

Step3　炭酸カルシウムを熱分解する

$CaCO_3 \longrightarrow CaO + CO_2$　…③

Step4　酸化カルシウムに水を加える。

$CaO + H_2O \longrightarrow Ca(OH)_2$　…④

Step5　水酸化カルシウムと塩化アンモニウムを混合して加熱する。

$2NH_4Cl + Ca(OH)_2 \longrightarrow CaCl_2 + 2NH_3 + 2H_2O$　…⑤

※①～⑤を１つにまとめると(①×２＋②＋③＋④＋⑤)

$2NaCl + CaCO_3 \longrightarrow Na_2CO_3 + CaCl_2$

NaCl と $CaCO_3$ から Na_2CO_3 を得る式を１つで表すには，中間生成物である CaO，$Ca(OH)_2$，NH_4Cl などを消去することでつくることができます。ただし，結局はイオンの交換が起こっているだけなので，結果を覚えてしまった方がよいでしょう。

チェック問題

38 次の文を読み，問いに答えよ。

1族の金属元素を(**ア**)金属といい，その単体は空気中で容易に酸化されるため(**イ**)中に保存する。水酸化ナトリウムは(**ウ**)性があるため空気中の水分を吸収するのに対し，(**エ**)の結晶は風解性があるため結晶水を失う。

2族の金属元素を(**オ**)金属という。カルシウムやバリウムの単体は反応性が高く容易に酸化されるが，マグネシウムの単体はそれらよりも反応性が低く，冷水には溶けず熱水に溶解する。

炭酸ナトリウムの工業的製法は(**カ**)法とよばれ，次のような方法で合成されている。まず，①飽和食塩水に(**キ**)と二酸化炭素を吹き込むことで，溶解度の低い(**ク**)を沈殿させ，②それを熱分解することで炭酸ナトリウムを得る。③炭酸カルシウムの熱分解により二酸炭素を発生させるときに生じる④生石灰を水と反応させ水酸化カルシウムとし，⑤それを塩化アンモニウムと反応させることで，発生した(**キ**)をはじめの反応に再利用することで，効率的に炭酸ナトリウムを合成することができる。

問1　文中の(**ア**)～(**ク**)に適当な語句を入れよ。

問2　下線部①～⑤の反応を化学反応式で書け。

解答

問1

ア	アルカリ	**イ**	石油	**ウ**	潮解
エ	炭酸ナトリウム十水和物	**オ**	アルカリ土類		
カ	アンモニアソーダ(ソルベー)	**キ**	アンモニア	**ク**	炭酸水素ナトリウム

問2

① $NaCl + H_2O + CO_2 + NH_3 \longrightarrow NaHCO_3 + NH_4Cl$

② $2NaHCO_3 \longrightarrow Na_2CO_3 + CO_2 + H_2O$

③ $CaCO_3 \longrightarrow CaO + CO_2$

④ $CaO + H_2O \longrightarrow Ca(OH)_2$

⑤ $2NH_4Cl + Ca(OH)_2 \longrightarrow CaCl_2 + 2NH_3 + 2H_2O$

テーマ

39 両性金属

① 錯イオンの構造と名称を答えられるようになろう！
② アルミニウムの反応を覚えよう！
③ アルミニウムの溶融塩電解を理解しよう！

1 錯イオン

両性金属の説明に入る前に，錯イオンの説明をしておきましょう！　錯イオンとは，**非共有電子対をもつ配位子が金属イオンに配位結合**(➡ p.28)**したイオン**のことです。例えば，右の図の錯イオンはシアン化物イオン CN^- が配位子となり，鉄(Ⅱ)イオン Fe^{2+} に配位結合してできています。錯イオンでは，**中心の金属イオンの種類により，配位数(配位子の数)と錯イオンの形が決まっている**んです。

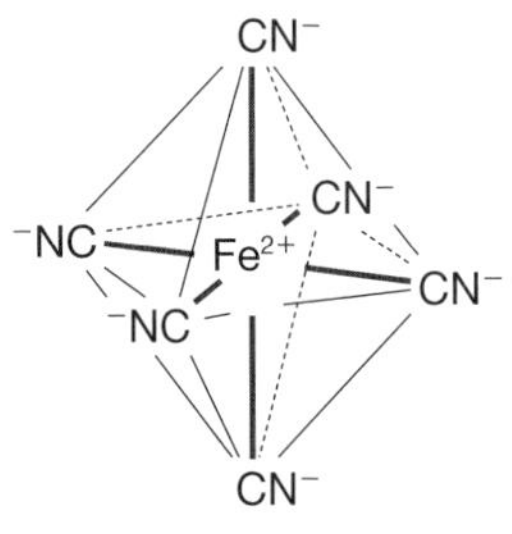

Point 089 錯イオン

●錯イオンの種類

	Ag	Zn	Cu	Fe
配位数	2	4	4	6
形	直線形	正四面体	正方形	正八面体
構造	$H_3N-Ag^+-NH_3$			
化学式	$[Ag(NH_3)_2]^+$	$[Zn(OH)_4]^{2-}$	$[Cu(H_2O)_4]^{2+}$	$[Fe(CN)_6]^{4-}$
名称	ジアンミン銀(Ⅰ)イオン	テトラヒドロキシド亜鉛(Ⅱ)酸イオン	テトラアクア銅(Ⅱ)イオン	ヘキサシアニド鉄(Ⅱ)酸イオン

錯イオンの化学式は[ ]を付けて表し，電荷の合計を右上に書きます。また，錯イオンの**名前は後ろからつけていきます**。錯イオンが**陰イオンのときは，名前の最後に「酸」を付ける**んですね。ただし，配位子と数字は通常と違う名称でよばれるので，覚えておいてくださいね！

配位子	名称
NH_3	アンミン
H_2O	アクア
OH^-	ヒドロキシド
CN^-	シアニド

数	名称
2	ジ
4	テトラ
6	ヘキサ

例えば，前のページの錯イオンは次のように命名します。

例　$[Fe(CN)_6]^{4-}$　ヘキサシアニド鉄(II)酸イオン
6　CN^-　Fe^{2+}

錯イオンになると，数も配位子も普段とは違う名称でよばれるようになるんだ。これからたくさんの錯イオンが出てくるから，化学式と名称はすぐに答えられるようにしよう。

2 両性金属の反応

通常，金属は酸と反応するものですね。

しかし，アルミニウム Al，亜鉛 Zn，スズ Sn，鉛 Pb などの金属は，**酸，塩基のどちらとも反応する**ことができます。

このような金属を**両性金属**といいます。それでは，アルミニウムを例にして，両性金属の反応をまとめておきましょう！

アルミニウムのような両性金属は，酸と反応するとイオンになり，塩基と反応すると錯イオンになることを覚えておこう！　例えば，Alは酸と反応するとAl^{3+}に，塩基と反応すると$[Al(OH)_4]^-$になる。これを知っておくと反応式をつくることができるよ。

Point 090 アルミニウムの反応

●アルミニウムの反応

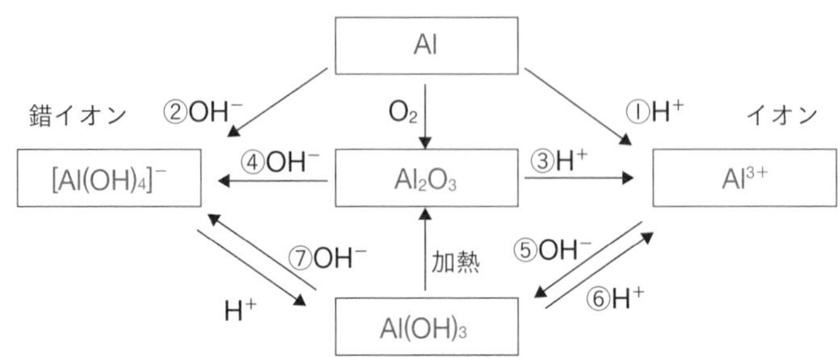

●アルミニウムの単体は**酸**にも**塩基**にも溶解 ➡ 水素が発生

① $2Al + 6HCl \longrightarrow 2AlCl_3 + 3H_2$
② $2Al + 2NaOH + 6H_2O \longrightarrow 2Na[Al(OH)_4] + 3H_2$

※アルミニウムは不動態となるため，**濃硝酸**には不溶

●**酸化アルミニウム**は**酸**にも**塩基**にも溶解

③ $Al_2O_3 + 6HCl \longrightarrow 2AlCl_3 + 3H_2O$
④ $Al_2O_3 + 2NaOH + 3H_2O \longrightarrow 2Na[Al(OH)_4]$

●アルミニウムイオンは塩基と白色沈殿生成

⑤ $Al^{3+} + 3OH^- \longrightarrow Al(OH)_3 \downarrow$

●**水酸化アルミニウム**の沈殿は**酸**にも**塩基**にも溶解

⑥ $Al(OH)_3 + 3HCl \longrightarrow AlCl_3 + 3H_2O$
⑦ $Al(OH)_3 + NaOH \longrightarrow Na[Al(OH)_4]$

②の反応式は複雑なので，次のようにつくっていきましょうね！

Step1 Alが塩基と反応すると**錯イオン**をつくって溶ける

$Al + NaOH \longrightarrow Na[Al(OH)_4]$

Step2 両辺のOの数をあわせるため，左辺に**H_2Oを付け加える**

$Al + NaOH + 3H_2O \longrightarrow Na[Al(OH)_4]$

Step3 Hの数をあわせるため，右辺に**H_2を付け加える**

$Al + NaOH + 3H_2O \longrightarrow Na[Al(OH)_4] + \frac{3}{2}H_2$

Step4 **全体を2倍**すると，反応式が完成

$2Al + 2NaOH + 6H_2O \longrightarrow 2Na[Al(OH)_4] + 3H_2$

同じ両性金属である亜鉛 Zn でも，同様の反応が起こります。しかし，亜鉛は**2価の陽イオン** Zn^{2+} となるため，アルミニウムの反応式とは係数が変わります。それでは，化学反応式を組み立ててみましょう。

Point 091 亜鉛の反応

●亜鉛の単体は**酸**にも**塩基**にも溶解 ➡ 水素が発生

① $Zn + 2HCl \longrightarrow ZnCl_2 + H_2$

② $Zn + 2NaOH + 2H_2O \longrightarrow Na_2[Zn(OH)_4] + H_2$

●**酸化亜鉛**は**酸**にも**塩基**にも溶解

③ $ZnO + 2HCl \longrightarrow ZnCl_2 + H_2O$

④ $ZnO + 2NaOH + H_2O \longrightarrow Na_2[Zn(OH)_4]$

●亜鉛イオンは塩基と白色沈殿生成

⑤ $Zn^{2+} + 2OH^- \longrightarrow Zn(OH)_2 \downarrow$

●**水酸化亜鉛**の沈殿は**酸**にも**塩基**にも溶解

⑥ $Zn(OH)_2 + 2HCl \longrightarrow ZnCl_2 + 2H_2O$

⑦ $Zn(OH)_2 + 2NaOH \longrightarrow Na_2[Zn(OH)_4]$

亜鉛の反応式をアルミニウムと同じようにつくれるようにしておこう。アルミニウムよりも係数がシンプルですっきりするね。

アルミニウムは日常生活でもさまざまなものに使われていますね！　次に，アルミニウムに関する用語をまとめておきましょう！

Point 092 アルミニウムに関する用語

●**ジュラルミン**：アルミニウムを主成分とする合金(Al，Cu，Mg，Mn)
➡ 軽量で強く，電車の車体・飛行機の機体などに利用

●**テルミット反応**：アルミニウムと酸化鉄(Ⅲ)の混合物を加熱することで，単体の鉄を得る反応(Fe は Al よりも酸化されやすい)

$2Al + Fe_2O_3 \longrightarrow 2Fe + Al_2O_3$

●**アルマイト**：アルミニウムの**酸化被膜**を人工的につけた製品

●**ミョウバン** $AlK(SO_4)_2 \cdot 12H_2O$：硫酸カリウムアルミニウム十二水和物
※ $Al_2(SO_4)_3$ と K_2SO_4 が 1：1 で存在する複塩である

3 アルミニウムの製錬

最後に，鉱石であるボーキサイトから単体のアルミニウムを取り出す操作について説明します。このように，鉱石から金属の単体を得る操作を，製錬といいます。

第一段階：バイヤー法

ボーキサイトは酸化鉄やケイ酸塩などの不純物を含んでいるので，**濃水酸化ナトリウム水溶液に溶かし**$[Al(OH)_4]^-$とし，不純物をろ過して分けます。それを水で希釈することで得た$Al(OH)_3$**を加熱する**ことで，アルミナAl_2O_3を得ることができます。

第二段階：ホール・エルー法

Al はH_2**よりイオン化傾向がとても大きい**ため，水溶液の電気分解ではつくることができません（H_2Oが還元されH_2が発生する）。そのため，**アルミナAl_2O_3を高温で融解し，炭素電極を用いて電気分解する**ことで，Al^{3+}が電子を受け取ることで**還元**され，**陰極から単体アルミニウム**が得られます。このように塩や酸化物を融解して電気分解する方法を，溶融塩電解といいます。

ナトリウムやマグネシウムなど，アルミニウム以上のイオン化傾向の金属は，水溶液の電気分解ではH_2が発生してしまうため，溶融塩電解でなければ単体を得ることができないんだな。

陽極では**酸化物イオンが炭素電極と反応し，CO やCO_2が発生します**。また，アルミナAl_2O_3は融点がとても高いので，氷晶石Na_3AlF_6と混ぜ合わせ，**アルミナをより低い温度で融解させている**んですね。

陽極　$O^{2-} + C \longrightarrow CO + 2e^-$または$2O^{2-} + C \longrightarrow CO_2 + 4e^-$

陰極　$Al^{3+} + 3e^- \longrightarrow Al$

チェック問題

39 次の文を読み，問いに答えよ。

アルミニウムは両性金属であるため，①単体は希塩酸や濃水酸化ナトリウムに(**ア**)を発生させながら溶解するが，濃硝酸に加えても表面に緻密な酸化被膜をつくり(**イ**)となるため溶解しない。この酸化被膜をアルミニウムの表面に人工的につけた製品を(**ウ**)という。また，アルミニウムを主成分とする合金は(**エ**)とよばれ，軽くて丈夫であるため電車や飛行機など用いられている。アルミニウムは還元力が強いため，②単体のアルミニウムと酸化鉄(Ⅲ)と混合し加熱することで単体の鉄を得ることができる。これを(**オ**)反応という。

アルミニウムの単体は，(**カ**)という鉱石から得たアルミナを(**キ**)電解することで(**ク**)極から得ることができる。アルミナの融点は非常に高いため，(**キ**)電解時には融点を下げるために，(**ケ**)にアルミナを溶かしこむことが必要である。

問1　文中の(**ア**)～(**ケ**)に適当な語句を入れよ。

問2　下線部①について，単体のアルミニウムが希塩酸および濃水酸化ナトリウム水溶液に溶ける反応の化学反応式をそれぞれ書け。

問3　下線部②の反応を化学反応式で書け。

問4　単体のアルミニウムは水溶液の電気分解で得ることができない理由を簡潔に説明せよ。

解答

問1　**ア** 水素　**イ** 不動態　**ウ** アルマイト
エ ジュラルミン　**オ** テルミット　**カ** ボーキサイト
キ 溶融塩　**ク** 陰　**ケ** 氷晶石

問2　$2Al + 6HCl \longrightarrow 2AlCl_3 + 3H_2$
$2Al + 2NaOH + 6H_2O \longrightarrow 2Na[Al(OH)_4] + 3H_2$

問3　$2Al + Fe_2O_3 \longrightarrow 2Fe + Al_2O_3$

問4　アルミニウムは水素よりイオン化傾向がとても大きく，陰極では水が還元され水素が発生するため。

金属イオンの反応

① 金属イオンの沈殿反応を覚えよう！
② 塩基との沈殿反応，溶解反応を覚えよう！
③ 金属イオンの系統分離を理解しよう！

1 金属イオンの沈殿反応

ここでは，金属イオンの沈殿反応を１つずつまとめます。どの金属イオンが何色の沈殿をつくるか，きちんと覚えましょう。ちなみに，**遷移元素のイオンや沈殿は色をもつことが多い**ですよ。

Point 093 金属イオンの沈殿反応

① Cl^-と沈殿をつくる金属イオン
➡ $AgCl$(白色)，$PbCl_2$(白色)，Hg_2Cl_2(白色)
※ $AgCl$ はアンモニア NH_3 水に溶解(➡ p.170)
※ $PbCl_2$ は熱水に溶解

② CrO_4^{2-}と沈殿をつくる金属イオン
➡ Ag_2CrO_4(赤褐色)，$PbCrO_4$(黄色)，$BaCrO_4$(黄色)

③ SO_4^{2-}と沈殿をつくる金属イオン
➡ $BaSO_4$(白色)，$CaSO_4$(白色)，$PbSO_4$(白色)

④ CO_3^{2-}と沈殿をつくる金属イオン
➡ $BaCO_3$(白色)，$CaCO_3$(白色)(他にもあるがこれらが重要)
※炭酸塩は希塩酸に**溶ける**が，硫酸塩は希塩酸に**溶けない**

語呂合わせ① Ag^+ Pb^{2+}(ぎんなん) ② Pb^{2+} Ag^+ Ba^{2+}(生銀歯)
③ Ba^{2+} Ca^{2+} Pb^{2+} SO_4^{2-}(ばかなりゅうさん)と覚えよう！

②で使うクロム酸イオン CrO_4^{2-}(黄色)は液性を**酸性にすると**橙赤色の**二クロム酸イオン $Cr_2O_7^{2-}$に変化する**ことを覚えておきましょうね。逆に，**二クロム酸イオン $Cr_2O_7^{2-}$を塩基性にするとクロム酸イオン CrO_4^{2-}に変化します。**

2 硫化物の沈殿反応

次は硫化物イオンとの沈殿反応です。硫化物は，**①液性に関係なく沈殿する**ものと，**②中～塩基性条件で沈殿する**ものと，**③沈殿しない**ものに分かれます。これはイオン化傾向と関連付けて覚えるといいでしょう！

Li K Ca Na Mg Al	Zn Fe Ni	Sn Pb (H_2) Cu Hg Ag Pt Au
③沈殿しない	②塩基性で沈殿	①液性に関係なく沈殿

Point 094 硫化物の沈殿反応

①**液性に関係なく**沈殿する金属イオン：イオン化傾向(**小**)
➡ Ag_2S(黒色)，PbS(黒色)，CuS(黒色)，CdS(黄色)
②**中～塩基性条件で**沈殿する金属イオン：イオン化傾向(**中**)
➡ ZnS(白色)，FeS(黒色)
③**沈殿しない**金属イオン：イオン化傾向(**大**)
➡ Na^+，Ca^{2+}，Mg^{2+}，Al^{3+} など

イオン化傾向が小さい金属は「イオンが嫌だから沈殿する」というイメージ覚えておくとわかりやすいよ！

3 塩基との沈殿反応

最後に塩基との沈殿反応です。まず，**アルカリ金属，Ca 以下のアルカリ土類金属以外の金属イオン**は水酸化ナトリウム水溶液やアンモニア水などの塩基を少量加えると**水酸化物の沈殿**をつくるんです(Ag^+ のみ酸化物)。その沈殿は**過剰量の水酸化ナトリウム**水溶液を加えると錯イオンになって溶けるもの(Al^{3+}，Pb^{2+}，Zn^{2+})と，**過剰量のアンモニア水**を加えると錯イオンになって溶けるもの(Zn^{2+}，Cu^{2+}，Ag^+)があります。

例えば，アルミニウムイオン Al^{3+} は，**少量の水酸化ナトリウム水溶液**を加えると $Al(OH)_3$ **の白色沈殿**を生じ，**過剰**に加えるとその沈殿が溶けて $[Al(OH)_4]^-$ **となり無色の溶液**になるんです。でも，$Al(OH)_3$ の沈殿は**アンモニア水には溶けない**んですね。

例

Al^{3+} →(NaOH)→ $Al(OH)_3\downarrow$ →(NaOH)→ $[Al(OH)_4]^-$

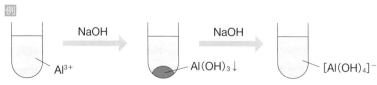

その沈殿，溶液の色と化学式をしっかりと覚えてくださいね！

Point 095 塩基との沈殿反応

●塩基と金属イオンの沈殿反応

	Al^{3+}（無色）	Pb^{2+}（無色）	Zn^{2+}（無色）	Cu^{2+}（青色）	Ag^{+}（無色）
塩基少量	$Al(OH)_3$（白色沈殿）	$Pb(OH)_2$（白色沈殿）	$Zn(OH)_2$（白色沈殿）	$Cu(OH)_2$（青白色沈殿）	Ag_2O（褐色沈殿）
NaOH過剰	$[Al(OH)_4]^-$（無色）	$[Pb(OH)_4]^{2-}$（無色）	$[Zn(OH)_4]^{2-}$（無色）	$Cu(OH)_2$（青白色沈殿）	Ag_2O（褐色沈殿）
NH_3過剰	$Al(OH)_3$（白色沈殿）	$Pb(OH)_2$（白色沈殿）	$[Zn(NH_3)_4]^{2+}$（無色）	$[Cu(NH_3)_4]^{2+}$（深青色）	$[Ag(NH_3)_2]^+$（無色）

※ Fe^{2+} から生じる $Fe(OH)_2$（緑白色沈殿），Fe^{3+} から生じる**水酸化鉄（Ⅲ）**（赤褐色沈殿）は，NaOH，NH_3 のいずれにも溶けない（錯イオンをつくらない）

注 「水酸化鉄（Ⅲ）」は $Fe(OH)_3$ や $FeO(OH)$ などの混合物であるため，決まった化学式で表すことができない。

両性金属の水酸化物の沈殿は塩基と反応するため，過剰量の水酸化ナトリウム水溶液に溶けるんだね！　覚えるきっかけにしよう。

4 金属イオンの系統分離

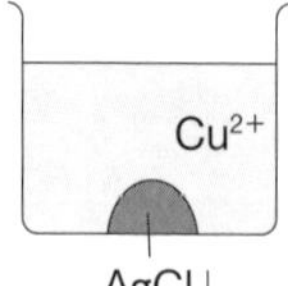

金属イオンの沈殿反応を利用すると，金属イオンを分離することができますね。例えば，Ag^+ と Cu^{2+} を含む溶液に希塩酸 HCl を加えると，**Cl^- と沈殿をつくる AgCl のみが沈殿します**。これをろ過することで，2つの金属イオンを分離することができますね！

それでは，8種類のイオン混合溶液を分離してみましょう。この分離パターンが最も よく出題されるので，きちんと分離できるようにしておきましょう。

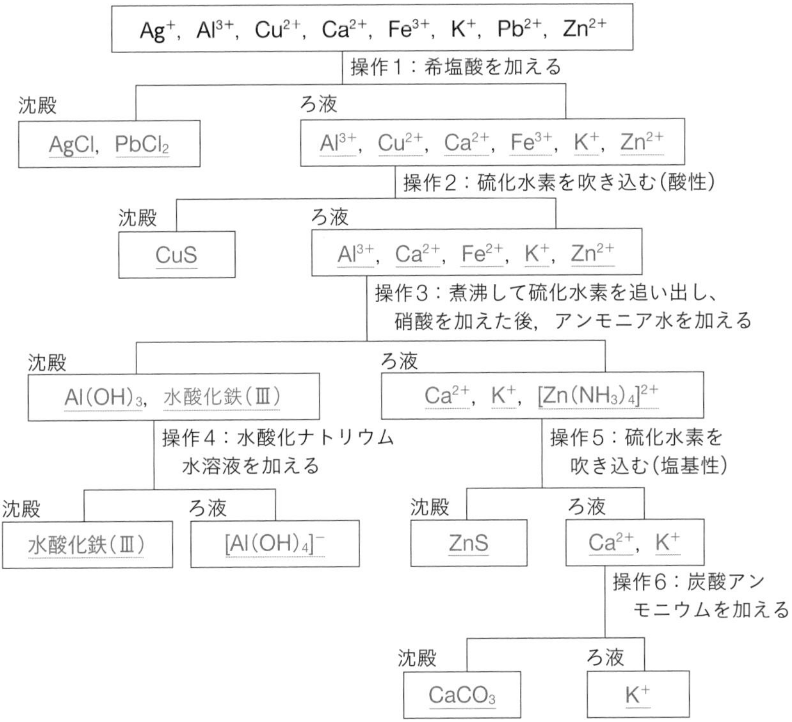

Ag^{+}，Al^{3+}，Cu^{2+}，Ca^{2+}，Fe^{3+}，K^{+}，Pb^{2+}，Zn^{2+}

操作1：希塩酸を加える

- 沈殿：AgCl，$PbCl_2$
- ろ液：Al^{3+}，Cu^{2+}，Ca^{2+}，Fe^{3+}，K^{+}，Zn^{2+}

操作2：硫化水素を吹き込む（酸性）

- 沈殿：CuS
- ろ液：Al^{3+}，Ca^{2+}，Fe^{2+}，K^{+}，Zn^{2+}

操作3：煮沸して硫化水素を追い出し，硝酸を加えた後，アンモニア水を加える

- 沈殿：$Al(OH)_3$，水酸化鉄（Ⅲ）
- ろ液：Ca^{2+}，K^{+}，$[Zn(NH_3)_4]^{2+}$

操作4：水酸化ナトリウム水溶液を加える（$Al(OH)_3$，水酸化鉄（Ⅲ）に対して）

- 沈殿：水酸化鉄（Ⅲ）
- ろ液：$[Al(OH)_4]^-$

操作5：硫化水素を吹き込む（塩基性）（Ca^{2+}，K^{+}，$[Zn(NH_3)_4]^{2+}$に対して）

- 沈殿：ZnS
- ろ液：Ca^{2+}，K^{+}

操作6：炭酸アンモニウムを加える

- 沈殿：$CaCO_3$
- ろ液：K^{+}

操作3でなぜ硝酸を加える必要があるのでしょうか。まず操作2では，CuSを沈殿させるために加えたH_2Sが**還元剤**としてはたらき，Fe^{3+}をFe^{2+}**に還元してしまう**んですね。そのため，H_2S**により還元された**Fe^{2+}**を酸化し，**Fe^{3+}**に戻すために酸化剤**としてはたらく硝酸を加えているんです。この理由はよく出題されるので，覚えておきましょうね！

Point 093～095の沈殿反応を利用して，金属イオンを分離しているんだね。まずは沈殿反応を覚えることだね。 何も見ずに陽イオンを分離できるようになれば一人前だ！

チェック問題

40 次の文を読み，問いに答えよ。

6種類の陽イオン K^+，Ag^+，Cu^{2+}，Ca^{2+}，Al^{3+}，Fe^{3+} を含む混合水溶液がある。混合水溶液中のイオンを図のように分離するため，次の操作1～5を行った。

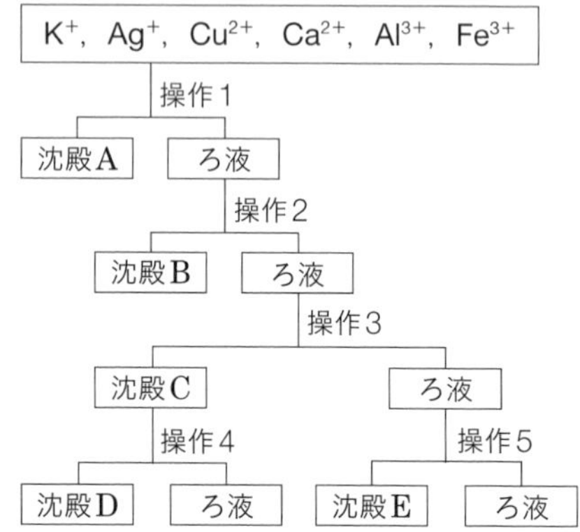

（操作1）希塩酸を加える

（操作2）硫化水素を吹きこむ

（操作3）硫化水素を追い出した後，濃硝酸を加え煮沸し，アンモニア水を加える

（操作4）水酸化ナトリウム水溶液を加える

（操作5）炭酸アンモニウム水溶液を加える

問1 沈殿A, B, Eの化学式と色をそれぞれ答えよ。

問2 沈殿Bを濃硝酸に溶解させ，過剰のアンモニア水を加えたときに生じる錯イオンの化学式と色を答えよ。

問3 操作3で濃硝酸を加える理由を簡潔に説明せよ。

問4 操作4のろ液中に含まれる錯イオンの化学式と名称を答えよ。

問5 操作5のろ液中に含まれるイオンを炎色反応で確認したい。何色の炎色反応を示すか答えよ。

解答

問1 A $AgCl$，白色　B CuS，黒色　E $CaCO_3$，白色

問2 $[Cu(NH_3)_4]^{2+}$，深青色

問3 硫化水素により還元された鉄(II)イオンを酸化し，鉄(III)イオンに戻すため。

問4 $[Al(OH)_4]^-$，テトラヒドロキシドアルミン酸イオン

問5 赤紫色

テーマ41 遷移元素

① 銅，鉄の反応・性質を覚えよう！
② 銅の電解精錬を理解しよう！
③ 鉄の製錬方法を理解しよう！

1 銅の性質

最後に，遷移元素のまとめです。ただし，金属イオンの反応についてはテーマ40でまとめているので，それ以外の項目についてまとめていきますね！

銅は燃焼すると黒色の酸化銅(Ⅱ) CuO になるのですが，**1000℃以上の高温で燃焼させる**と，赤色の酸化銅(Ⅰ) Cu_2O が生じるんですね。また，青色の結晶である硫酸銅(Ⅱ)五水和物 $CuSO_4 \cdot 5H_2O$ は加熱することでその水和水を失い，最終的に白色の無水硫酸銅(Ⅱ) $CuSO_4$ となります。無水硫酸銅(Ⅱ)は水に触れると再び青色に戻るため，**水の検出や除去**に使われているんですね！

Point 096 銅の性質

●単体の燃焼：黒色の酸化銅(Ⅱ)CuO が生成

$$2Cu + O_2 \longrightarrow 2CuO$$

※1000℃以上に加熱すると，赤色の酸化銅(Ⅰ)Cu_2O が生成

●硫酸銅(Ⅱ)五水和物の結晶の加熱

$$\underset{\text{青色}}{CuSO_4 \cdot 5H_2O} \xrightarrow[\text{加熱}]{} \underset{\text{淡青色}}{CuSO_4 \cdot H_2O} \xrightarrow[\text{加熱}]{} \underset{\text{白色}}{CuSO_4}$$

※白色の無水硫酸銅(Ⅱ)は**水の検出・除去**に使用

●銅の合金

青銅(ブロンズ)…**銅**と**スズ**の合金　用途 銅像，メダル
黄銅(真ちゅう，ブラス)…**銅**と**亜鉛**の合金　用途 管楽器

銅はすべての金属の中で2番目に電気を通しやすい金属なんだよ。最もよく電気を通すのは銀だ。

2 銅の電解精錬

次は銅の製錬についてです。はじめに，銅の鉱石である黄銅鉱(主成分：$CuFeS_2$)を原料として粗銅をつくります。粗銅にはさまざまな金属が不純物として含まれているため，**粗銅**を陽極，**純銅**を陰極とし，硫酸銅(Ⅱ)**水溶液**を電気分解することで，**粗銅の中の銅が Cu^{2+} となって溶けだし，純銅側に析出するん**ですね。これで高純度の銅を得ることができるのです。

粗銅の中に含まれる銅以外の金属の中で，Cu より**イオン化傾向の大きいものは溶液中に溶けだし，Cu よりイオン化傾向の小さいものは**陽極泥**として沈殿するん**ですね。ただし，Pb はイオンとなって溶け出した後，$PbSO_4$ **として沈殿**します。

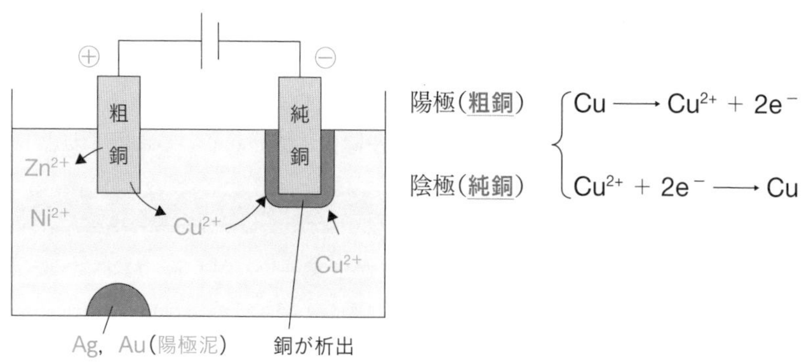

$$\text{Cu} \longrightarrow \text{Cu}^{2+} + 2e^-$$

$$\text{Cu}^{2+} + 2e^- \longrightarrow \text{Cu}$$

3 鉄の性質

次に鉄の性質をまとめてみましょう！ まず，鉄のイオンには Fe^{2+} と Fe^{3+} が存在しており，Fe^{3+} **の方が安定であるため**，Fe^{2+} は空気中の酸素や酸化剤で酸化され Fe^{3+} に変化します。また，鉄の水酸化物($Fe(OH)_2$，水酸化鉄(Ⅲ))は水酸化ナトリウムでもアンモニアでも**錯イオンをつくらない**ため，塩基の水溶液に溶けないんですね(➡ p.198)。

また，鉄イオンには特有の反応が多いのが特徴です。例えば，Fe^{2+} **は**ヘキサシアニド鉄(Ⅲ)酸イオン$[Fe(CN)_6]^{3-}$と，Fe^{3+} **は**ヘキサシアニド鉄(Ⅱ)酸イオン$[Fe(CN)_6]^{4-}$と，それぞれ濃青色沈殿をつくります。また，Fe^{3+} は**チオシアン酸イオン** SCN^-と錯イオンをつくり，血赤色の溶液に変化します。

Point 097 鉄の反応・性質

●単体の鉄：希酸に水素を発生しながら溶解

$$Fe + H_2SO_4 \longrightarrow FeSO_4 + H_2 \uparrow$$

※不動態になるため，**濃硝酸には不溶**

●ステンレス鋼：鉄を主成分とする合金(Fe，Cr，Ni，C)

➡ さびにくい。 用途 台所用品

●鉄のイオンの反応

	Fe^{2+}	Fe^{3+}
イオンの色	淡緑色	黄褐色
塩基($NaOH$，NH_3)を加える	$Fe(OH)_2$ (緑白色沈殿)	水酸化鉄(Ⅲ) (赤褐色沈殿)
ヘキサシアニド鉄(Ⅱ)酸カリウム $K_4[Fe(CN)_6]$水溶液を加える	青白色沈殿	濃青色沈殿
ヘキサシアニド鉄(Ⅲ)酸カリウム $K_3[Fe(CN)_6]$水溶液を加える	濃青色沈殿	褐色溶液
チオシアン酸カリウムKSCN 水溶液を加える	変化なし	血赤色溶液

※ $Fe(OH)_2$，水酸化鉄(Ⅲ)の沈殿は，$NaOH$，NH_3を過剰に加えても溶けない

次はめっきについてまとめます。**鉄に亜鉛をめっきしたもの**が**トタン**で，**スズをめっき**したものが**ブリキ**です。めっきでは，イオン化傾向の大きい金属が腐食されるんですね。

①**トタン**：鉄に**亜鉛**をめっきしたもの　用途 屋根

➡ イオン化傾向 Zn＞Fe なので**亜鉛が腐食されやすい**

②**ブリキ**：鉄に**スズ**をめっきしたもの　用途 缶詰，玩具

➡ イオン化傾向 Sn＜Fe なので**スズが腐食されやすい**

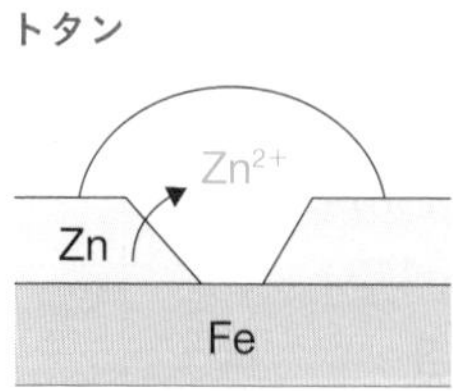

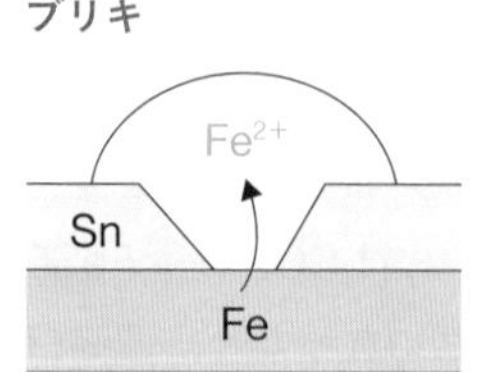

4 鉄の製錬

それでは最後に，鉄の製錬をまとめていきましょう！　鉄の鉱石には，Fe_2O_3 が主成分である**赤鉄鉱**と，Fe_3O_4 が主成分の**磁鉄鉱**とがあります。溶鉱炉に**鉄鉱石**を**コークス**と**石灰石**とともに加熱することで，**コークスから発生した一酸化炭素が鉄鉱石を還元し単体の鉄を得る**ことができます。

$$Fe_2O_3 + 3CO \longrightarrow 2Fe + 3CO_2$$

Point 098 鉄の製錬

●鉄鉱石の種類

- **赤鉄鉱**：主成分 Fe_2O_3
- **磁鉄鉱**：主成分 Fe_3O_4

●鉄の製錬：鉄鉱石を**コークス**，**石灰石**とともに加熱し，発生した**一酸化炭素**で**還元**する

$$Fe_2O_3 + 3CO \longrightarrow 2Fe + 3CO_2$$

●**銑鉄**：溶鉱炉から得られた**炭素などの不純物を含む**鉄

➡ 硬くてもろい，鋳物に使われる

●**鋼**(**スチール**)：銑鉄中の炭素を除去した鉄

➡ 硬くて粘り強い　用途 鉄骨，レール

鉄鉱石，コークス，石灰石
Fe_2O_3
Fe_3O_4
FeO
Fe
熱風
スラグ
銑鉄
溶鉱炉

溶鉱炉から得られた鉄は，**不純物として炭素などを含む銑鉄**であり，硬くてもろいのです。転炉で，この銑鉄に**酸素を吹きこむことで不純物を除去**し，丈夫な**鋼**(**スチール**)を得ます。

チェック問題

41 次の文を読み，問いに答えよ。

鉄は酸化物として産出し，鉄鉱石には主成分が(**ア**)の赤鉄鉱や主成分が(**イ**)の磁鉄鉱などが存在する。鉄の製錬は赤鉄鉱，コークス，石灰石を溶鉱炉に入れ，熱風を吹き込みながら高温で加熱することで，コークスから生じた①(**ウ**)により赤鉄鉱が還元されて鉄が得られる。炉から得られた鉄は炭素等の不純物を含むため(**エ**)とよばれ，(**エ**)に酸素を吹き込むことで不純物を除去し，硬くて粘り強い(**オ**)となる。

②鉄は希硫酸に溶解し(**カ**)色の(**キ**)イオンを生じる。(**キ**)イオンは空気中で酸化され(**ク**)色の(**ケ**)イオンとなる。これらのイオンは水酸化ナトリウム水溶液を加えると，(**キ**)イオンからは(**コ**)色の，(**ケ**)イオンからは(**サ**)色の沈殿が生成する。また，(**ケ**)イオンの水溶液に(**シ**)水溶液を加えると血赤色の溶液に，③ヘキサシアニド鉄(Ⅱ)酸カリウム水溶液を加えると(**ス**)色の沈殿が生成する。

問1　文中の(**ア**)～(**ス**)に適当な語句を入れよ。

問2　下線部①，②の反応を化学反応式で書け。

問3　下線部③の化合物の化学式を書け。

解答

問1
ア 酸化鉄(Ⅲ)　**イ** 四酸化三鉄　**ウ** 一酸化炭素　**エ** 銑鉄
オ 鋼(スチール)　**カ** 淡緑　**キ** 鉄(Ⅱ)　**ク** 黄褐
ケ 鉄(Ⅲ)　**コ** 緑白　**サ** 赤褐
シ チオシアン酸カリウム　**ス** 濃青

問2
① $Fe_2O_3 + 3CO \longrightarrow 2Fe + 3CO_2$
② $Fe + H_2SO_4 \longrightarrow FeSO_4 + H_2$

問3 $K_4[Fe(CN)_6]$

第4章

有機化学

テーマ

42 有機化合物の分類

① 有機化合物の分類を理解しよう！
② 炭化水素の命名ができるようになろう！
③ 複雑な有機化合物の命名ができるようになろう！

1 有機化合物の分類

ここからは有機化合物について勉強していきましょう！　**有機化合物**とは，**炭素を中心とした化合物**のことです。炭素の原子価は4なので，炭素原子の数が増えてくると数多くの種類の化合物が存在するんですね。

炭素Cと水素Hからなる**炭化水素**は，次のような種類が存在します。鎖状(環状構造がない)の炭化水素のうち，炭素原子が**すべて単結合**で結合しているものを**アルカン**，炭素原子間に**二重結合を1つもつ**ものを**アルケン**，炭素原子間に**三重結合を1つもつ**ものを**アルキン**といいます。

●**アルカン**：**すべて単結合**からなる鎖状の炭化水素　一般式C_nH_{2n+2}

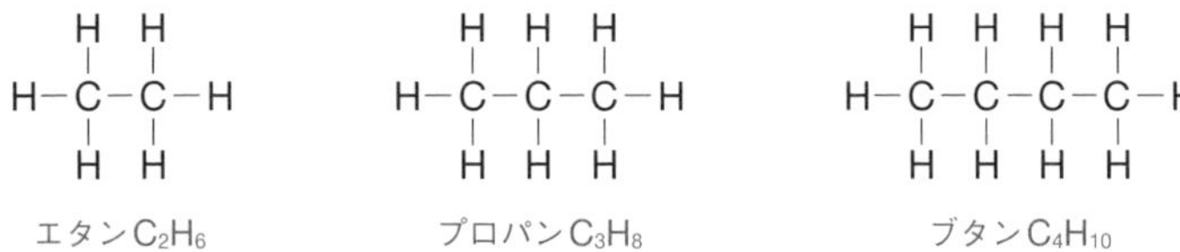

エタンC_2H_6　　プロパンC_3H_8　　ブタンC_4H_{10}

●**アルケン**：**二重結合**を1つもつ鎖状の炭化水素　一般式C_nH_{2n}

```
H H      H H H        H H H H
| |      | | |        | | | |
C=C      C=C-C-H      C=C-C-C-H
| |      |   |        |   | |
H H      H   H        H   H H
```

エチレンC_2H_4　　プロピレンC_3H_6　　1-ブテンC_4H_8

●**アルキン**：**三重結合**を1つもつ鎖状の炭化水素　一般式C_nH_{2n-2}

```
                    H              H H
                    |              | |
H-C≡C-H    H-C≡C-C-H    H-C≡C-C-C-H
                    |              | |
                    H              H H
```

アセチレンC_2H_2　　プロピンC_3H_4　　1-ブチンC_4H_6

その他にも，炭素がすべて単結合で環状構造を形成している**シクロアルカン**や，さらに**環状構造で二重結合を1つもつシクロアルケン**，**ベンゼン環をもつ芳香族炭化水素**などがあるんですね。

なお，二重結合や三重結合などの不飽和結合をもつものは**不飽和炭化水素**，もたないものは**飽和炭化水素**といいます。

Point 099 炭化水素の分類

	鎖式炭化水素	環式炭化水素	
	脂肪族炭化水素	脂環式炭化水素	芳香族炭化水素
飽和 炭化水素	アルカン H　H H−C−C−H H　H	シクロアルカン H　H H−C−C−H H−C−C−H H　H	
不飽和 炭化水素	アルケン H　H C=C H　H アルキン H−C≡C−H	シクロアルケン H H−C−C−H H−C−C−H H	芳香族炭化水素 H H　C　H C　C C　C H　C　H H

有機化合物の性質は**官能基**で決まっています。例えば，**−OH** を**ヒドロキシ基**といい，ヒドロキシ基をもつ化合物を**アルコール**といいます。

例　エタノール

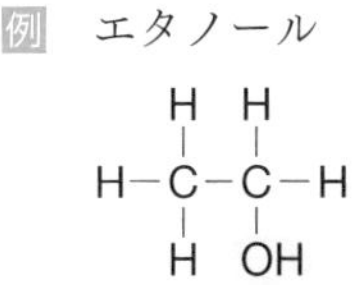

炭素骨格はあくまで骨組みなので，有機化合物の性質は官能基で決まるんだね。官能基はたくさんあるので，勉強を進めながら1つずつ覚えていこう！

2 有機化合物の命名

有機化合物の名称にはルールがあるんです。アルカンの名称については，炭素数1〜4までは暗記し，炭素数5以降は**数詞の後に「ン」を付けて命名します**。アルケン，アルキンになると，アルカンの語尾「〜アン」を「**〜エン**」「**〜イン**」に変えて命名します。アルコールは語尾に「＋オール」を付けて命名します。

ただし，炭素数2，3のアルケン(**エテン**は**エチレン**，**プロペン**は**プロピレン**)と炭素数2のアルキン(**エチン**は**アセチレン**)については，慣用名を用いることが多いので，あわせて覚えておきましょう！

Point 100 有機化合物の命名

	数詞	飽和炭化水素	不飽和炭化水素		
一般名		アルカン	アルケン	アルキン	アルコール
一般式		C_nH_{2n+2}	C_nH_{2n}	C_nH_{2n-2}	$C_nH_{2n+1}OH$
語尾		〜アン	〜エン	〜イン	＋オール
1	モノ	メタン			メタ**ノール**
2	ジ	エタン	エチレン	アセチレン	エタ**ノール**
3	トリ	プロパン	プロピレン (プロペン)	プロ**ピン**	プロパ**ノール**
4	テトラ	ブタン	ブテン	ブチン	ブタ**ノール**
5	ペンタ	ペンタン	ペン**テン**	ペン**チン**	ペンタ**ノール**
6	ヘキサ	ヘキサン	ヘキ**セン**	ヘキ**シン**	ヘキサ**ノール**
7	ヘプタ	ヘプタン	ヘプ**テン**	ヘプ**チン**	ヘプタ**ノール**
8	オクタ	オクタン	オク**テン**	オク**チン**	オクタ**ノール**

ブテンのように，二重結合の位置が2通り考えられる場合は，**二重結合の位置を名前の前につけて命名します**。アルコールは同様に−OHの位置を名前の前につけます。ただし，番号はできるだけ小さくなるようにつける決まりになっています。

例　ブテン

```
H   H   H   H              H   H   H   H
|   |   |   |              |   |   |   |
C¹=C²-C³-C⁴-H          H-C¹-C²=C³-C⁴-H
|       |   |              |           |
H       H   H              H           H
```

1-ブテン　　2-ブテン

例　プロパノール

```
    H   H   H              H   H   H
    |   |   |              |   |   |
H-C³-C²-C¹-H          H-C¹-C²-C³-H
    |   |   |              |   |   |
    H   H   OH             H   OH  H
```

1-プロパノール　　2-プロパノール

この命名法を理解した上で，p.208の炭化水素の分類をもう一度見てみよう！　名称が理解できるはずだよ。

複雑な有機化合物は，次のような方法で命名していきましょう！

Point 101　複雑な有機化合物の命名

●複雑な有機化合物の命名法

(どこに)-(いくつ)(なにが)(なにに)

「どこに」: 炭素番号。できるだけ小さくなるようにつける。

「いくつ」: ジ，トリ，テトラ…でつける。ただし１(モノ)は省略。

「なにが」: 置換基。$-CH_3$ メチル基，$-C_2H_5$ エチル基など。アルカンの語尾を**「〜イル」**に変えて命名。

「なにに」: 基準となる最も長い炭素鎖

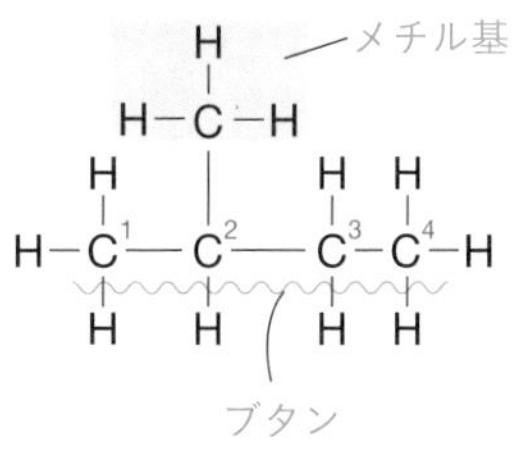

例えば，右のような化合物の名称を考えてみましょう！　この化合物は，炭素が4つつながっているところが最長炭素鎖なので,「なにに」は**ブタン**になります。そのブタンに番号を付けると**2番(「どこに」)の炭素にメチル基$-CH_3$(「なにが」)が1つ(「いくつ」)結合している**ことがわかりますね。よって，名称は，**2-メチルブタン**になります。

右から番号を付けるとメチル基が3番になってしまうからダメなんだ。できるだけ番号が小さくなるようにつけよう。

チェック問題

42 次の文を読み，問いに答えよ。

鎖式の飽和炭化水素を（ **ア** ）といい，炭素数を n とすると一般式（ **イ** ）で表される。それに対し，鎖式に不飽和炭化水素には，炭素間に二重結合を１つもつ（ **ウ** ）と，三重結合をもつ（ **エ** ）があり，それぞれ炭素数を n とすると一般式は（ **オ** ）および（ **カ** ）で表される。また，環式の飽和炭化水素を（ **キ** ）といい，炭素数を n とすると一般式（ **ク** ）で表される。また，環式不飽和炭化水素には，炭素間に二重結合を１つもつ（ **ケ** ）や，ベンゼン環をもつ（ **コ** ）などがある。

問1　文中の（ **ア** ）～（ **コ** ）に適当な語句または化学式を入れよ。

問2　炭素数3の（ **ア** ），（ **ウ** ），（ **エ** ）の構造式と名称を書け。

解答

問1　**ア**　アルカン　**イ**　C_nH_{2n+2}　**ウ**　アルケン　**エ**　アルキン
オ　C_nH_{2n}　**カ**　C_nH_{2n-2}　**キ**　シクロアルカン　**ク**　C_nH_{2n}
ケ　シクロアルケン　**コ**　芳香族炭化水素

問2　**ア**　**ウ**　**エ**

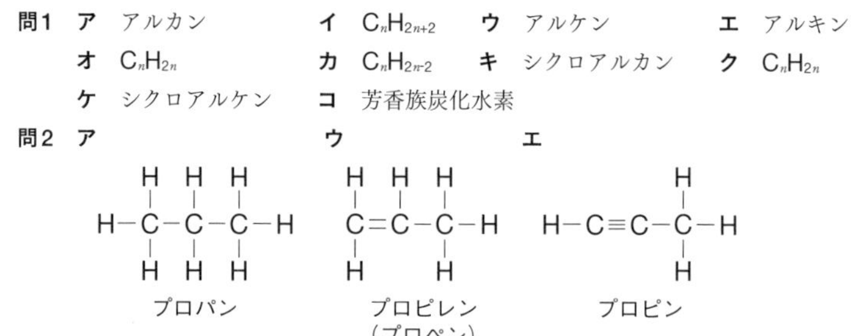

テーマ

43 異性体

① 異性体とはなにか理解しよう！
② シス-トランス異性体，鏡像異性体が判断できるようになろう！
③ 異性体を書き出せるようになろう！

1 異性体

有機化合物は，炭素を中心する化合物なので，同じ分子式でも構造の異なるものが存在しますね。例えば，C_4H_{10} の分子式をもつものは，下のように**ブタン**と**2-メチルプロパン**があります。このように，**分子式が同じで構造が異なるもの**を異性体といいます。

例　C_4H_{10} の異性体

```
                                          H
                                          |
                                        H-C-H
   H  H  H  H                        H    |    H
   |  |  |  |                        |    |    |
 H-C--C--C--C-H                    H-C----C----C-H
   |  |  |  |                        |    |    |
   H  H  H  H                        H    H    H
```

ブタン　　　　2-メチルプロパン

異性体を書き出すときは，炭素骨格に注目して書き出しましょう！　例えば，C_5H_{12} の異性体を書き出すときは，まず炭素が5つ横につながっているものを書き出し，そこから**炭素鎖を短くしていくように書き出す**といいですね。

例　C_5H_{12} の異性体

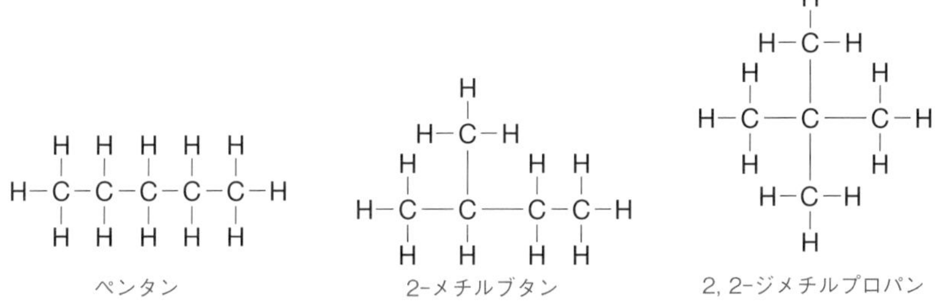
ペンタン　　2-メチルブタン　　2, 2-ジメチルプロパン

ただし，分子や単結合は回転させることができるので，次のようなつなぎ方は同じものを表しているので，書き出すときは注意しましょうね！

```
                C                    C        と    C     と  C-C-C-C
                |                    |              |             |
C-C-C-C-C と C-C-C-C           C-C-C-C      C-C-C-C           C
                                                   |  (上)
                                                   C
```

一番長い炭素鎖ごとに分類して書き出すとわかりやすいよ。書き漏らしやダブリがでないよう手を動かして練習しよう！

2　異性体の種類

ブタンと2-メチルプロパンのように，**原子の結合の順序が異なり，構造式が異なる異性体**を**構造異性体**といいます。それに対し，原子の結合の順序は同じで，**空間的配置が異なる**異性体を**立体異性体**というんですね。立体異性体には，**シス-トランス異性体**や**鏡像異性体**などがあります。

炭素間二重結合は**回転することができない**ため，$-CH_3$などの2つの原子(団)が二重結合に対し**同じ側にある**もの(**シス形**)と**反対側にある**もの(**トランス形**)では別のものと考えられます。このような異性体を**シス-トランス異性体**(または**幾何異性体**)といい，2-ブテンなどに存在します。

例　2-ブテン

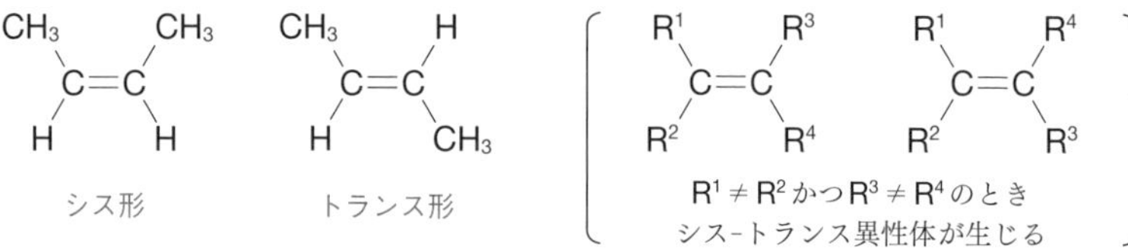

シス-トランス異性体は，二重結合をもつ炭素原子に結合したカタマリが2つとも違うときに生じるんだな。

それに対し，**1つの炭素原子に4つの異なる原子(団)が結合している**ときは，**その化合物とそれが鏡に映った化合物が重なり合わず**，別のものと考えられます。この中心の炭素原子を**不斉炭素原子**といい，この異性体を**鏡像異性体**(または**光学異性体**)というんですね。

例　乳酸

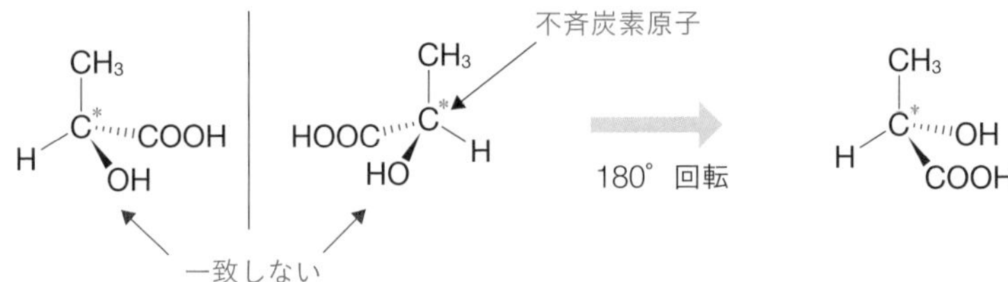

自分の姿と鏡に映った自分の姿は絶対に重なり合わない…，それが鏡像異性体なんだ。ちなみに，炭素原子から手前に伸びている結合を◀，奥に向かって伸びている結合を⋯⋯と表すよ。

3　異性体の書き出し

アルケンやアルコールなどの異性体を書き出すときには，「**炭素骨格を組み立てて官能基をつける**」という手順で書き出してみましょう！　また，**アルケンとシクロアルカン，アルコールとはエーテル**(エーテル結合 C−O−C をもつ化合物)が異性体の関係にあることも知っておきましょう！

例題 1　C_4H_8の異性体は何種類あるか。

考え方　二重結合の入る位置を番号で示すと，

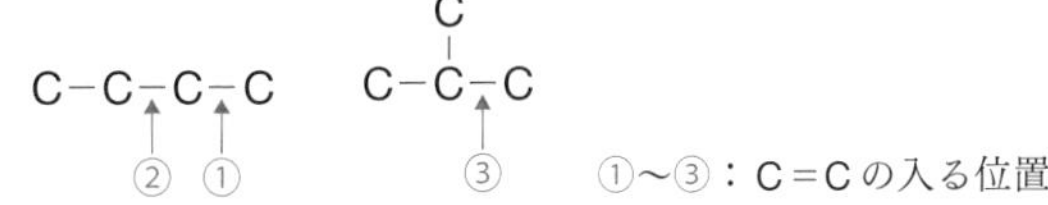

構造異性体は以下の5種類。

アルケン

① C−C−C＝C

② C−C＝C−C

③ C−C(−C)＝C

シクロアルカン

④ 四員環（C−C／C−C）

⑤ 三員環（C−C(−C)−C）

②にはシス-トランス異性体が存在するので，異性体は6種類。

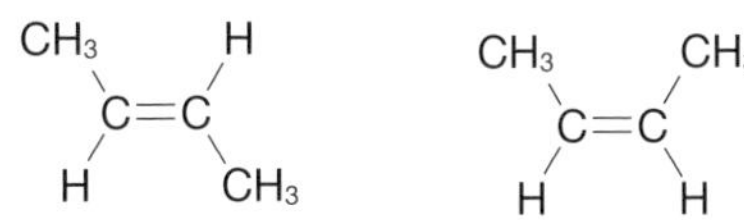

シクロアルカンは環をだんだん小さくしていくように書き出してみよう！

例題２　$C_4H_{10}O$ の異性体は何種類あるか。

考え方　−OH および−O−の入る位置を番号で示すと，

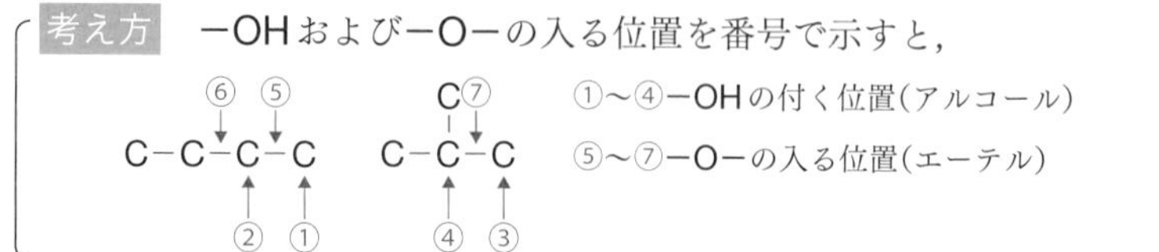

構造異性体は以下の７種類。

アルコール

① C−C−C−C(OH)（末端の C に OH）

② C−C−C(OH)−C

③ C−C(C)−C(OH)（末端の C に OH）

④ C−C(C)(OH)−C

エーテル

⑤ C−C−C−O−C

⑥ C−C−O−C−C

⑦ C−C(C)−O−C

②には鏡像異性体が存在するので，異性体は **8 種類**。

$CH_3-CH_2-\overset{*}{C}H(OH)-CH_3$ → 鏡像異性体（C に CH_3，H，CH_2CH_3，OH が結合した立体構造と，その鏡像：C に CH_3，CH_3CH_2，HO，H）

Q 異性体の数を答えるとき，シス-トランス異性体や鏡像異性体は区別して答えるんですか？

A いい質問だね。それは，問題文の問い方によって変わるんだ。例えば，「構造異性体は何種類か」と問われていたら，シス-トランス異性体や鏡像異性体は区別せずに答えるけど，「異性体は何種類か」と問われていたら，シス-トランス異性体や鏡像異性体は区別して答えるんだ。異性体には，構造異性体と立体異性体が含まれているからね。問題をよく読んで答え方を考えよう。

チェック問題

43 次の問いに答えよ。

問1　C_6H_{14}の構造異性体は何種類あるか。

問2　C_5H_{10}の構造異性体は何種類あるか。また，アルケンの中でシス-トランス異性体の関係にあるものの構造式をその違いが分かるように記せ。

問3　$C_5H_{12}O$の構造異性体は何種類あるか。また，その中で鏡像異性体が存在するものは何種類あるか。

解答

問1　5種類

問2　10種類

```
CH3      H          CH3      CH2CH3
   \    /              \    /
    C=C                 C=C
   /    \              /    \
  H      CH2CH3       H      H
```

問3　14種類，鏡像異性体が存在するものは4種類

解説

問1　C_6H_{14}は次の5種類。

```
                      C                  C
                      |                  |
C-C-C-C-C-C       C-C-C-C-C          C-C-C-C-C

    C
    |                 C   C
C-C-C-C               |   |
    |               C-C-C-C
    C
```

問2　アルケン

①

```
C-C-C-C=C
```

②

```
C-C-C=C-C
```

③

```
  C
  |
C=C-C-C
```

④

```
  C
  |
C-C=C-C
```

⑤

```
  C
  |
C-C-C=C
```

シクロアルカン

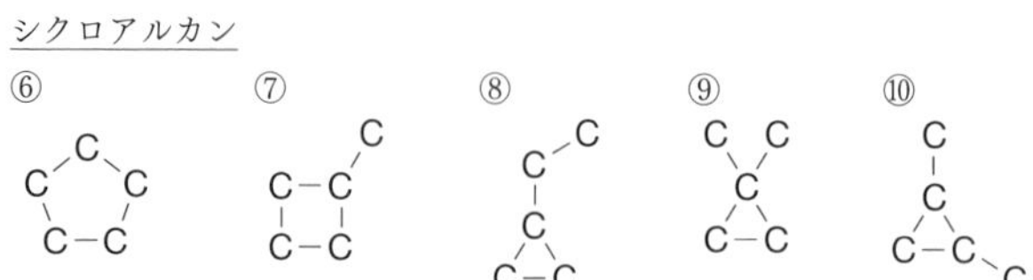

シス-トランス異性体が存在するのは，②である。

問3　構造異性体は以下の14種類。

アルコール

```
①                  ②                   ③
C−C−C−C−C          C−C−C−C*−C          C−C−C−C−C
        |                |                  |
        OH               OH                 OH

④              ⑤              ⑥              ⑦
   C              C              C              C
   |              |              |              |
C−C−C−C        C−C−C*−C       C−C−C−C        C−C*−C−C
      |              |           |           |
      OH             OH          OH          OH

⑧
   C
   |
C−C−C
   |  |
   C  OH
```

エーテル

```
⑨                  ⑩
C−C−C−C−O−C        C−C−C−O−C−C

⑪              ⑫              ⑬
   C              C                 C
   |              |                 |
C−C−C−O−C      C−C−O−C−C      C−O−C*−C−C

⑭
   C
   |
C−C−O−C
   |
   C
```

また，鏡像異性体が存在するのは，②，⑤，⑦，⑬の4種類である(*は不斉炭素原子)。

テーマ

44 元素分析

① 元素分析の装置の試薬の名称と役割を覚えよう！
② 組成式が算出できるようになろう！
③ 分子式が算出できるようになろう！

1 元素分析

有機化合物の分子式は試料を見ただけではわかりませんよね。だから，実験でそれぞれの元素の含有量を調べ，化合物を構成する元素の割合を求める必要があります。これの操作を**元素分析**といいます。

元素分析は下の図のような装置で行います。まずC，H，Oからなる試料に酸素を通しながら完全燃焼させ，生じる**水**を**塩化カルシウム管**に，**二酸化炭素**を**ソーダ石灰管**に吸収させ，それぞれの質量変化から**水と二酸化炭素の質量を測定**します。

なお，**試料を完全燃焼させる**ため，加熱した**酸化銅(II) CuO**を入れておくんですね。また，ソーダ石灰は二酸化炭素以外に**水も吸収するため，塩化カルシウム管の後ろ**に設置しておかなければいけません。

Point 102 元素分析装置

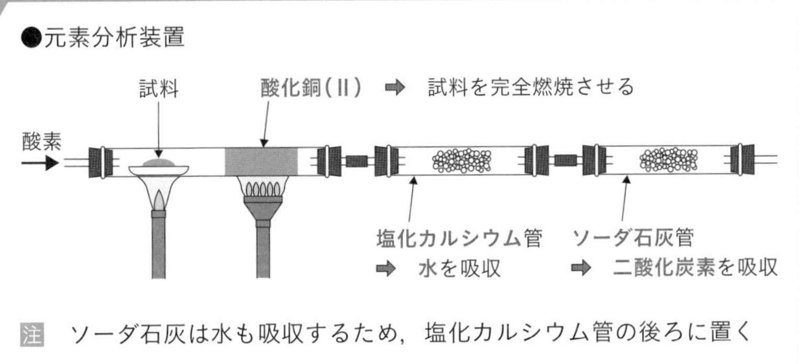

元素分析装置について，それぞれの試薬の種類と役割をきちんと覚えておこう！

2 組成式の算出

元素分析装置で測定された水と二酸化炭素の質量から，有機化合物の組成式を決定していきます。まず，二酸化炭素の質量 W_{CO_2} と水の質量 W_{H_2O} に**モル質量の比をかける**ことで炭素の質量 W_C と水素の質量 W_H を求めます。それを試料全体の質量 W_{All} から**炭素と水素の質量を引く**ことで，酸素の質量 W_O を求めることができます。それを，**原子量で割って比をとる**と，組成式を算出することができるんですね。

Point 103 組成式の算出

●組成式の算出

Step1 試料中の**各元素の質量**を求める

$$\begin{cases} W_C = W_{CO_2} \times \dfrac{12 \leftarrow C}{44 \leftarrow CO_2} \\ W_H = W_{H_2O} \times \dfrac{2 \leftarrow 2H}{18 \leftarrow H_2O} \\ W_O = W_{All} - (W_C + W_H) \end{cases}$$

Step2 各元素の質量を原子量で割り，組成式(実験式)を算出

$$C:H:O = \frac{W_C}{12} : \frac{W_H}{1} : \frac{W_O}{16} = x : y : z$$

➡ 組成式 $C_xH_yO_z$

$\frac{12}{44}$ は $\frac{C}{CO_2}$ のモル質量の比，$\frac{2}{18}$ は $\frac{2H}{H_2O}$ のモル質量の比だね。CO_2 や H_2O の質量にこの比をかけることで，CやHの質量を求めることができる。この計算はとてもよく出題されているので，確実にこなせるようにしておこう。

組成式は，**元素数の比を表している式**なので，**分子式は組成式の整数倍**ということになります。だから，分子量が求まると，その値から分子式を求めることができるんですね。

組成式 $C_xH_yO_z$ ➡ 分子式 $(C_xH_yO_z)_n$ n は分子量から算出

例題　C, H, Oからなる分子量180の有機化合物A 9.0 mgを完全燃焼したところ，二酸化炭素13.2 mgと水5.4 mgが得られた。Aの分子式を求めよ。(原子量：H＝1.0, C＝12, O＝16)

解　各元素の質量は

$$W_C = 13.2 \times \frac{12}{44} = 3.6\ \mathrm{mg}$$

$$W_H = 5.4 \times \frac{2}{18} = 0.6\ \mathrm{mg}$$

$$W_O = 9.0 - (3.6 + 0.6) = 4.8\ \mathrm{mg}$$

組成比は,

$$\mathrm{C : H : O} = \frac{3.6}{12} : \frac{0.6}{1} : \frac{4.8}{16} = 0.3 : 0.6 : 0.3 = 1 : 2 : 1$$

組成式はCH_2Oより，分子式を$(CH_2O)_n$とおくと，分子量は,

$$(12 + 1 \times 2 + 16) \times n = 180$$

$$n = 6$$

分子式は$C_6H_{12}O_6$

☑ チェック問題

44 次の文を読み, 問いに答えよ。(原子量：H＝1.0, C＝12, O＝16)

炭素，水素，酸素からなる化合物の元素の割合を求めるため，次のような実験を行った。乾燥した酸素を燃焼管Aに導き，バーナーで加熱した試料と反応させ，生じた水を反応管Bに，二酸化炭素を反応管Cに吸収させその質量を測定した。

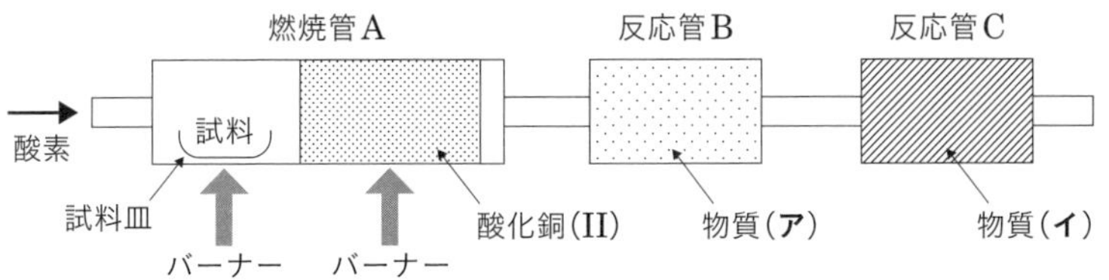

問1　燃焼管Aに含まれる酸化銅(Ⅱ)の役割を簡潔に書け。

問2　反応管B, Cに入れる物質(**ア**), (**イ**)の名称を書け。

問3　化合物を45.0 mg用いて実験したところ，反応管Bが27.0 mg, 反応管Cが66.0 mg増加していた。

(1)　この化合物の組成式を求めよ。

(2)　この化合物の分子量は60である。化合物の分子式を求めよ。

解答

問1　試料を完全燃焼させる。

問2　**ア**…塩化カルシウム　　**イ**…ソーダ石灰

問3　(1)　CH_2O　　(2)　$C_2H_4O_2$

解説

問3　(1)　各元素の質量は，

$$W_C=66.0\times\frac{12}{44}=18.0\ \text{mg}$$

$$W_H=27.0\times\frac{2}{18}=3.0\ \text{mg}$$

$$W_O=45.0-(18.0+3.0)=24.0\ \text{mg}$$

組成比は，

$$C:H:O=\frac{18.0}{12}:\frac{3.0}{1}:\frac{24.0}{16}=1.5:3.0:1.5=1:2:1$$

組成式はCH_2O

(2)　分子式を$(CH_2O)_n$とおくと，分子量は，

$$(12+1\times2+16)\times n=60$$

$$n=2$$

分子式は$C_2H_4O_2$

➜ 関連　演習編パターン23

テーマ

45 炭化水素

① アルカンの反応・性質を覚えよう！
② アルケンの反応・性質を覚えよう！
③ アルキンの反応・性質を覚えよう！

1 アルカンの反応

アルカンは，安定で**反応性に乏しく**，通常の条件では特に目立った反応は起こしません。しかし，**光を照射することで，アルカンの水素原子は塩素原子などのハロゲン原子と連鎖的に交換されていく**んですね。

このような反応を**置換反応**といいます。

$$CH_4 \xrightarrow[\text{光}]{Cl_2} CH_3Cl \xrightarrow[\text{光}]{Cl_2} CH_2Cl_2 \xrightarrow[\text{光}]{Cl_2} CHCl_3 \xrightarrow[\text{光}]{Cl_2} CCl_4$$

メタン　　クロロメタン　　ジクロロメタン　　クロロホルム（トリクロロメタン）　　四塩化炭素（テトラクロロメタン）

また，メタンは実験室的には，**水酸化ナトリウムと酢酸ナトリウムの混合物を加熱する**と発生させることができます。メタンなどの**炭化水素は水に溶けにくい**ため，**水上置換**で捕集するんですね！

$$CH_3COONa + NaOH \longrightarrow CH_4 + Na_2CO_3$$

有機化合物の反応は，形に注目すると覚えやすいよ。「こことここが置き換わって……」と考えると構造式も答えやすいね。

2 アルケンの反応

アルケンは炭素間に**二重結合をもつ鎖式不飽和炭化水素**でした。実は二重結合は１本が強く，１本が弱い結合でできているんですね！　だから，**二重結合のうちの弱い方の結合が１本が切れて，他の原子(団)と結合する**んです。この反応を**付加反応**といいます。

$$>C=C< \; + \; X-Y \longrightarrow -\underset{X}{\overset{|}{C}}-\underset{Y}{\overset{|}{C}}-$$

Point 104 アルケンの付加反応

●エチレンの付加反応

①水素の付加(触媒：Ni または Pt)

$$CH_2=CH_2 + H_2 \longrightarrow CH_3-CH_3$$

エタン

②臭素の付加 ➡ 臭素の**赤褐色**が消失する

$$CH_2=CH_2 + Br_2 \longrightarrow CH_2Br-CH_2Br$$

1, 2-ジブロモエタン

③水の付加(触媒：H_3PO_4)

$$CH_2=CH_2 + H_2O \longrightarrow CH_3-CH_2OH$$

エタノール

「手を 1 本切ってつなぐ」これが付加反応だ。それさえわかれば生成物の構造式を書くのは簡単だな。

付加反応の生成物が複数考えられる場合,「**H 原子を多くもつ C 原子に H 原子は付加しやすい**」というルールがあるんです。これを**マルコフニコフ則**といいます。例えば，プロピレンに H_2O が付加する場合，**2-プロパノールの方が 1-プロパノールよりも多く生じる**んですね。

Hが少ない　Hが多い　付加しやすい　付加しにくい

$$CH_2{=}CH{-}CH_3 \text{（プロピレン）} \xrightarrow{+H_2O} CH_3{-}CH(OH){-}CH_3 \text{（2-プロパノール）} > HO{-}CH_2{-}CH_2{-}CH_3 \text{（1-プロパノール）}$$

二重結合のうちの1本が切れて，同じ分子どうしで結合し，高分子化合物となります。この反応を**付加重合**というんですね。付加重合してできた化合物は名前に「**ポリ**」を付けて命名するんですね。

$$CH_2{=}CH_2 \quad CH_2{=}CH_2 \quad CH_2{=}CH_2 \text{（エチレン）} \xrightarrow{\text{付加重合}} {-}CH_2{-}CH_2{-}CH_2{-}CH_2{-}CH_2{-}CH_2{-} \xrightarrow{\text{略}} \left[{-}CH_2{-}CH_2{-}\right]_n \text{（ポリエチレン）}$$

アルケンは触媒($PdCl_2$，$CuCl_2$)を用いて空気酸化すると，C＝O(**カルボニル基**)をもつ**カルボニル化合物**が得られます。例えば，エチレンを酸化させると，**アセトアルデヒド CH_3CHO** ができるんですね。

$$2\,CH_2{=}CH_2 + O_2 \xrightarrow[CuCl_2]{PdCl_2} 2\,CH_3{-}CHO \text{（アセトアルデヒド）}$$

3　アルキンの反応

アルキンの三重結合も，1本は強く残りの2本は弱い結合なんですね。だから，アルケンと同様，弱い結合が切れて他の原子(団)と結合する**付加反応**を起こすんです。さらに，二重結合をもつ生成物は，付加重合をして**高分子化合物**を生成することができるんですね。

$$-C{\equiv}C- + X{-}Y \longrightarrow \;>C(X){=}C(Y)<$$

Point 105 アルキンの付加反応

●アセチレンの付加反応

①水素の付加

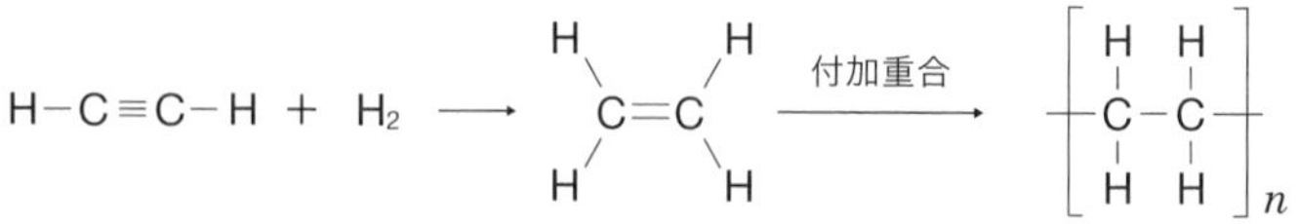

$$H-C\equiv C-H + H_2 \longrightarrow CH_2=CH_2 \xrightarrow{\text{付加重合}} \left[CH_2-CH_2 \right]_n$$

エチレン　　ポリエチレン

②塩化水素の付加

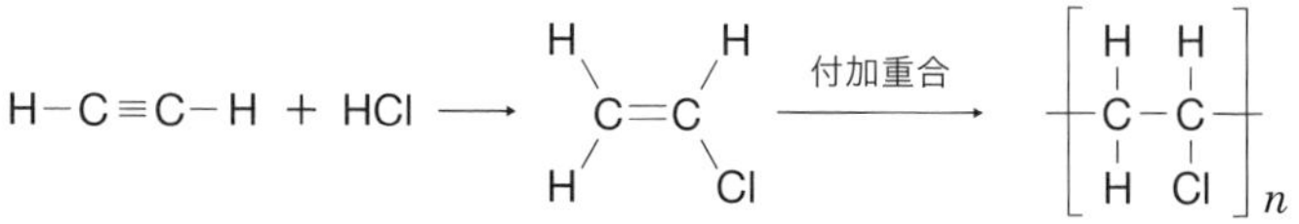

$$H-C\equiv C-H + HCl \longrightarrow CH_2=CHCl \xrightarrow{\text{付加重合}} \left[CH_2-CHCl \right]_n$$

塩化ビニル　　ポリ塩化ビニル

③酢酸の付加

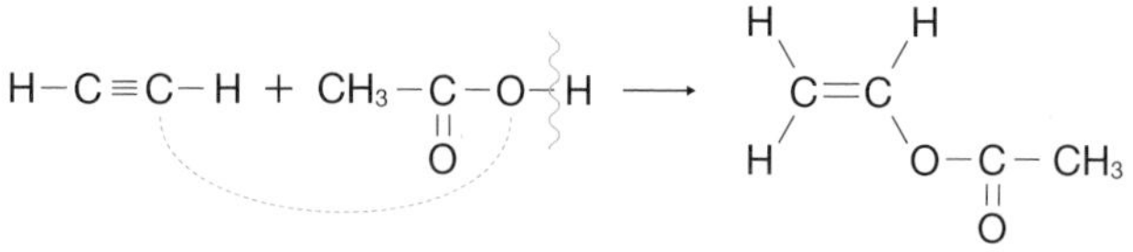

$$H-C\equiv C-H + CH_3-CO-O-H \longrightarrow CH_2=CH-O-CO-CH_3$$

酢酸ビニル

$$\xrightarrow{\text{付加重合}} \left[CH_2-CH(OCOCH_3) \right]_n$$

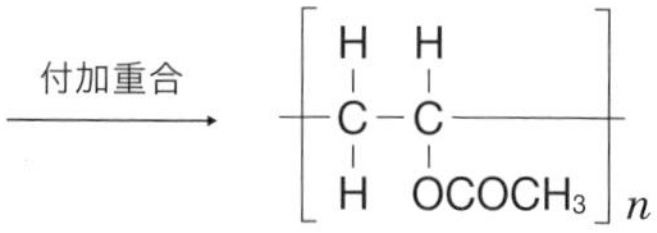

ポリ酢酸ビニル

④シアン化水素の付加

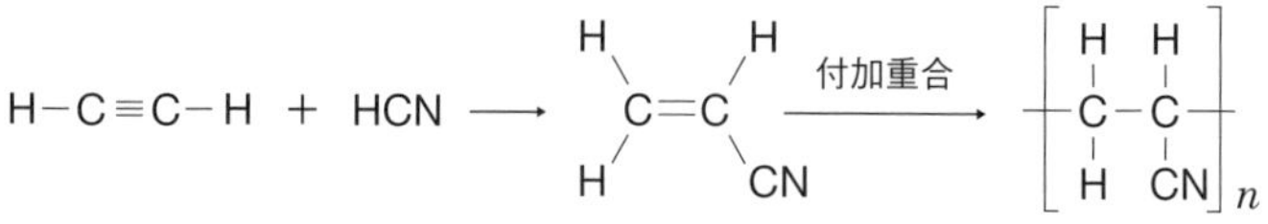

$$H-C\equiv C-H + HCN \longrightarrow CH_2=CHCN \xrightarrow{\text{付加重合}} \left[CH_2-CH(CN) \right]_n$$

アクリロニトリル　　ポリアクリロニトリル

⑤水の付加

$$H-C\equiv C-H \ + \ H_2O \longrightarrow \left(\begin{matrix} H & & H \\ & C=C & \\ H & & OH \end{matrix} \right) \longrightarrow \begin{matrix} & H & \\ H- & C - & C-H \\ & H & O \end{matrix}$$

ビニルアルコール(不安定)　アセトアルデヒド

生成物の構造と名前は覚えましょう。$CH_2=CH-$の部分を**ビニル基**というので，②や③は**塩化ビニル**や**酢酸ビニル**という名前になります。

また，酢酸は酸なので，H^+を放しやすいですね。酢酸の構造式は右の図のようになるので，③の反応では O−H の結合が切断して付加反応が起こるんですね。

$$CH_3-\underset{\underset{O}{\parallel}}{C}-O-H$$

$$\begin{matrix} H-C\equiv C-H \\ H-O-\underset{\underset{O}{\parallel}}{C}-CH_3 \end{matrix} \longrightarrow \begin{matrix} H & & H \\ & C=C & \\ H & & O-\underset{\underset{O}{\parallel}}{C}-CH_3 \end{matrix}$$

また，水の付加では，いったん**ビニルアルコール $CH_2=CH-OH$** ができるのですが，二重結合に−OH が結合した C=C−OH の構造(エノール型という)は**不安定**です。そのため，C=C 間にある二重結合は C=O 間に移り，H 原子が移動することで，**アセトアルデヒド CH_3CHO** に変化するんですね。

アルキンでも三重結合になっただけだ。構造式を書くのは簡単だな！

アセチレンをアンモニア性硝酸銀水溶液に吹きこむと，**銀アセチリド AgC≡CAg** という白色沈殿が生じます。また，アセチレンはカーバイド(炭化カルシウム)に水を加えることで発生することも確認しておきましょう(➡ p.186)。

$$CaC_2 + 2H_2O \longrightarrow Ca(OH)_2 + CH\equiv CH \uparrow$$

☑ チェック問題

45 次の文を読み，問いに答えよ。

鎖式の飽和炭化水素を(**ア**)という。(**ア**)はハロゲンと混合し光を当てることで反応する。例えば，①メタンを塩素と混合し，光を当てることで塩化水素を生じる。このように，分子中の原子が他の原子または原子団と置き換わる反応を(**イ**)反応という。

鎖式の不飽和炭化水素のうち，炭素間二重結合を１つもつ炭化水素を(**ウ**)という。②炭素間二重結合は，他の原子または原子団と結合することができる。例えば，エチレンに触媒を用いて水を作用させると，(**エ**)が生じる。このような反応を(**オ**)反応という。

鎖式の不飽和炭化水素のうち，炭素間三重結合を１つもつ炭化水素を(**カ**)という。(**カ**)も(**エ**)と同様，(**オ**)反応を起こす。例えば，アセチレンに塩化水素を作用させると(**キ**)が，水を作用させると(**ク**)が生じる。

問1　文中の(**ア**)～(**ク**)に適当な語句または化学式を入れよ。

問2　下線部①で生じる可能性のある有機化合物の構造式をすべて書け。

問3　下線部②の例として，エチレンと臭素の反応の化学反応式を書け。また，生成物の名称を答えよ。

問4　アセチレンと酢酸の反応で生じる有機化合物の構造式を書け。

解答

問1　**ア**　アルカン　**イ**　置換　**ウ**　アルケン　**エ**　エタノール
オ　付加　**カ**　アルキン　**キ**　塩化ビニル　**ク**　アセトアルデヒド

問2

$$\begin{array}{ccccc} & & \mathrm{H} & & \\ & & | & & \\ \mathrm{H} & - & \mathrm{C} & - & \mathrm{Cl} \\ & & | & & \\ & & \mathrm{H} & & \end{array} \qquad \begin{array}{ccccc} & & \mathrm{Cl} & & \\ & & | & & \\ \mathrm{H} & - & \mathrm{C} & - & \mathrm{Cl} \\ & & | & & \\ & & \mathrm{H} & & \end{array} \qquad \begin{array}{ccccc} & & \mathrm{Cl} & & \\ & & | & & \\ \mathrm{H} & - & \mathrm{C} & - & \mathrm{Cl} \\ & & | & & \\ & & \mathrm{Cl} & & \end{array} \qquad \begin{array}{ccccc} & & \mathrm{Cl} & & \\ & & | & & \\ \mathrm{Cl} & - & \mathrm{C} & - & \mathrm{Cl} \\ & & | & & \\ & & \mathrm{Cl} & & \end{array}$$

問3

$$\begin{array}{ccc} \mathrm{H} & & \mathrm{H} \\ & \diagdown\ \ \diagup & \\ & \mathrm{C{=}C} & \\ & \diagup\ \ \diagdown & \\ \mathrm{H} & & \mathrm{H} \end{array} + \mathrm{Br_2} \longrightarrow \begin{array}{ccccccc} & & \mathrm{H} & & \mathrm{H} & & \\ & & | & & | & & \\ \mathrm{H} & - & \mathrm{C} & - & \mathrm{C} & - & \mathrm{H} \\ & & | & & | & & \\ & & \mathrm{Br} & & \mathrm{Br} & & \end{array}$$

生成物の名称：1，2-ジブロモエタン

問4

$$\begin{array}{ccc} \mathrm{H} & & \mathrm{H} \\ & \diagdown\ \ \diagup & \\ & \mathrm{C{=}C} & \\ & \diagup\ \ \diagdown & \\ \mathrm{H} & & \begin{array}{ccccc} \mathrm{O} & - & \mathrm{C} & - & \mathrm{CH_3} \\ & & \| & & \\ & & \mathrm{O} & & \end{array} \end{array}$$

テーマ

46 アルコール

① アルコールの反応を覚えよう！
② アルデヒドの検出反応を理解しよう！
③ ヨードホルム反応を理解しよう！

1 アルコールとエーテル

ここからは酸素原子 O を含む有機化合物を扱います。**ヒドロキシ基ーOH をもつ化合物**を**アルコール**，**エーテル結合 C−O−C をもつ化合物**を**エーテル**といい，アルコールとエーテルは互いに**異性体の関係**になります。

アルコール

例 $CH_3-CH_2-CH_2(-OH)$ 　1-プロパノール

$CH_3-CH(-OH)-CH_3$ 　2-プロパノール

エーテル

例 $CH_3-O-CH_2-CH_3$ 　エチルメチルエーテル

アルコールのもつ**ヒドロキシ基の数**を**価数**といいます。例えば，ヒドロキシ基ーOH を **1 つもつ**アルコールを **1 価アルコール**，ヒドロキシ基ーOH を **2 つもつ**アルコールを **2 価アルコール**…といいます。

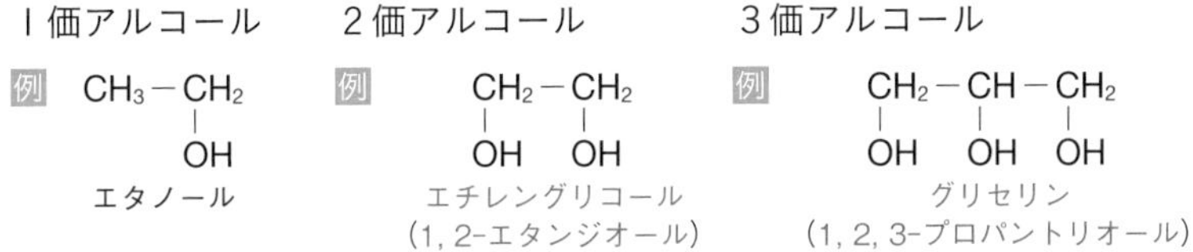

エタノール　エチレングリコール（1, 2-エタンジオール）　グリセリン（1, 2, 3-プロパントリオール）

また，ヒドロキシ基が結合している炭素原子に，**何か所炭素原子が結合しているか**を，アルコールの**級数**といいます。

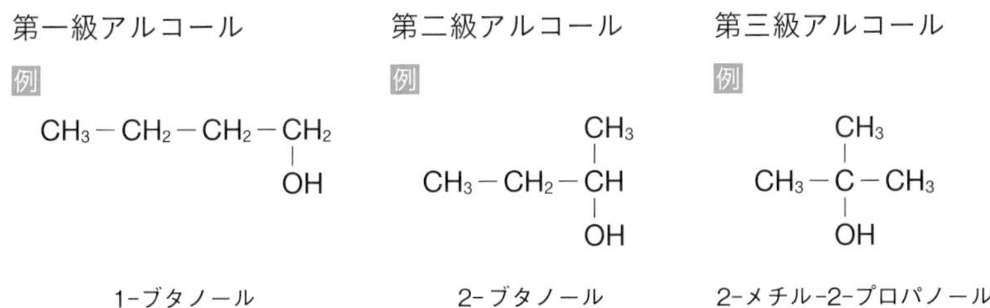

1-ブタノール　2-ブタノール　2-メチル-2-プロパノール

2　アルコールの反応

それでは，アルコールの反応をまとめていきましょう！　まず，アルコールは**金属ナトリウムと反応して水素が発生します**。これは検出反応によく使われますね。

$$2CH_3OH + 2Na \longrightarrow \underset{\text{ナトリウムメトキシド}}{2CH_3ONa} + H_2$$

エタノールに脱水剤である**濃硫酸を加えて加熱する**と，脱水反応が起こります。比較的低温の**130〜140℃**では，**2分子のエタノールから1分子の水が外れて**ジエチルエーテルが生成します。比較的高温の**160〜170℃**では，**1分子のエタノールから1分子の水が外れて**エチレンが発生するんです。これは，エチレンの実験室的製法にも使われているんですね。

Point 106　アルコールの脱水反応

●エタノールの脱水反応

①低温（130〜140℃）

$$\mathrm{H{-}\underset{H}{\overset{H}{C}}{-}\underset{H}{\overset{H}{C}}{-}OH\ \ HO{-}\underset{H}{\overset{H}{C}}{-}\underset{H}{\overset{H}{C}}{-}H} \xrightarrow[130〜140℃]{\text{濃硫酸}} \underset{\text{ジエチルエーテル}}{\mathrm{H{-}\underset{H}{\overset{H}{C}}{-}\underset{H}{\overset{H}{C}}{-}O{-}\underset{H}{\overset{H}{C}}{-}\underset{H}{\overset{H}{C}}{-}H}} + H_2O$$

②高温（160〜170℃）

$$\mathrm{H{-}\underset{H}{\overset{H}{C}}{-}\underset{OH}{\overset{H}{C}}{-}H} \xrightarrow[160℃]{\text{濃硫酸}} \underset{\text{エチレン}}{\mathrm{\begin{matrix}H & & H\\ & C{=}C & \\ H & & H\end{matrix}}} + H_2O$$

脱水反応は水分子の取れ方がポイントだね。比較的低温だと2個から1個の水分子が取れジエチルエーテルが，比較的高温だと1個から1個の水分子が取れエチレンができるよ。

アルコールに酸化剤である二クロム酸カリウム $K_2Cr_2O_7$ を作用させると酸化されますが，アルコールは**級数によって酸化のされ方が変わる**んですね。例えば**第一級アルコールはHが2つ外れてホルミル基−CHO**をもつ**アルデヒド**が，さらに，**Oが結合しカルボキシ基−COOH**もつ**カルボン酸**が生成します。

第二級アルコールはHが2つ外れてカルボニル基−CO−をもつ**ケトン**が生成するんですね。**第三級アルコール**は酸化剤を加えても**酸化されない**んですね。

Point 107 アルコールの酸化反応

●アルコールの酸化反応

第一級	$R^1-\underset{OH}{\overset{H}{C}}-H \xrightarrow{-2H} R^1-\underset{O}{\overset{}{C}}-H$ （ホルミル基）アルデヒド $\xrightarrow{+O} R^1-\underset{O}{\overset{}{C}}-OH$ （カルボキシ基）カルボン酸
第二級	$R^1-\underset{OH}{\overset{H}{C}}-R^2 \xrightarrow{-2H} R^1-\underset{O}{\overset{}{C}}-R^2$ （カルボニル基）ケトン
第三級	$R^1-\underset{OH}{\overset{R^2}{C}}-R^3$ 酸化されにくい

アルコールの酸化では，まず2個のHが取れ，さらに1個のOがつくんだ。このように原子の取れ方をきちんと覚えておくと，生成物を書くことができるね。

では，具体的な化合物で酸化反応をまとめておきましょう。

例

$H-\underset{OH}{\overset{H}{C}}-H \xrightarrow{-2H} H-\underset{O}{\overset{}{C}}-H \xrightarrow{+O} H-\underset{O}{\overset{}{C}}-OH$

メタノール　　ホルムアルデヒド　　ギ酸

$$CH_3-\underset{\displaystyle OH}{\underset{|}{CH_2}} \xrightarrow{-2H} CH_3-\underset{\displaystyle O}{\underset{||}{C}}-H \xrightarrow{+O} CH_3-\underset{\displaystyle O}{\underset{||}{C}}-OH$$

エタノール　　　アセトアルデヒド　　　酢酸

$$CH_3-\underset{\displaystyle OH}{\underset{|}{CH}}-CH_3 \xrightarrow{-2H} CH_3-\underset{\displaystyle O}{\underset{||}{C}}-CH_3$$

2-プロパノール　　　アセトン

アルコールの酸化のされ方を見ると級数が判断できるため，構造決定においてとても重要なんだ。例に示した生成物の構造式と名称をしっかり覚えておこう！

酢酸カルシウムを乾留(熱分解)することで，アセトンをつくることができることも覚えておきましょうね。

$$(CH_3COO)_2Ca \longrightarrow CaCO_3 + CH_3COCH_3$$

3　アルデヒドの検出反応

第一級アルコールを酸化してできる**アルデヒド**は還元性をもちます。これは，アルデヒド自身が酸化しカルボン酸になるため，**相手を還元することができる**のです。この還元性を利用してアルデヒドを検出する方法が，フェーリング液の還元と銀鏡反応です。

フェーリング液の還元では，フェーリング液にアルデヒドを加えて加熱すると，アルデヒドがフェーリング液中の**銅(Ⅱ)イオンCu^{2+}を還元し，酸化銅(Ⅰ)Cu_2Oの赤色沈殿が生じます**。また，銀鏡反応では，アルデヒドをアンモニア性硝酸銀水溶液に加え温めると，アルデヒドが水溶液中の**銀イオンAg^+を還元し，銀Agが生じます**。このとき生じた銀は試験管に付着し鏡のようになるため，銀鏡とよばれます。

Point 108 アルデヒドの検出反応

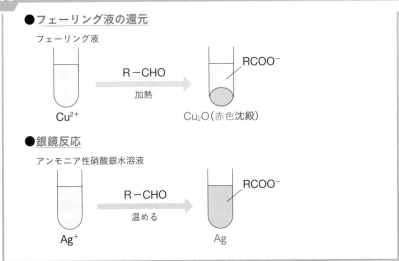

●フェーリング液の還元

●銀鏡反応

フェーリング液を還元したり，銀鏡反応を示したりすると，その物質がアルデヒドであるということがわかるんだ。これらはアルデヒドの検出に使われる重要な反応だよ。

4 ヨードホルム反応

CH_3CO－(アセチル基)または$CH_3CH(OH)$－**の部分をもつ化合物**にヨウ素I_2と水酸化ナトリウムを加えて加熱すると，**ヨードホルムCHI_3の黄色沈殿**が生じるんですね。この反応を**ヨードホルム反応**といいます。

ヨードホルム反応を示す化合物の例を挙げておきますね。ただし，RがCまたはHではない場合，ヨードホルム反応は示さないので注意しましょう！

例 ヨードホルム反応を示す化合物

$CH_3-CH_2(OH)$ エタノール　$CH_3-CH(OH)-CH_3$ 2-プロパノール　$CH_3-C(=O)-H$ アセトアルデヒト　$CH_3-C(=O)-CH_3$ アセトン　（$CH_3-C(=O)-OH$ 注 酢酸：陰性）

チェック問題

46 次の文を読み，問いに答えよ。

エチレンに触媒を用いて水を作用させると，Aが生じる。Aに硫酸酸性の二クロム酸カリウム水溶液を作用させると，Bを経てCとなる。また，アセチレンに水を作用させてもBは生じる。Aに濃硫酸を加え130℃で加熱すると，Dが生じる。Cと水酸化カルシウムを中和させると生じる塩を乾留することで，Eが生じる。

問1 有機化合物A〜Eの構造式と名称を書け。

問2 有機化合物A〜Eのうち，フェーリング液を還元する物質をすべて選び，記号で答えよ。また，フェーリング液を還元することにより生じる沈殿の化学式と色を答えよ。

問3 有機化合物A〜Eのうち，ヨードホルム反応陽性の物質をすべて選び，記号で答えよ。また，ヨードホルム反応により生じる沈殿の化学式と色を答えよ。

解答

問1 A $CH_3-CH_2(OH)$ エタノール　B $CH_3-C(=O)-H$ アセトアルデヒト　C $CH_3-C(=O)-OH$ 酢酸

D $CH_3-CH_2-O-CH_2-CH_3$ ジエチルエーテル　E $CH_3-C(=O)-CH_3$ アセトン

問2 物質 B　化学式 Cu_2O　色 赤色

問3 物質 A, B, E　化学式 CHI_3　色 黄色

カルボン酸とエステル

① カルボン酸の種類を覚えよう！
② カルボン酸のそれぞれの性質を理解しよう！
③ エステル化と加水分解を理解しよう！

1 カルボン酸

第一級アルコールを酸化して生じる**カルボキシ基ーCOOH をもつ化合物**を**カルボン酸**といいます。下に示すカルボン酸の構造式と名称は覚えておきましょうね！　アルコールと同じように，**カルボン酸のもつカルボキシ基の数**を**価数**といいます。

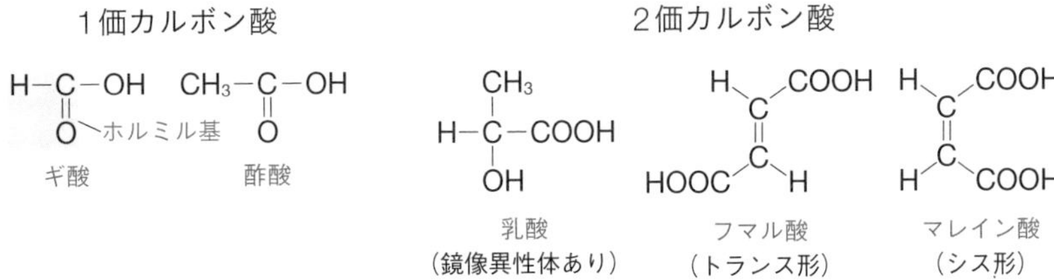

ギ酸は，分子内に**ホルミル基をもち還元性を示す**ため，**銀鏡反応**を示します。また，乳酸は**ヒドロキシ基をもつカルボン酸**である**ヒドロキシ酸**であり，分子内に不斉炭素原子をもつため**鏡像異性体**が存在します。

フマル酸と**マレイン酸**は，**シス-トランス異性体**の関係にあり，**フマル酸**が**トランス形**，**マレイン酸**が**シス形**です。マレイン酸は２つのカルボキシ基が近いため，加熱することで脱水し，**無水マレイン酸**になります。

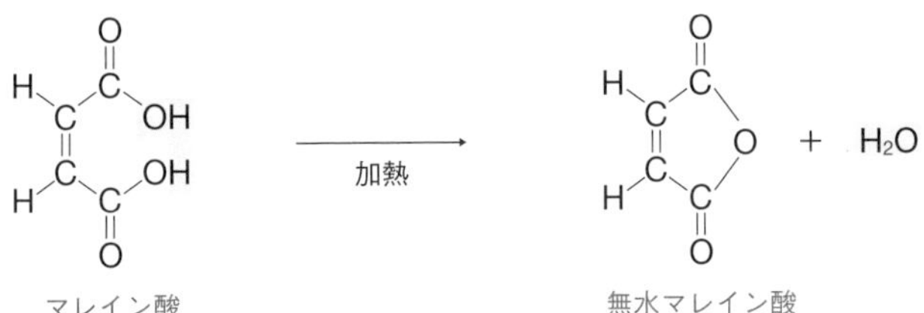

「トラに踏まれてマレに死す」(トランス形＝フマル酸，シス形＝マレイン酸)このゴロ合わせで覚えておこう！

カルボン酸は**炭酸より強い酸性**を示すため，**炭酸水素ナトリウム**を加えると二酸化炭素が発生します。この反応はカルボン酸の検出に使われます。

$$\underset{\text{強酸}}{\text{R-COOH}} + \underset{\text{弱酸の塩}}{\text{NaHCO}_3} \longrightarrow \underset{\text{強酸の塩}}{\text{R-COONa}} + \underset{\text{弱酸}}{\text{CO}_2} + \text{H}_2\text{O}$$

これは弱酸遊離反応だね。忘れている場合は，もう一度テーマ32を復習しておこう！

2 エステル

カルボキシ基−COOHをもつカルボン酸とヒドロキシ基−OHをもつアルコールを混合し，**濃硫酸を加え加熱すると脱水し，**エステル結合−COO−を**もつ**エステル**が生成します。**この反応をエステル化というんですね。

$$\underset{\text{カルボン酸}}{R^1-\underset{\underset{O}{\|}}{C}-OH} + \underset{\text{アルコール}}{R^2-OH} \xrightarrow[\text{加熱}]{\text{濃硫酸}} \underset{\text{エステル}}{R^1-\underset{\underset{O}{\|}}{C}-O-R^2} + H_2O$$

エステル結合

例えば，**酢酸**と**エタノール**を濃硫酸とともに加熱するとエステル化が起こり，酢酸エチル $CH_3COOCH_2CH_3$ が生成します。

例

$$\underset{\text{酢酸}}{CH_3-\underset{\underset{O}{\|}}{C}-OH} + \underset{\text{エタノール}}{CH_3-CH_2-OH} \xrightarrow[\text{加熱}]{\text{濃硫酸}} \underset{\text{酢酸エチル}}{CH_3-\underset{\underset{O}{\|}}{C}-O-CH_2-CH_3} + H_2O$$

酢酸にエチル基（$-CH_2CH_3$）が結合しているので，酢酸エチルという名前になるんだね。

エステルを希塩酸や希硫酸とともに加熱すると，水と反応し**カルボン酸とアルコールに分解します**。この反応は**エステル化の逆反応**であり，**加水分解**というんですね。

$$R^1-\underset{\underset{O}{\|}}{C}-O-R^2 + H_2O \xrightarrow[\text{加熱}]{\text{酸}} R^1-\underset{\underset{O}{\|}}{C}-OH + R^2-OH$$

エステル　　　カルボン酸　　　アルコール

エステルを**塩基とともに加熱する**と，**カルボン酸のナトリウム塩とアルコールに分解します**。このように，加水分解を塩基性で行う反応を**けん化**といいます。けん化の方が加水分解よりも効率よく進むんですね。

$$R^1-\underset{\underset{O}{\|}}{C}-O-R^2 + NaOH \xrightarrow[\text{加熱}]{} R^1COONa + R^2-OH$$

エステル　　　カルボン酸ナトリウム　　アルコール

例えば，**酢酸エチル**に水酸化ナトリウムを加え加熱すると**けん化**が起こり，**酢酸ナトリウムとエタノールが生成します**。

例

$$CH_3-\underset{\underset{O}{\|}}{C}-O-CH_2-CH_3 + NaOH \xrightarrow[\text{加熱}]{} CH_3COONa + CH_3-CH_2-OH$$

酢酸エチル　　　酢酸ナトリウム　　　エタノール

Q なぜけん化の方が加水分解よりも効率よく進むのですか？

A 実はエステル化と加水分解は可逆反応なので，エステルに希塩酸などを加えても，完全に反応が進まず平衡状態になるんだ。しかし，水酸化ナトリウムを使って加水分解（けん化）すると，エステルが分解して生じたカルボン酸RCOOHが，NaOHと中和して塩（RCOONa）になることで失われ，カルボン酸が生じる加水分解が進む方向に平衡が移動するんだ（ルシャトリエの原理）。だから，けん化は反応が完結するため，加水分解よりも効率よく起こるんだね。

☑ チェック問題

47 次の文を読み，問いに答えよ。

分子内に(**ア**)基をもつ化合物をカルボン酸という。最も分子量の小さいカルボン酸はギ酸であり，ギ酸は(**ア**)基の他，(**イ**)基に相当する部分を含むため還元性を示す。乳酸は分子内に(**ウ**)原子が1つ存在するため，互いに鏡像の関係にある2通りの異性体である(**エ**)異性体が存在する。

分子内に(**ア**)基を2つもつカルボン酸を2価カルボン酸という。2価カルボン酸のフマル酸とマレイン酸は互いに(**オ**)異性体の関係であり，フマル酸は(**カ**)形，マレイン酸は(**キ**)形である。また，①マレイン酸は加熱すると脱水反応が起こり，(**ク**)となる。

カルボン酸とアルコールを混合し，濃硫酸を加え加熱すると(**ケ**)結合をもつ化合物が生じる。この反応を(**ケ**)化という。例えば，②酢酸とエタノールを混ぜ，濃硫酸を加え加熱すると(**コ**)が生じる。

問1　文中の(**ア**)～(**コ**)に適当な語句を入れよ。

問2　下線部①，②の反応の化学反応式を書け。

解答

問1
ア カルボキシ　**イ** ホルミル　**ウ** 不斉炭素　**エ** 鏡像
オ シス-トランス　**カ** トランス　**キ** シス　**ク** 無水マレイン酸
ケ エステル　**コ** 酢酸エチル

問2 ①

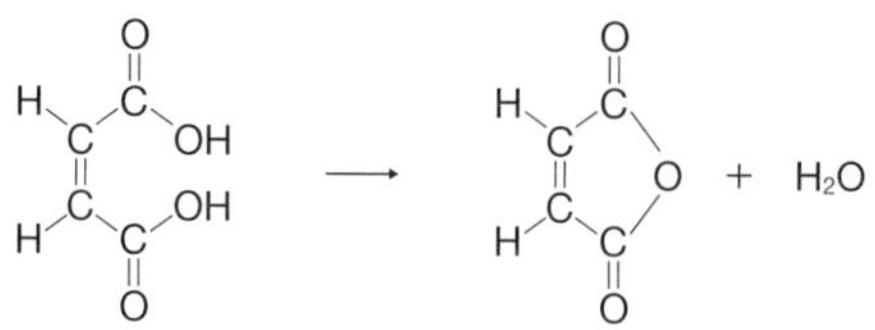

②

$$CH_3-C(=O)-OH + CH_3-CH_2-OH \longrightarrow CH_3-C(=O)-O-CH_2-CH_3 + H_2O$$

油脂とセッケン

① 油脂とセッケンの構造を覚えよう！
② 油脂の計算ができるようになろう！
③ セッケンの性質を理解しよう！

1 油脂

油脂は，3価アルコールである**グリセリン**(**1, 2, 3-プロパントリオール**) 1分子に，炭素数の多い直鎖カルボン酸である**高級脂肪酸**3分子が**エステル結合**した構造をしています。

$$
\begin{array}{l}
CH_2-OH \\
| \\
CH-OH \\
| \\
CH_2-OH
\end{array}
+
\begin{array}{l}
R^1-\underset{\underset{O}{\|}}{C}-OH \\
R^2-\underset{\underset{O}{\|}}{C}-OH \\
R^3-\underset{\underset{O}{\|}}{C}-OH
\end{array}
\xrightarrow{\text{エステル化}}
\begin{array}{l}
CH_2-O-\underset{\underset{O}{\|}}{C}-R^1 \\
| \\
CH-O-\underset{\underset{O}{\|}}{C}-R^2 \\
| \\
CH_2-O-\underset{\underset{O}{\|}}{C}-R^3
\end{array}
+ 3H_2O
$$

エステル結合

グリセリン　　高級脂肪酸　　油脂

油脂に水酸化ナトリウム水溶液を加え加熱すると**けん化**し，**グリセリンと高級脂肪酸のナトリウム塩**が得られます。このとき得られた**高級脂肪酸のナトリウム塩**を**セッケン**といいます。

$$
\begin{array}{l}
CH_2-O-\underset{\underset{O}{\|}}{C}-R^1 \\
| \\
CH-O-\underset{\underset{O}{\|}}{C}-R^2 \\
| \\
CH_2-O-\underset{\underset{O}{\|}}{C}-R^3
\end{array}
+ 3NaOH
\xrightarrow[\text{加熱}]{}
\begin{array}{l}
CH_2-OH \\
| \\
CH-OH \\
| \\
CH_2-OH
\end{array}
+
\begin{array}{l}
R^1COONa \\
R^2COONa \\
R^3COONa
\end{array}
$$

油脂　　グリセリン　　セッケン（高級脂肪酸ナトリウム）

高級脂肪酸は**炭素数の多い直鎖のカルボン酸**です。表の5つの高級脂肪酸の名称と化学式は覚えておきましょう！　炭素間二重結合をもたない**飽和脂肪酸の化学式は** $C_nH_{2n+1}COOH$ であり，炭素間二重結合が1つずつ増えるごとにHが2つずつ減っていきます。

	名称	化学式	C＝Cの数
飽和脂肪酸	パルミチン酸	$C_{15}H_{31}COOH$	0
	ステアリン酸	$C_{17}H_{35}COOH$	0
不飽和脂肪酸	オレイン酸	$C_{17}H_{33}COOH$	1
	リノール酸	$C_{17}H_{31}COOH$	2
	リノレン酸	$C_{17}H_{29}COOH$	3

名称は上から「バス降りれん」と覚えておこう。化学式を見てC＝Cの数がいくつあるかわかるようにしておこうね！

油脂には常温で**固体の脂肪**と**液体の脂肪油**があります。天然の高級脂肪酸の**炭素間二重結合はシス形**であるため，不飽和脂肪酸が多い油脂はその炭化水素基が折れ曲がっており，結晶になりにくいため常温で**液体**になるんですね。その液体の脂肪油に，触媒を用いて**水素を付加する**と固体の脂肪になり，これを硬化油というんですね。また，脂肪油の中でも**空気中で固化するもの**を乾性油，**固化しないもの**を不乾性油といいます。

Point 109 油脂の分類

- 脂肪：常温で**固体**の油脂　➡**飽和脂肪酸**の割合が高い（C＝C が**少ない**）
- 脂肪油：常温で**液体**の油脂
  ➡**不飽和脂肪酸**の割合が高い（C＝C が**多い**）
  - 乾性油：空気中で固化する油脂
  - 不乾性油：空気中で固化しない油脂
- 硬化油：脂肪油に水素を付加して得られた脂肪

シス形の炭化水素基が折れ曲がっているため，不飽和脂肪酸を含む油脂は分子が整列しにくく固体になりいにくいんだな。だから融点が低く，液体の油脂になるんだね。記述などでよく問われるから知っておこう。

2 油脂の計算

油脂は3つのエステル結合をもつため，油脂のけん化には，必ず油脂1 mol に対し水酸化ナトリウムが3 mol必要になります。だから，油脂の分子量を計算するときには，**油脂：NaOH＝1：3** の関係を用いることが多いです。また，二重結合の数だけヨウ素I_2(水素H_2)が付加するため，ここから**炭素間二重結合の数を算出する**ことができるんですね。

Point 110 油脂の計算

Point 1 油脂の**分子量**は，**けん化の条件**から算出する

$$\begin{array}{l} CH_2-OCOR \\ | \\ CH-OCOR \\ | \\ CH_2-OCOR \end{array} + 3NaOH \longrightarrow \begin{array}{l} CH_2-OH \\ | \\ CH-OH \\ | \\ CH_2-OH \end{array} + 3RCOONa$$

1mol　　3 mol

➡ **『油脂の物質量(mol)』×3＝『NaOHの(mol)』**を利用

Point 2 油脂の**炭素間二重結合の数**は，**付加反応の条件**から算出する

炭素間二重結合の数をn本とすると，

$$\gt C=C\lt \times n + nH-H \longrightarrow -\underset{H}{\overset{|}{C}}-\underset{H}{\overset{|}{C}}- \times n$$

1mol　　n mol

➡ **『油脂の物質量(mol)』×n＝『付加する$H_2(I_2)$の(mol)』**を利用

例題　油脂A 11.0 gをけん化するのに1.50 gの水酸化ナトリウムを要し，油脂A 11.0 gに0℃，1.013×10^5Paで1.40 Lである。油脂Aの分子量と油脂A 1分子中の炭素間二重結合の数を求めよ。(原子量：H＝1.0，O＝16，Na＝23)

解　油脂Aの分子量をMとする。

$$\underbrace{\frac{11.0\text{ g}}{M[\text{g/mol}]}}_{\text{油脂A[mol]}}\times3=\underbrace{\frac{1.50\text{ g}}{40\text{ g/mol}}}_{\text{NaOH[mol]}}$$

$M=880$

油脂Aに存在する炭素間二重結合をn本とする。

$$\underbrace{\frac{11.0\ \text{g}}{880\ \text{g/mol}}}_{\text{油脂A[mol]}} \times n = \underbrace{\frac{1.40\ \text{L}}{22.4\ \text{L/mol}}}_{\text{H}_2\text{[mol]}}$$

$n=5$

油脂の分子量と炭素間二重結合の数の計算はよく出題されるので，必ずできるようにしておこう！

3 セッケン

高級脂肪酸のナトリウム塩であるセッケンは図のような構造をしており，**水と結び付きやすいカルボン酸イオン部分**の**親水基**と，**水と結び付きにくい炭化水素基部分**の**疎水基**からなります。このように疎水基と親水基をもつ物質は，**水の表面張力を低下させる**ため，**界面活性剤**とよばれます。

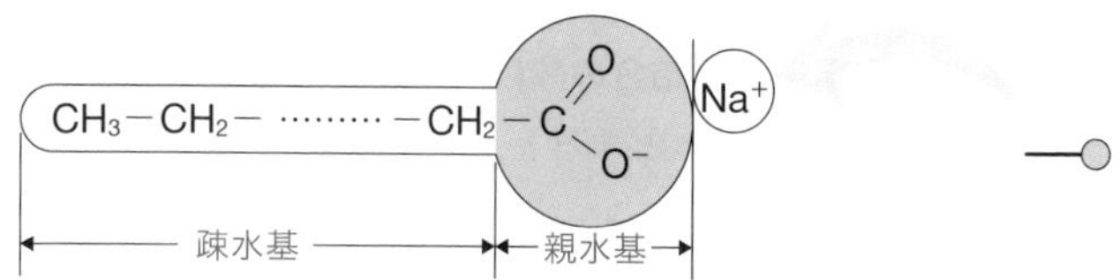

セッケンを水に溶かすと，**親水基を水側に，疎水基を空気側に向けて表面に整列します**。さらに，セッケンの割合が増えると**疎水基を内側に向けて**<u>**ミセル**</u>**とよばれる会合コロイドをつくります**。セッケン水に，油を入れて振り混ぜると，セッケンの疎水基が油側に向いて油滴を囲い込み，**乳濁液**となります。このようなセッケンのはたらきを**乳化作用**といいます。

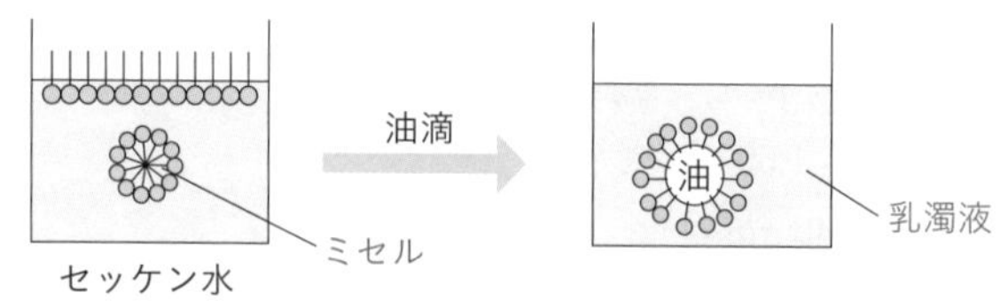

なぜセッケンが油汚れを落とすことができるのか，理解できたでしょうか。

セッケンが**カルボン酸のナトリウム塩**であるため，**弱塩基性**を示します。だから，タンパク質でできた**羊毛**，**絹**などの**動物繊維**を傷めてしまうんですね。また，Ca^{2+} や Mg^{2+} を含む**硬水**中で沈殿するので，セッケンは硬水中では使えないんですね。

セッケンが塩基性を示すのは，塩の加水分解が起こるからだ。忘れているときは**テーマ11**を復習しよう！　また，塩基はタンパク質を変性させるため，動物繊維を傷めるんだ。これは**テーマ56**で扱うよ。

Point 111 セッケンの性質

●セッケンの性質

①**弱塩基性** ➡ **動物繊維**(羊毛・絹)を傷める

$$RCOONa \longrightarrow RCOO^- + Na^+$$

$$RCOO^- + H_2O \rightleftarrows RCOOH + OH^-$$ (塩の加水分解)

②**硬水**(Ca^{2+} や Mg^{2+} を含む水)中で**沈殿する**

$$2RCOO^- + Ca^{2+} \longrightarrow (RCOO)_2Ca \downarrow$$

セッケンは，このような性質が欠点となるため，**合成洗剤**を利用することが多いですね。代表的な合成洗剤である，**アルキルベンゼンスルホン酸ナトリウム**は**中性**で，**硬水中でも沈殿しない**のです。

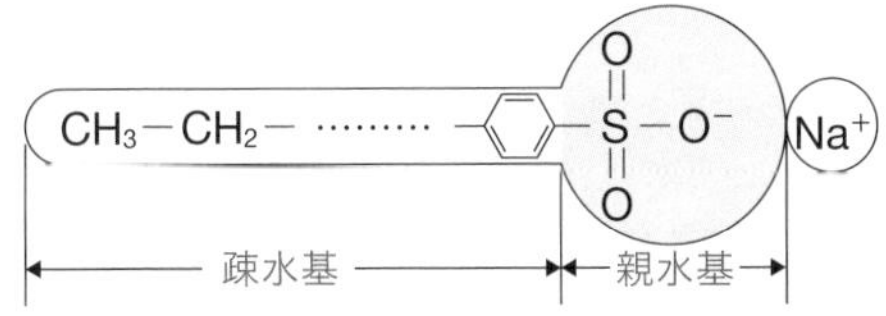

合成洗剤は強酸と強塩基からなる塩であり，どちらのイオンも加水分解しないため，水溶液は中性を示す。そのため，中性洗剤ともよばれるよ。 洗濯で使う粉洗剤は，中性洗剤なんだ。

☑ チェック問題

48 次の文を読み，問いに答えよ。(原子量：H＝1.0, C＝12, O＝16, Na=23)

油脂は(**ア**)と高級脂肪酸のエステルである。液体の油脂を(**イ**)といい，触媒を用いて水素を作用させると固体の脂肪となる。このようにして得られた脂肪を(**ウ**)という。油脂に水酸化ナトリウムを加えて加熱すると(**ア**)とセッケンを生じる。セッケンは(**エ**)基である炭化水素基と(**オ**)基であるカルボン酸イオン部分をもつ(**カ**)剤であり，溶液中では(**キ**)とよばれる会合コロイドを形成している。セッケン水に油滴を加え振り混ぜると，乳濁液となる。このようなセッケンのはたらきを(**ク**)作用という。

1種類の高級脂肪酸からなる油脂A 22.1 gを完全にけん化するために必要な水酸化ナトリウムは3.00 gである。また，油脂A 22.1 gに付加する水素は，0℃，1.013×10^{5} Paで1.68 Lである。

問1　文中の(**ア**)～(**ク**)に適当な語句を入れよ。

問2　油脂Aの分子量を整数値で求めよ。

問3　油脂A1分子中に含まれる炭素間二重結合の数を整数値で求めよ。

解答

問1　**ア**　グリセリン(1,2,3-プロパントリオール)　**イ**　脂肪油　**ウ**　硬化油
エ　疎水　**オ**　親水　**カ**　界面活性　**キ**　ミセル　**ク**　乳化

問2　884　**問3**　3

解説

問2　油脂Aの分子量をMとする。

$$\underbrace{\frac{22.1\text{ g}}{M\text{[g/mol]}}}_{\text{油脂A[mol]}}\times3=\underbrace{\frac{3.00\text{ g}}{40\text{ g/mol}}}_{\text{NaOH[mol]}}\qquad M=884$$

問3　油脂Aに存在する炭素間二重結合をn本とする。

$$\underbrace{\frac{22.1\text{ g}}{884\text{ g/mol}}}_{\text{油脂A[mol]}}\times n=\underbrace{\frac{1.68\text{ L}}{22.4\text{ L/mol}}}_{H_2\text{[mol]}}\qquad n=3$$

テーマ

49 芳香族炭化水素

① ベンゼンの性質を理解しよう！
② 芳香族化合物の種類を覚えよう！
③ ベンゼンの反応を覚えよう！

1 芳香族炭化水素

アセチレンを加熱した鉄管に通すと，**三分子重合**が起こり，**ベンゼン**が生成します。ベンゼンは6つの炭素原子が正六角形に結合した構造をしており，図のように省略して書きます。このベンゼン環を有する化合物を**芳香族化合物**というんですね。

$$3\,H-C\equiv C-H \xrightarrow{Fe} C_6H_6$$

アセチレン　　ベンゼン

ベンゼンは炭素間に単結合と二重結合が交互に書かれていますが，実際にはすべての結合が均一な**"1.5 重結合"**として存在しており，すべての結合の長さは等しく，**正六角形の平面構造**をしています。また，その結合の長さは**単結合より短く二重結合より長く**なっています。

C−C＞(ベンゼンの結合)＞C＝C＞C≡C

結合の強さが強いほど結合の長さは短くなっている。それを考えれば，結合長の違いは理解できるかな。

芳香族化合物は数多く存在するので，それぞれの構造と名称は覚えてくださいね。また，ベンゼン環の2つの水素原子が他の原子(団)に置換されている置換体では，図のように名前が付けられています。

o(オルト)位　*m*(メタ)位　*p*(パラ)位

Point 112 芳香族化合物

●芳香族化合物の種類

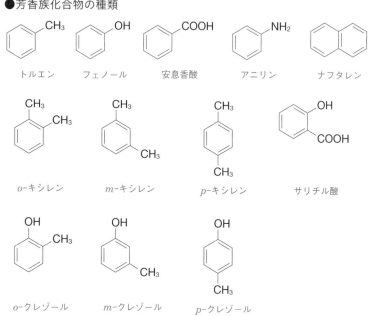

CH_3 トルエン　OH フェノール　COOH 安息香酸　NH_2 アニリン　ナフタレン

CH_3 CH_3 *o*-キシレン　CH_3 CH_3 *m*-キシレン　CH_3 CH_3 *p*-キシレン　OH COOH サリチル酸

OH CH_3 *o*-クレゾール　OH CH_3 *m*-クレゾール　OH CH_3 *p*-クレゾール

芳香族化合物は名前が構造と一致していないから覚えにくいかもしれないけど，1つずつ覚えていきましょう！　**Point 112**にまとめてある化合物は，入試問題で出題されているものばかりだ。

2 ベンゼンの反応

ベンゼン環は，**二重結合としての性質をあまりもたない**ため，**付加反応は起こしにくく**，**置換反応を起こしやすい**んですね。ベンゼン環に結合している水素原子が他の原子(団)に置換することで生成物が得られます。

Point 113 ベンゼンの置換反応

●ベンゼンの置換反応

①**塩素化**(ハロゲン化) ➡ **鉄触媒**を用いてベンゼンと塩素を反応

$$C_6H_6 + Cl_2 \xrightarrow{Fe} C_6H_5Cl + HCl$$

クロロベンゼン

②**ニトロ化** ➡ ベンゼンに**混酸**(**濃硝酸**＋**濃硫酸**)を加え約60℃に加熱

$$C_6H_6 + HNO_3 \xrightarrow{濃硫酸} C_6H_5NO_2 + H_2O$$

NO_2：ニトロ基

ニトロベンゼン(淡黄色の液体)

③**スルホン化** ➡ ベンゼンに**濃硫酸**を加え加熱

$$C_6H_6 + H_2SO_4 \longrightarrow C_6H_5SO_3H + H_2O$$

SO_3H：スルホ基

ベンゼンスルホン酸

②のニトロ化では，濃硝酸と濃硫酸を混合した混酸をベンゼンと反応させるんだ。濃硝酸だけでは反応しないので注意だ。

トルエンに混酸を作用させると，*o*-位と*p*-位に置換反応が起こり，最終的に**2, 4, 6-トリニトロトルエン**が生成します。

$$C_6H_5CH_3 + 3HNO_3 \xrightarrow{濃硫酸} C_6H_2(CH_3)(NO_2)_3 + 3H_2O$$

(生成物の構造式：1位に CH_3，2位・4位・6位に NO_2)

2, 4, 6-トリニトロトルエン

また，ベンゼンは条件によっては**付加反応**も起こします。例えば，**ニッケルを触媒**とすると**水素が付加**し，**光**を当てると**塩素が付加します。**

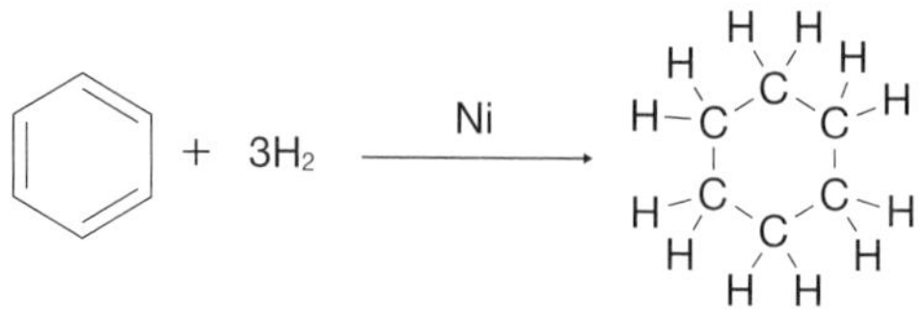

ベンゼン + $3H_2$ —Ni→ シクロヘキサン

シクロヘキサン

ベンゼン + $3Cl_2$ —光→ 1, 2, 3, 4, 5, 6-ヘキサクロロシクロヘキサン

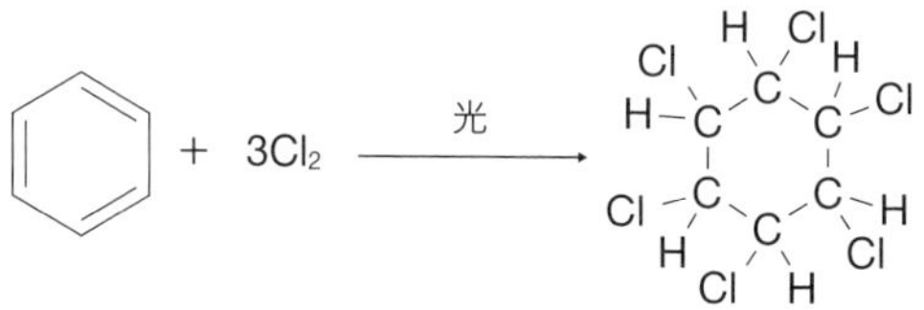

1, 2, 3, 4, 5, 6-ヘキサクロロシクロヘキサン

ベンゼン環に結合した炭素原子は，**過マンガン酸カリウムを用いて酸化する**と**カルボキシ基**に変化します。これを，側鎖の酸化といいます。

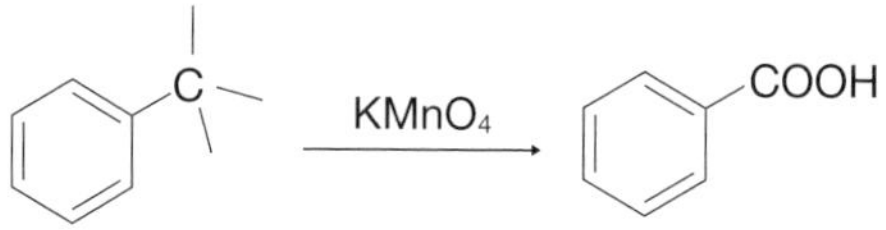

$KMnO_4$

例

トルエン —$KMnO_4$→ 安息香酸

トルエン　　安息香酸

p-キシレン —$KMnO_4$→ フタル酸

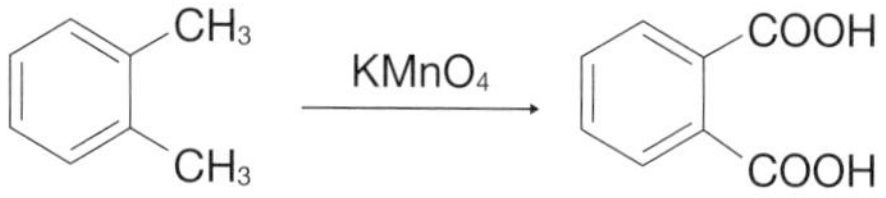

p-キシレン　　フタル酸

チェック問題

49 次の文を読み，問いに答えよ。

アセチレンを加熱した鉄管に通すとAが生成する。Aは炭素原子が正六角形に結合した炭化水素であり，その炭素－炭素間の結合距離はエタンのそれより(**ア**)い。Aは付加反応よりも(**イ**)反応を起こしやすく，Aに鉄を触媒として塩素を作用させるとBが，濃硝酸と濃硫酸の混合物を作用させるとCが，濃硫酸を作用させるとDが生じる。

Aの水素原子が1つメチル基に置き換わった化合物はEであり，Eに濃硝酸と濃硫酸の混合物を作用させると，ベンゼンの4置換体であるFが生成する。また，Eにアルカリ性の過マンガン酸カリウムを作用させた後，酸を加えるとGが生成する。

問1　文中の(**ア**)，(**イ**)に適当な語句を入れよ。

問2　有機化合物A～Gの構造式と名称を書け。

解答

問1　**ア**　短　　**イ**　置換

問2　A

ベンゼン

B　Cl

クロロベンゼン

C　NO_2

ニトロベンゼン

D　SO_3H

ベンゼンスルホン酸

E　CH_3

トルエン

F　CH_3　O_2N　NO_2　NO_2

2, 4, 6-トリニトロトルエン

G　COOH

安息香酸

テーマ

50 フェノール・サリチル酸

① フェノールの性質・反応を覚えよう！
② フェノールの製法を覚えよう！
③ サリチル酸の製法・反応を覚えよう！

1 フェノールの性質・反応

ベンゼン環に**ヒドロキシ基が1つ結合した化合物**を**フェノール**といいます。フェノールは同じヒドロキシ基をもつアルコールとは異なり，**弱酸性**を示し，水酸化ナトリウムと中和し**ナトリウムフェノキシド**を生成します。

$$C_6H_5OH + NaOH \longrightarrow C_6H_5ONa + H_2O$$

フェノール　　　ナトリウムフェノキシド

フェノールの酸性は**炭酸よりも弱い**ため，ナトリウムフェノキシドに**二酸化炭素を作用させるとフェノールが遊離する**んですね。これは弱酸遊離反応です(➡ p.156)。

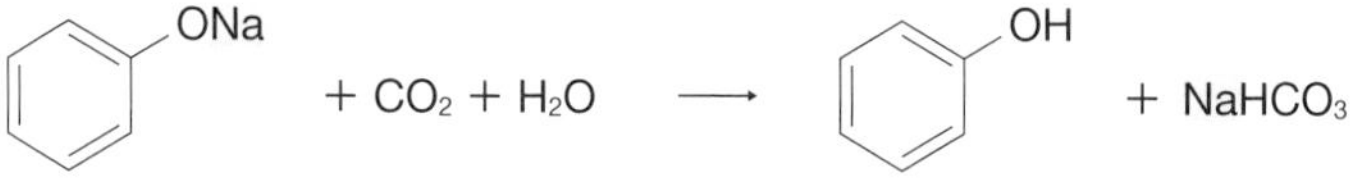

$$C_6H_5ONa + CO_2 + H_2O \longrightarrow C_6H_5OH + NaHCO_3$$

弱酸の塩　　強酸　　弱酸　　強酸の塩

また，**塩化鉄(Ⅲ) $FeCl_3$** 水溶液を加えると**紫色に呈色する**のもフェノール類(ベンゼン環に−OH が結合した化合物群)の特徴なんですね。フェノールもトルエンと同じように，*o*-位と *p*-位に置換反応が起きるんですね。

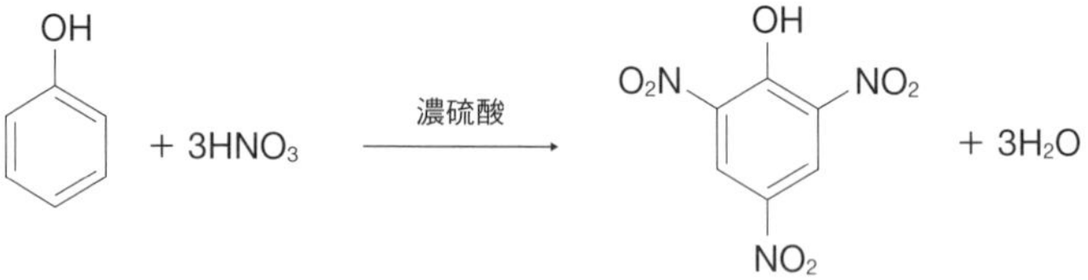

$$C_6H_5OH + 3HNO_3 \xrightarrow{\text{濃硫酸}} C_6H_2(OH)(NO_2)_3 + 3H_2O$$

ピクリン酸

OH　＋ $3Br_2$ ⟶ (OH, Br, Br, Br)　＋ 3HBr

2, 4, 6-トリブロモフェノール(白色沈殿)

2　フェノールの製法

フェノールは，ベンゼンの置換反応では合成することができません。よって，フェノールは何段階もの反応を経て合成する必要があります。フェノールにはいくつかの製法があります。

Point 114　フェノールの製法

●フェノールの製法

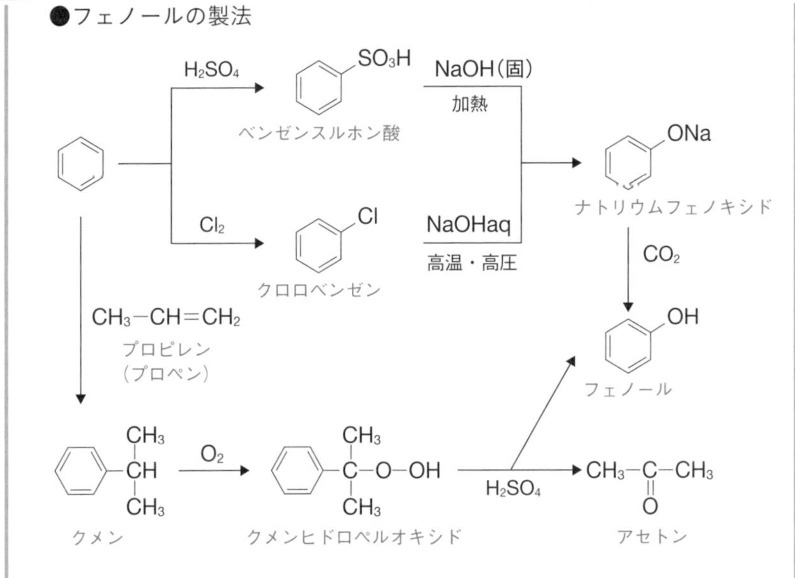

まず，ベンゼンの置換反応により**クロロベンゼン**や**ベンゼンスルホン酸**をつくり，そこに**厳しい条件で水酸化ナトリウムを反応させる**ことで**ナトリウムフェノキシド**を生成することができます。

また，工業的製法である**クメン法**では，**ベンゼンにプロペン(プロピレン)を**

作用させて生じた**クメンを酸化する**ことで**クメンヒドロペルオキシド**とし，それを硫酸で分解することで**フェノール**をつくることができます。このとき，**副生成物としてアセトンが得られる**んですね。

3　芳香族カルボン酸

ベンゼン環にカルボキシ基が結合した化合物を**芳香族カルボン酸**といいます。下の芳香族カルボン酸の構造式と名称は覚えておきましょうね！

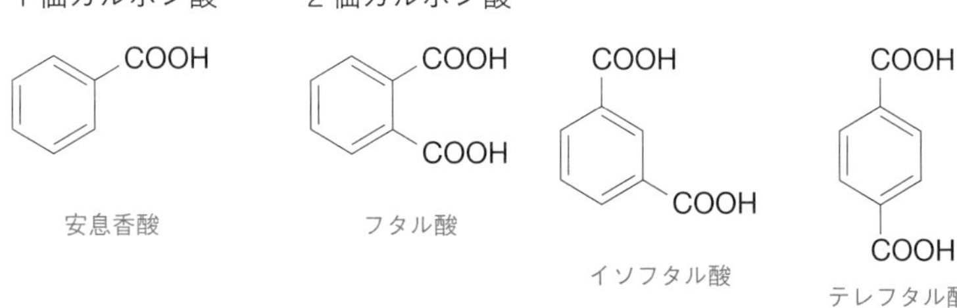

2価カルボン酸のうち，フタル酸は2つのカルボキシ基が近いため，**加熱すると脱水反応が起こり**，**無水フタル酸**が生成します。

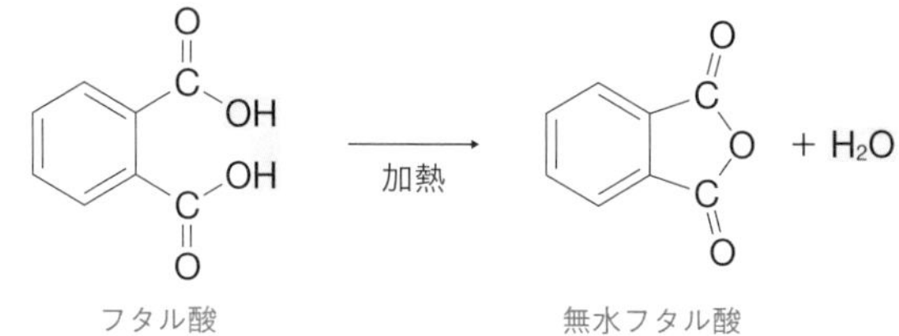

Q どうしてフタル酸だけ脱水反応が起こるんですか？

A フタル酸は2つのカルボキシ基－COOHがo-位にあり近いため，加熱すると脱水反応が起こるんだよ。マレイン酸でもそうだったね。2つの－COOHが離れているイソフタル酸やテレフタル酸では，脱水反応が起こらないんだ。

4　サリチル酸の製法・反応

ベンゼン環の*o*-位に**ヒドロキシ基**－OH**とカルボキシ基**－COOH**が結合し**

た化合物を**サリチル酸**といいます。サリチル酸は，**ナトリウムフェノキシドに高温・高圧で二酸化炭素を作用させる**ことで生じる**サリチル酸ナトリウム**に，硫酸などの強酸を加えることで合成することができます。

ONa → (CO_2，高温・高圧) → OH / COONa → (H_2SO_4) → OH / COOH

ナトリウムフェノキシド　　サリチル酸ナトリウム　　サリチル酸

サリチル酸は，濃硫酸とともに**メタノール**と反応させると**エステル化**され，**消炎鎮痛剤**(湿布薬)として用いられる**サリチル酸メチル**が得られます。また，サリチル酸を**無水酢酸**と反応させると**アセチル化**され，**解熱鎮痛剤**として用いられる**アセチルサリチル酸**が得られます。

Point 115 サリチル酸の反応

●サリチル酸の反応

①**エステル化**

(OH, C(=O)−OH のベンゼン環) + CH_3-OH ⟶ (OH, C(=O)−O−CH_3 のベンゼン環) + H_2O

エステル結合

サリチル酸メチル(消炎鎮痛剤)

②**アセチル化**(エステル化)

(OH, C(=O)−OH のベンゼン環) + ($CH_3-C(=O)-O-C(=O)-CH_3$) ⟶ (O−C(=O)−CH_3, COOH のベンゼン環) + CH_3COOH

アセチル基

無水酢酸　　アセチルサリチル酸(解熱鎮痛剤)

無水酢酸との反応は，酢酸CH_3COOHを取り外すように反応させることを覚えておこう！

なお，無水酢酸とは，**酢酸２分子が脱水した化合物**なんですね。

$$2\,CH_3\text{-}COOH \xrightarrow[\text{加熱}]{P_4O_{10}} (CH_3\text{-}CO)_2O + H_2O$$

無水酢酸

☑ チェック問題

50 次の文を読み，問いに答えよ。

ベンゼンにプロピレンを付加させて生じるＡを空気酸化し，硫酸で分解するとＢとＣが生じる。このＢの工業的製法を(**ア**)法という。Ｂに(**イ**)水溶液を加えると青紫色を呈する。Ｂに濃硝酸と濃硫酸の混合物を作用させるとベンゼンの４置換体であるＤが生成する。Ｂに高温高圧下で二酸化炭素を反応させ，硫酸を加えることでＥが生成する。Ｅにメタノールを反応させると(**ウ**)剤として用いられるＦが，無水酢酸を反応させると(**エ**)剤として用いられるＧが生成する。

問１　文中の(**ア**)～(**エ**)に適当な語句を入れよ。

問２　有機化合物Ａ～Ｇの構造式と名称を書け。

解答

問１　**ア**　クメン　**イ**　塩化鉄(Ⅲ)　**ウ**　消炎鎮痛(消炎塗布)　**エ**　解熱鎮痛

問２

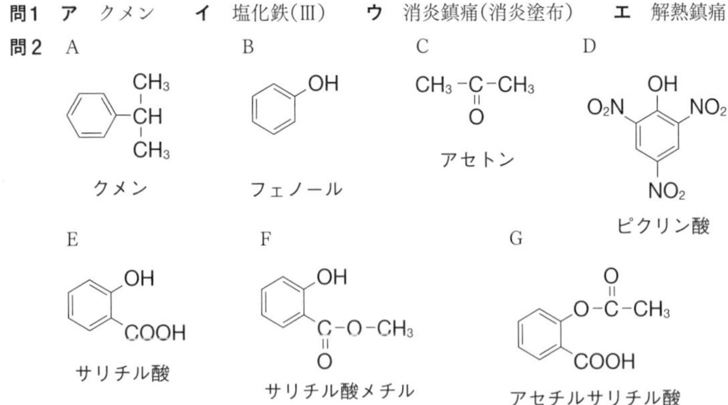

テーマ

51 アニリン

①アニリンの性質・製法を覚えよう！
②アニリンの反応を覚えよう！
③アゾ染料の合成反応を覚えよう！

1 アニリンの反応・性質

ベンゼン環に**アミノ基$-NH_2$が1つ結合した化合物**を**アニリン**といいます。アニリンは**弱塩基性**を示し，塩酸と中和し**アニリン塩酸塩**を生成します。

$$C_6H_5NH_2 + HCl \longrightarrow C_6H_5NH_3Cl$$

アニリン　　　アニリン塩酸塩

アニリンは弱塩基性であるため，**アニリン塩酸塩に水酸化ナトリウムを加えるとアニリンが遊離する**んですね。これは弱塩基遊離反応です。

$$C_6H_5NH_3Cl + NaOH \longrightarrow C_6H_5NH_2 + H_2O + NaCl$$

弱塩基の塩　強塩基　弱塩基　強塩基の塩

アニリンの中和はアンモニアの中和と同じように，水H_2Oは生成しないんだね。

アニリンの製法

アニリンは，**ニトロベンゼン**に**スズ**(または**鉄**)**と塩酸を加えて加熱すること**で**還元**されて生じる**アニリン塩酸塩**に，**水酸化ナトリウム水溶液を加える**ことで合成することができます。

$$C_6H_5NO_2 \xrightarrow[\text{還元}]{Sn,\ HCl} C_6H_5NH_3Cl \xrightarrow{NaOH} C_6H_5NH_2$$

ニトロベンゼン　アニリン塩酸塩　アニリン

また，アニリンは酸化されやすいため，次の3つの性質をもちます。

①空気中で酸化され，褐色に変化

②**さらし粉**($CaCl(ClO)\cdot H_2O$)水溶液を加えると**赤紫色に呈色**

③**ニクロム酸カリウム**($K_2Cr_2O_7$)を作用させると**黒色物質**(**アニリンブラック**)を生成

ちなみに，ニトロベンゼンがスズで還元され，アニリンが生じる反応の化学反応式は，次のように表されるんだ。

$$2\,C_6H_5{-}NO_2 + 3Sn + 12HCl \longrightarrow 2\,C_6H_5{-}NH_2 + 3SnCl_4 + 4H_2O$$

アニリンはニトロベンゼンを還元してつくるため，酸化されやすく酸化剤と反応するんだね。

アニリンの反応

アニリンを**無水酢酸と反応させる**と**アセチル化**され，**アセトアニリド**が合成される。アセトアニリドがもつ**−CO−NH−**を**アミド結合**といいます。

$$C_6H_5{-}NH{-}H + (CH_3{-}CO)_2O \longrightarrow C_6H_5{-}NH{-}CO{-}CH_3 + CH_3COOH$$

無水酢酸　アセトアニリド（アミド結合）

無水酢酸の反応は，アセチルサリチル酸が得られるときと同様，酢酸が外れるように反応するんだね！

なお，アミド結合はエステル結合と同様に，酸または塩基の水溶液を加えて加熱すると加水分解されます。

$$C_6H_5{-}NH{-}CO{-}CH_3 + H_2O \longrightarrow C_6H_5{-}NH{-}H + CH_3COOH$$

2　アゾ染料合成

アニリンを原料として，合成染料の一種である**アゾ染料**を合成することができます。まず，アニリンを**5℃以下で亜硝酸ナトリウム $NaNO_2$ と塩酸を反応させる**と，**ジアゾ化**して**塩化ベンゼンジアゾニウム**が生成します(Step1)。その塩化ベンゼンジアゾニウムを，**ナトリウムフェノキシド**と**ジアゾカップリング**させることで，**アゾ基−N=N−**をもつ**橙赤色**の ***p*-ヒドロキシアゾベンゼン**(***p*-フェニルアゾフェノール**)を合成することができるんですね(Step2)。

Point 116　アゾ染料合成

●アニリンの**ジアゾ化**(Step1)

$$C_6H_5NH_2 + NaNO_2 + 2HCl \xrightarrow{5℃以下} C_6H_5N^+\equiv N\,Cl^- + NaCl + 2H_2O$$

塩化ベンゼンジアゾニウム

●**ジアゾカップリング**(Step2)

$$C_6H_5N^+\equiv N\,Cl^- + C_6H_5ONa \longrightarrow C_6H_5{-}N{=}N{-}C_6H_4{-}OH + NaCl$$

p-ヒドロキシアゾベンゼン
(*p*-フェニルアゾフェノール)

塩化ベンゼンジアゾニウムは，**5℃以上で分解し，窒素を発生させフェノールに変化する**ため，Step1では**5℃以下に保つ**必要があります！

$$C_6H_5N^+\equiv NCl^- + H_2O \xrightarrow{5℃以上} C_6H_5OH + N_2 + HCl$$

フェノール

アゾ基−N=N−をもつ染料を**アゾ染料**というんだね。指示薬で使うメチルオレンジもアゾ染料の１種なんだな。また，ジアゾニウム塩の $-N^+\equiv NCl^-$ 部分は，$-N_2^+Cl^-$ と略して書いてもいいよ。

チェック問題

51 次の文を読み，問いに答えよ。

濃硝酸と濃硫酸の混合物にベンゼンを反応させるとAが生成する。AにスズとT塩酸を加え加熱するとBが生じ，そこに水酸化ナトリウム水溶液を加えることでCが生成する。Cにさらし粉水溶液を加えると(**ア**)色を呈する。また，①Cを無水酢酸と反応させると(**イ**)化されDが生じる。②Cを5℃以下に保ち，希塩酸と亜硝酸ナトリウムを加えるとEが生じる。Eにナトリウムフェノキシドを加えることで(**ウ**)基をもつ(**エ**)色のFが生成する。

問1　文中の(**ア**)～(**エ**)に適当な語句を入れよ。

問2　有機化合物A～Fの構造式と名称を書け。

問3　下線部①の反応の化学反応式を書け。

問4　下線部②の反応では温度を5℃以下に保つ必要がある。その理由を化学反応式を用いて説明せよ。

解答

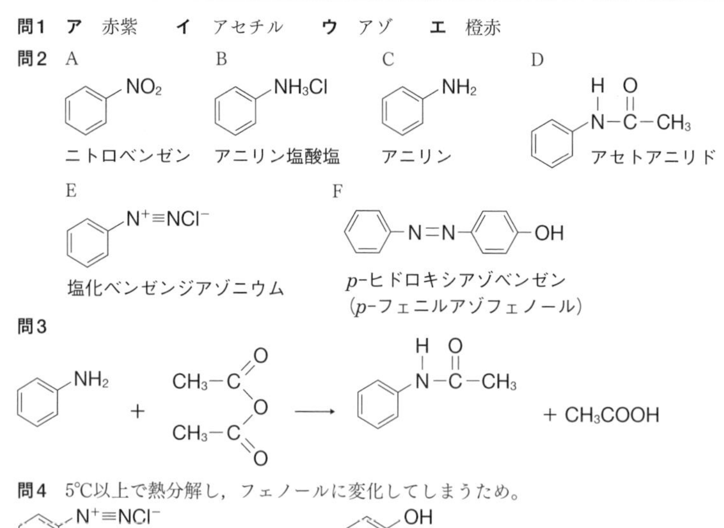

テーマ

52 有機化合物の系統分離

① 有機化合物の溶解性について理解しよう！
② 酸性の強さを覚えよう！
③ 有機化合物を分離できるようになろう！

1 有機化合物の溶解性

有機化合物は，分子全体に対し**親水基の割合が大きいほど水に溶けやすい**のです。例えば，ヒドロキシ基−OH，カルボキシ基−COOH，カルボニル基−CO−などが親水基であるため，**炭素数の少ないアルコールやカルボン酸，アルデヒドやケトンなどは水に溶けやすい**ということになります。

例 **水に溶けやすい有機化合物**

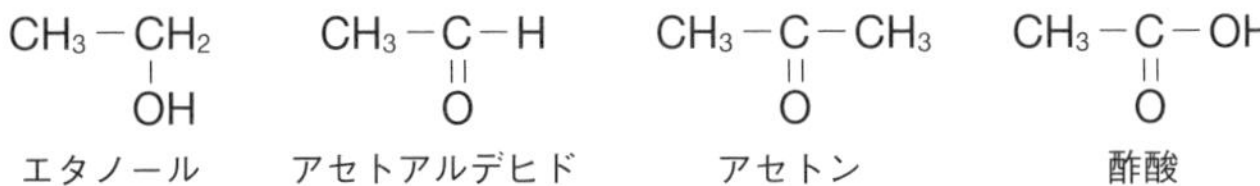

エタノール　アセトアルデヒド　アセトン　酢酸

炭素数3以下のアルコール，カルボン酸，アルデヒド，ケトンは水に溶けると覚えておくといいよ！

それに対し，ベンゼン環は**大きな疎水基**なので，**ベンゼン環をもつ芳香族化合物は水に溶けにくくジエチルエーテルに溶けやすい**のです。しかし，これが**塩になると水に溶けやすくジエチルエーテルに溶けにくくなる**んですね。

エーテルに溶けやすい　　水に溶けやすい

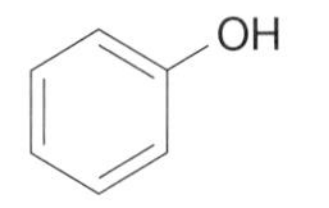

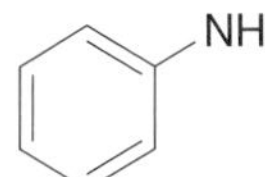

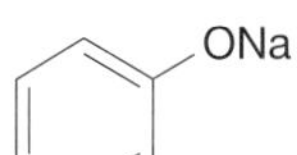

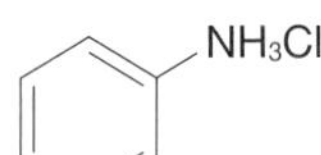

基本的にベンゼンをもっているものは水に溶けないと考えていいからね！　でも，塩になったら水に溶けるようになるよ。

2 有機化合物の分離

この**溶解性の違い**を利用し，**分液ろうと**という実験器具を用いることで有機化合物を分離することができるんですね。例えば，安息香酸とアニリンのエーテル溶液からそれぞれを分離したければ，水酸化ナトリウム水溶液を加えることで**安息香酸だけが塩となり水に溶ける**ようになります。すると，**安息香酸ナトリウムは下層である水層に，アニリンは上層であるエーテル層**に溶けるため，分離することができますね。

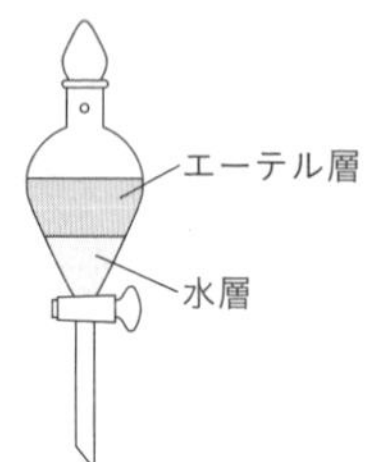

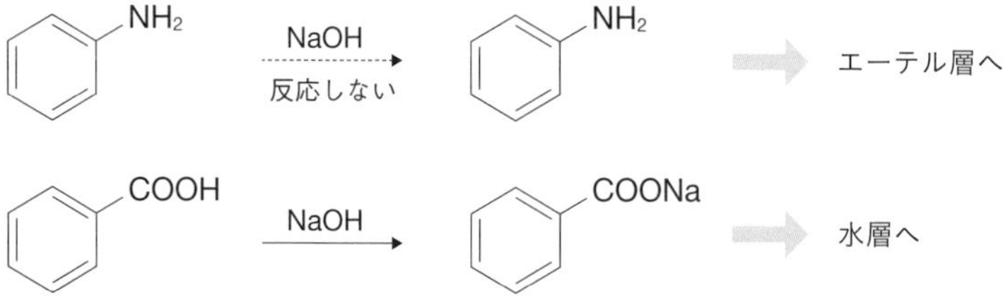

$C_6H_5NH_2$ —NaOH（反応しない）→ $C_6H_5NH_2$ ⇒ エーテル層へ

C_6H_5COOH —NaOH→ C_6H_5COONa ⇒ 水層へ

Point 117 有機化合物の系統分離

●有機化合物の酸性の強さ

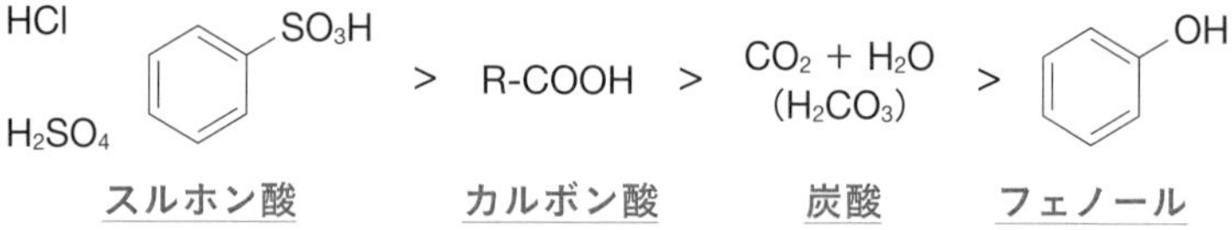

HCl, H_2SO_4, $C_6H_5SO_3H$（スルホン酸） > R-COOH（カルボン酸） > $CO_2 + H_2O$ (H_2CO_3)（炭酸） > C_6H_5OH（フェノール）

●有機化合物の分離で利用する反応

①中和反応

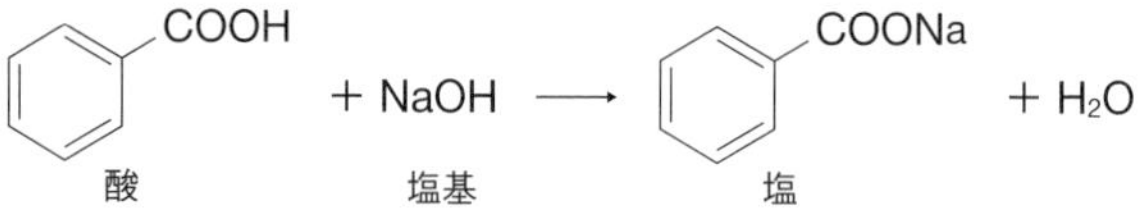

$$C_6H_5COOH + NaOH \longrightarrow C_6H_5COONa + H_2O$$

酸　塩基　塩

②弱酸遊離反応

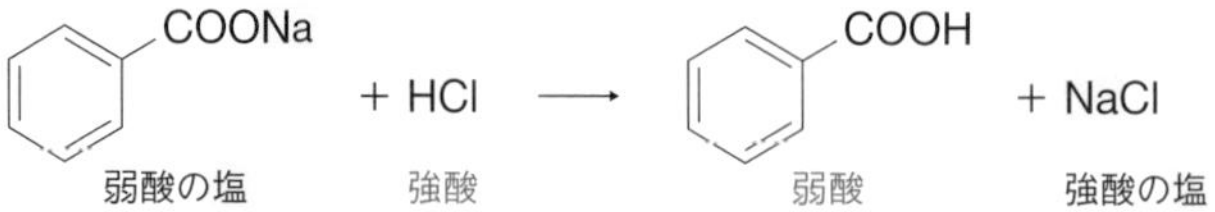

$$C_6H_5COONa + HCl \longrightarrow C_6H_5COOH + NaCl$$

弱酸の塩　強酸　弱酸　強酸の塩

有機化合物を分離するためには酸・塩基の反応を利用するため，**酸性の強さ**と，よく利用する反応2つ(中和反応，弱酸遊離反応)を覚えておきましょう。

酸性の強さは頭文字をとって,「ス・カ・タン・フェノール」と覚えておこう！

それでは，具体的にアニリン，安息香酸，フェノール，ベンゼンを含むエーテル溶液の分離を考えてみましょう。

例　アニリン，安息香酸，フェノール，ベンゼンの分離

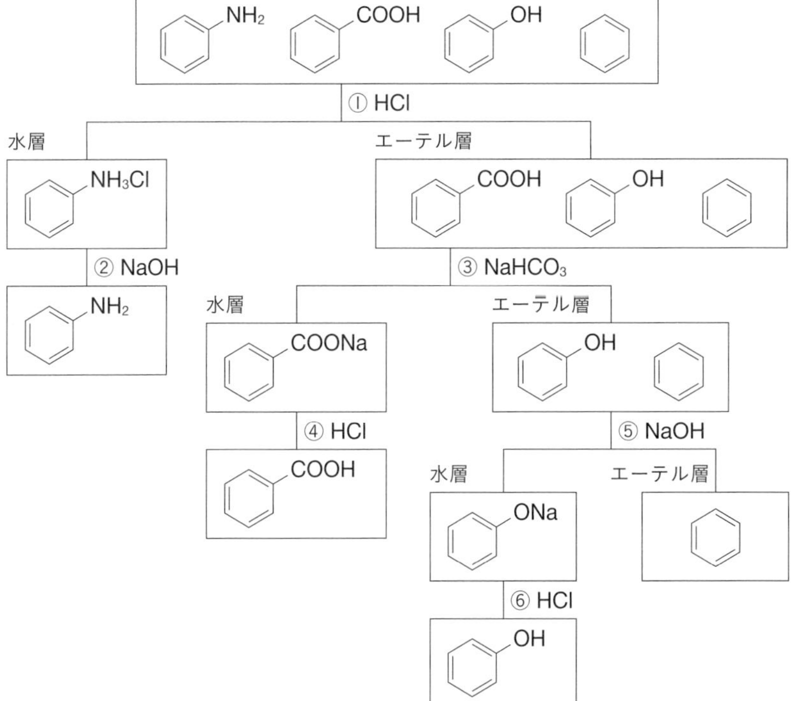

混合物の性質は，**安息香酸**と**フェノール**が**酸性**，**アニリン**が**塩基性**，**ベンゼン**が**中性**になります。今回の実験操作は次のような操作を利用してます。

①塩酸を加えアニリンを中和し，水層へ移行(中和反応)。

$C_6H_5NH_2$ + HCl ⟶ $C_6H_5NH_3Cl$

②アニリン塩酸塩に NaOH を加え，アニリンを遊離(弱塩基遊離反応)。

$C_6H_5NH_3Cl$ + NaOH ⟶ $C_6H_5NH_2$ + H_2O + NaCl

弱塩基の塩　強塩基　弱塩基　強塩基の塩

③ $NaHCO_3$ を加え，**炭酸より強い安息香酸**を塩にし水層へ移行(弱酸遊離)。

C_6H_5COOH + $NaHCO_3$ ⟶ C_6H_5COONa + CO_2 + H_2O

強酸　弱酸の塩　強酸の塩　弱酸

④安息香酸ナトリウムに**強酸である塩酸**を加え安息香酸を遊離(弱酸遊離)

C_6H_5COONa + HCl ⟶ C_6H_5COOH + NaCl

⑤NaOH でフェノールを中和し，水層へ移行(中和反応)。

C_6H_5OH + NaOH ⟶ C_6H_5ONa + H_2O

⑥ナトリウムフェノキシドに塩酸を加えフェノールを遊離(弱酸遊離)

C_6H_5ONa + HCl ⟶ C_6H_5OH + NaCl

とにかく，塩になったものから水に溶けるようになり，水層に移行していくんだね。炭酸やその塩が絡む反応が理解できたら，バッチリだね！

チェック問題

52 次の文を読み，問いに答えよ。

アニリン，フェノール，ニトロベンゼン，サリチル酸を含む混合エーテル溶液からそれぞれの物質を分離するために次の実験操作(1)〜(6)を行った。

操作(1)　希塩酸を加えて振り混ぜた。
操作(2)　水酸化ナトリウム水溶液を加えた後，十分量のエーテルを加え振り混ぜた。
操作(3)　炭酸水素ナトリウム水溶液を加えて振り混ぜた。
操作(4)　希塩酸を加えた後，十分量のエーテルを加え振り混ぜた。
操作(5)　水酸化ナトリウム水溶液を加え振り混ぜた。
操作(6)　希塩酸を加えた後，十分量のエーテルを加え振り混ぜた。

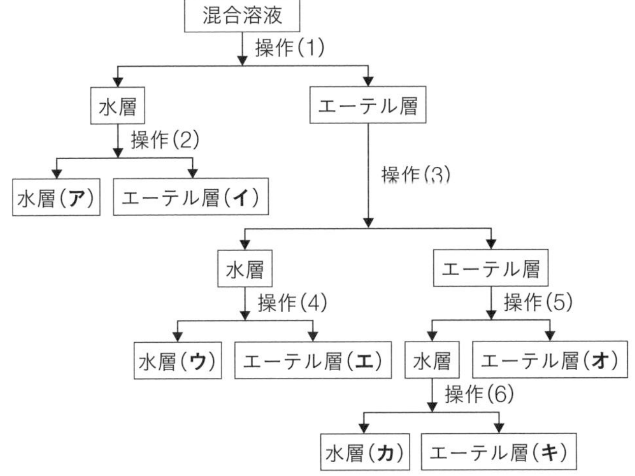

問　それぞれの物質はそれぞれ(**ア**)〜(**キ**)のどの層に含まれるか，記号で答えよ。

解答

アニリン：(**イ**)　フェノール：(**キ**)　ニトロベンゼン：(**オ**)　サリチル酸：(**エ**)

解説

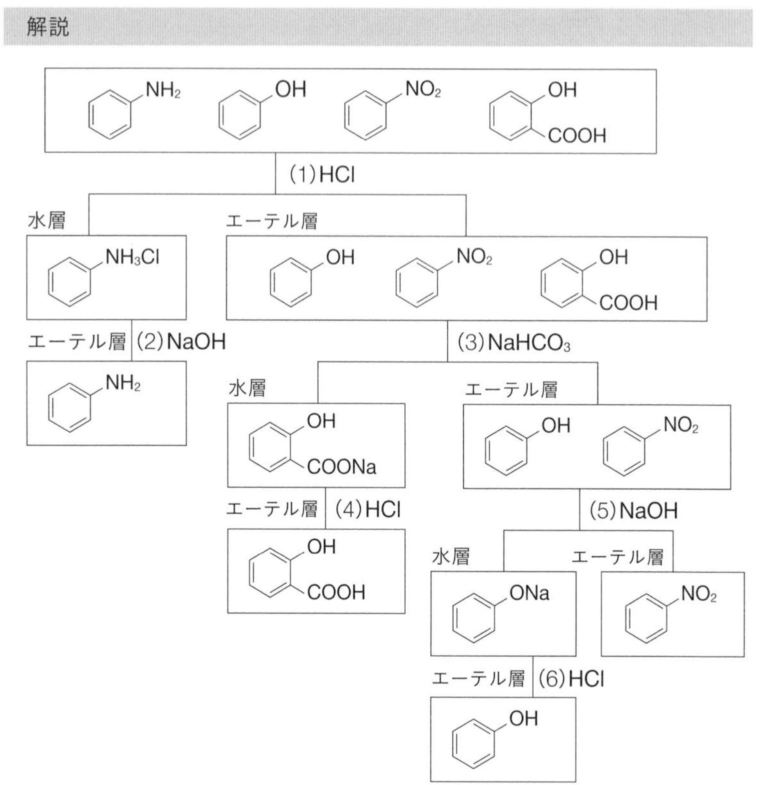

NH2
OH
NO2
OH
COOH
(1)HCl
水層
エーテル層
NH3Cl
OH
NO2
OH
COOH
エーテル層
(2)NaOH
NH2
(3)NaHCO3
水層
エーテル層
OH
COONa
OH
NO2
エーテル層
(4)HCl
OH
COOH
(5)NaOH
水層
エーテル層
ONa
NO2
エーテル層
(6)HCl
OH

テーマ

53 単糖・二糖

① グルコースの構造を覚えよう！
② 単糖の種類と還元性の有無を覚えよう！
③ 二糖の種類と構成，還元性の有無，分解酵素の名称を覚えよう！

1 単糖

糖類は**炭水化物**ともよばれ，**一般式** $C_m(H_2O)_n$ で表すことができる化合物です。糖類は，分子式 $C_6H_{12}O_6$ で表される**単糖**が基本単位となり，**単糖が2つ縮合したものを二糖，単糖が多数縮合したものを多糖**といいます。

$C_6H_{12}O_6$ は炭素数6なのでヘキソースとよばれるんだ。単糖にはペントースとよばれる分子式が $C_5H_{10}O_5$ のものもあるんだ。

代表的な単糖に**グルコース（ブドウ糖）**があります。**結晶のグルコース**は**α-グルコース**であり，水に溶かすと，**鎖状構造**，**β-グルコース**に変化し，**3つの平衡混合物**として存在します。鎖状構造には，**ホルミル基**が存在するためグルコースは**還元性**を示し，**フェーリング液を還元したり銀鏡反応を示したりする**んですね。また，糖の $-O-\overset{|}{\underset{|}{C}}-OH$ 部分を**ヘミアセタール構造**といい，これをもつ糖は開環し，還元性を示します。

Point 118 グルコースの構造

●グルコースの構造

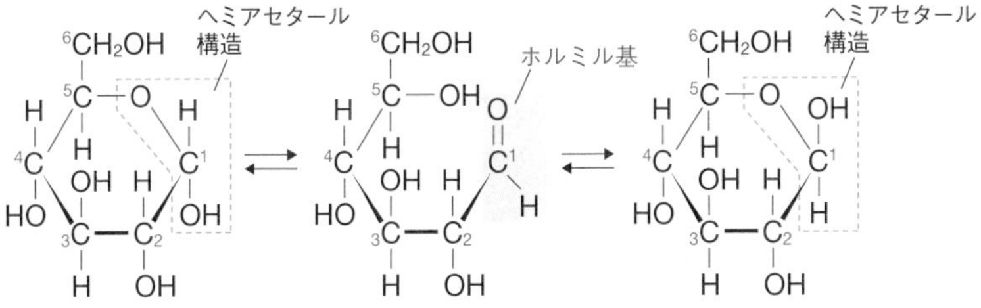

（α-グルコース：ヘミアセタール構造）⇄（鎖状構造：ホルミル基）⇄（β-グルコース：ヘミアセタール構造）

α-グルコース　　鎖状構造　　β-グルコース

α-グルコースは「旗立てて，下下上下」と覚えよう！　旗とは$-CH_2OH$のことで，下下上下は$-OH$の向きだ！

もう一つ，重要な単糖類に**フルクトース**(**果糖**)があります。フルクトースは水溶液中で以下のような平衡状態になっているんですね。

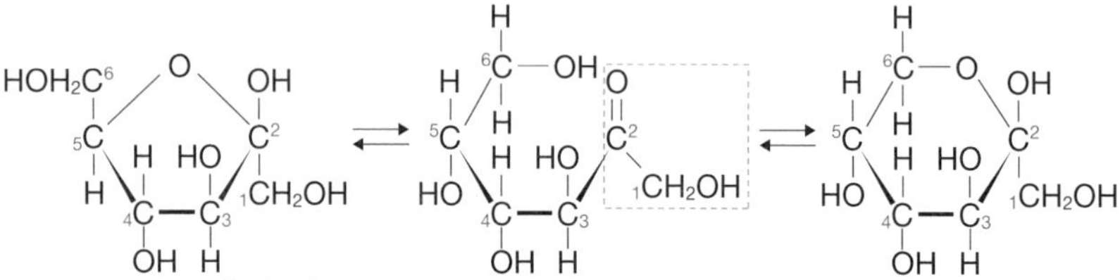

β-フルクトース(五員環)　⇄　鎖状構造　⇄　β-フルクトース(六員環)

フルクトースの鎖状構造にはホルミル基が存在しませんが，鎖状構造の末端構造がさらに次のように変化して**ホルミル基**をもつ構造になるため，**還元性を示す**んですね。

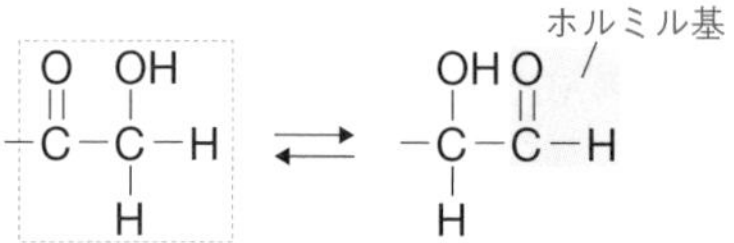

ホルミル基

Point 119　単糖

単糖($C_6H_{12}O_6$)		
グルコース(ブドウ糖)	フルクトース(果糖)	ガラクトース
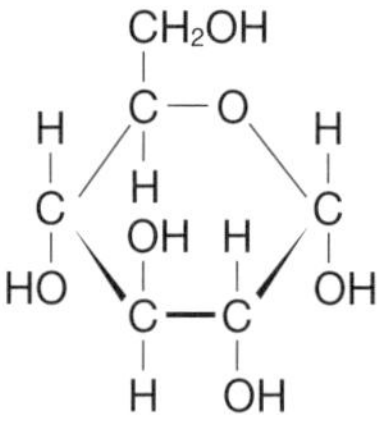	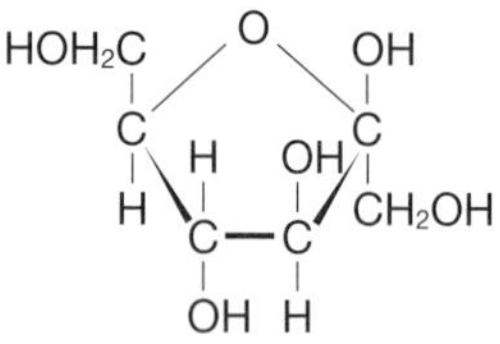	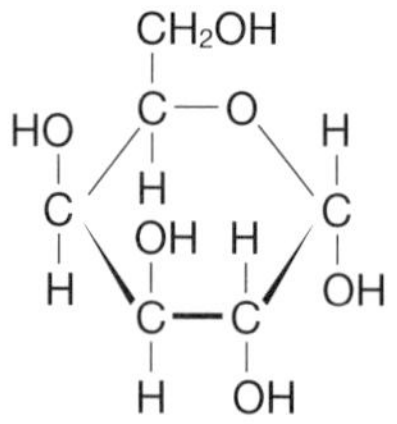
還元性あり	還元性あり	還元性あり

グルコースのような単糖は，酵母などがもつ**チマーゼという酵素群により分解され，エタノールと二酸化炭素に変化**します。この反応を**アルコール発酵**というんですね。

$$C_6H_{12}O_6 \longrightarrow 2C_2H_5OH + 2CO_2$$

単糖はすべて還元性をもつんだね。ガラクトースはグルコースの4位の$-OH$の向きが逆になった構造をしているんだ。

2 二糖

二糖は，**単糖2分子から水1分子が外れ結合(縮合)した**ものなので，分子式は $C_6H_{12}O_6 \times 2 - H_2O = C_{12}H_{22}O_{11}$ で表されます。また，糖の $-O-\overset{|}{\underset{|}{C}}-OH$ (ヘミアセタール構造)部分がつくるエーテル結合を**グリコシド結合**とよび，希酸や分解酵素で加水分解されます。

二糖は，**構成する単糖の名称**(( )内の数字は結合している炭素の番号)と**還元性の有無，分解酵素の名称**を覚えておきましょう！　分解酵素は糖類の名前の語尾「**〜オース**」を「**〜アーゼ**」に変化させると命名することができますよ。一般に，**ヘミアセタール構造(　　部分)が残っている糖は還元性を示す**んですね。

スクロースは，**グルコースとフルクトースの還元性をもつ部分**(**ヘミアセタール構造，ホルミル基に変化する部分**)**が結合に使われている**ため，水溶液中で開環しホルミル基に変化せず，**還元性を示さない**のです。

Q 還元性を示す二糖類って，スクロースだけなんですか？

A そうとは限らないよ。分子内にヘミアセタール構造をもっていて，開環してホルミル基に変化することのできる二糖はすべて還元性をもつんだよ。Point 120の二糖のうち還元性を示さないのはスクロースだけだけど，例えば2つのα-グルコースが1位どうしで縮合したトレハロースは，還元性を示さない二糖なんだね。

Point 120 二糖

二糖 ($C_{12}H_{22}O_{11}$)		
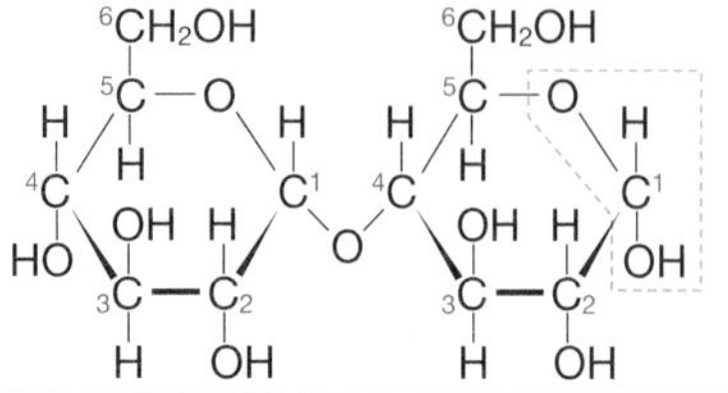	名称	マルトース(麦芽糖)
	構成単糖	α-グルコース(1) ＋グルコース(4)
	還元性	あり
	分解酵素	マルターゼ
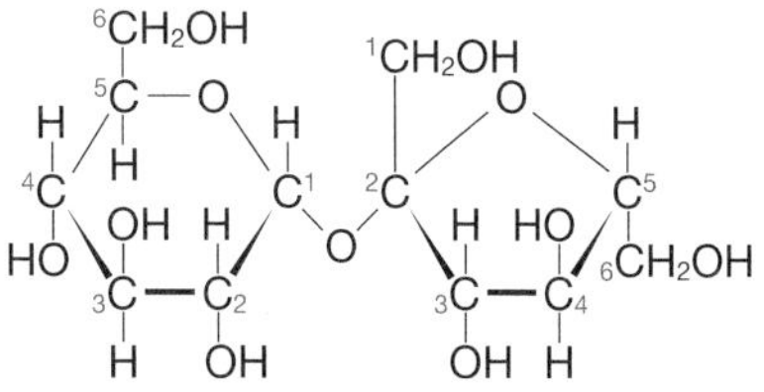	名称	スクロース(ショ糖)
	構成単糖	α-グルコース(1) ＋β-フルクトース(2)
	還元性	なし
	分解酵素	インベルターゼ (スクラーゼ)
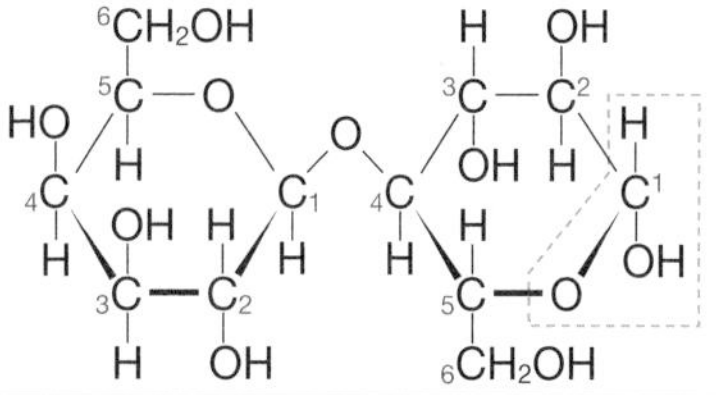	名称	ラクトース(乳糖)
	構成単糖	β-ガラクトース(1) ＋グルコース(4)
	還元性	あり
	分解酵素	ラクターゼ
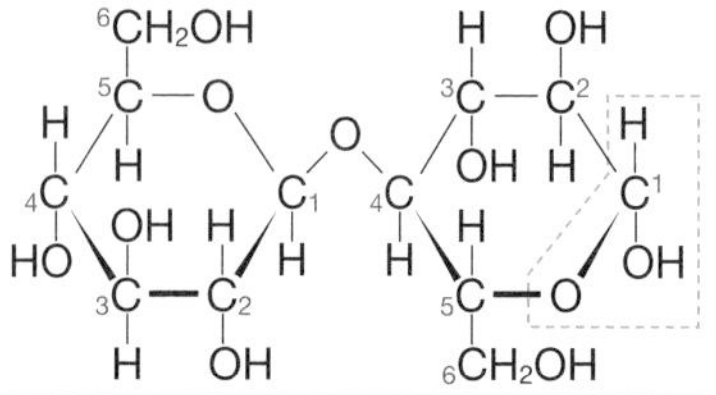	名称	セロビオース
	構成単糖	β-グルコース(1) ＋グルコース(4)
	還元性	あり
	分解酵素	セロビアーゼ

また，スクロースの分解酵素は**インベルターゼ**(または**スクラーゼ**)とよばれ，スクロースを加水分解すると**グルコースとフルクトースの1：1の混合物**である**転化糖**が得られます。

$$C_{12}H_{22}O_{11} + H_2O \longrightarrow C_6H_{12}O_6 + C_6H_{12}O_6$$

スクロース　　　　　グルコース　フルクトース

☑ チェック問題

53 次の文を読み，問いに答えよ。

単糖は糖類の基本単位であり，グルコースやフルクトース，(**ア**)などがある。グルコースはブドウ糖ともよばれ，水に溶かすと①α-グルコース，β-グルコース，鎖状構造の3つの平衡混合物として存在する。鎖状構造には(**イ**)基が存在するため，(**ウ**)性を示し，グルコースをフェーリング液に加え加熱すると(**エ**)色の(**オ**)が沈殿として生じる。

単糖2分子が縮合したものを二糖といい，α-グルコースが2分子縮合したマルトースや，α-グルコースとβ-フルクトースが縮合した(**カ**)などがある。マルトースは(**キ**)とよばれる分解酵素により加水分解され，グルコースとなる。また，(**カ**)は(**ク**)とよばれる分解酵素により加水分解され，グルコースとフルクトースの1：1の混合物となる。これを(**ケ**)という。なお，マルトースは還元性を示すが，②(**カ**)は示さない。

問1　文中の(**ア**)～(**ケ**)に適当な語句を入れよ。

問2　下線部①について，α-グルコースの構造式を書け。

問3　下線部②について，(**カ**)が還元性を示さない理由を簡潔に説明せよ。

解答

問1　**ア**　ガラクトース　**イ**　ホルミル　**ウ**　還元　**エ**　赤
　オ　酸化銅(Ⅰ)　**カ**　スクロース　**キ**　マルターゼ
　ク　インベルターゼ(スクラーゼ)　**ケ**　転化糖

問2

```
         CH2OH
          |
      H   C — O     H
      |  /|    \    |
      C   H     \   C
      |\ OH  H  / |
     HO  \|   |/   OH
          C — C
          |   |
          H   OH
```

問3　グルコースとフルクトースの還元性を示す部分が結合に使われているため。

テーマ

54 多糖

①デンプンとセルロースの違いを理解しよう！
②デンプンの性質を覚えよう！
③セルロースの反応を覚えよう！

1 多糖

多糖は，**多数の単糖から水分子が外れ結合した**（縮合重合）ものです。n個のグルコースが縮合重合すると，$n-1$分子の水分子が外れますが，nがとても大きく$n-1 \fallingdotseq n$と近似すると，分子式は$C_6H_{12}O_6 \times n - H_2O \times n = (C_6H_{10}O_5)_n$で表すことができます。多糖には，**α-グルコースが縮合重合**した**デンプン**と，**β-グルコースが縮合重合**した**セルロース**が存在します。セルロースは，植物の**細胞壁**に存在する多糖なんですね。

セルロースの“セル”は細胞を表すんだ。デンプンは，お米やジャガイモに含まれていますね。

2 デンプン

デンプンには，**枝分かれをもたないアミロース**と**枝分かれをもつアミロペクチン**があります。アミロースは，すべての**α-グルコースが1位と4位で結合**しているのに対し，アミロペクチンでは，**1位と4位で結合した直鎖状部分の他に，1位と6位で結合した枝分かれ部分**が存在します。その他に，動物が**体内でグルコースを貯蔵するときにつくられるグリコーゲン**（**動物デンプン**）があります。グリコーゲンはアミロペクチン以上に**枝分かれが多い**です。

●**アミロース** ➡ 枝分かれ**なし**。熱水に溶けやすい。すべて**1,4-グリコシド結合**。

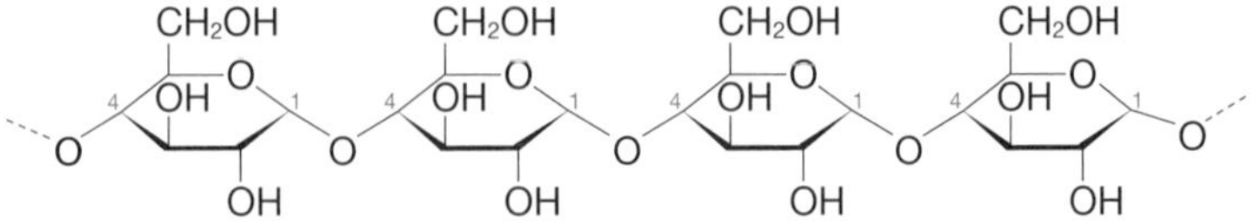

●**アミロペクチン** ➡ 枝分かれ**あり**。熱水に溶けにくい。**1,4-グリコシド結合**と**1,6-グリコシド結合**をもつ。

植物中のデンプンはアミロースとアミロペクチンの混合物で，アミロペクチンの割合が増えると粘り気が増すんだよ。

①デンプンの呈色反応

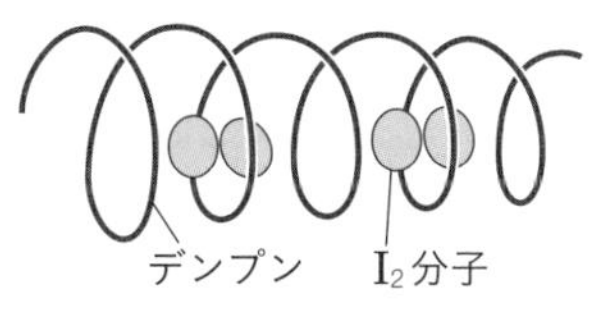

デンプンに**ヨウ素溶液を加える**と，**青紫色**に変化しますね。この反応を**ヨウ素デンプン反応**といいます。これは，デンプンが**らせん構造**をしているため，**ヨウ素分子がらせん中に入り込むことで呈色する**のです。また，**加熱すると，ヨウ素分子がらせんから抜け出すため色が消える**んですね。ちなみに，アミロースは**濃青色**，アミロペクチンは**赤紫色**を示します。

②デンプンの加水分解

デンプンは**だ液に含まれる酵素**である**アミラーゼ**により加水分解され，デンプンより少し短い多糖である**デキストリン**を経て，**最終的に二糖であるマルトースにまで加水分解**されます。マルトースを加水分解するには**マルターゼ**という酵素が必要なんですね。ただし，希硫酸を用いて加水分解すると，完全にグルコースにまで加水分解されます。

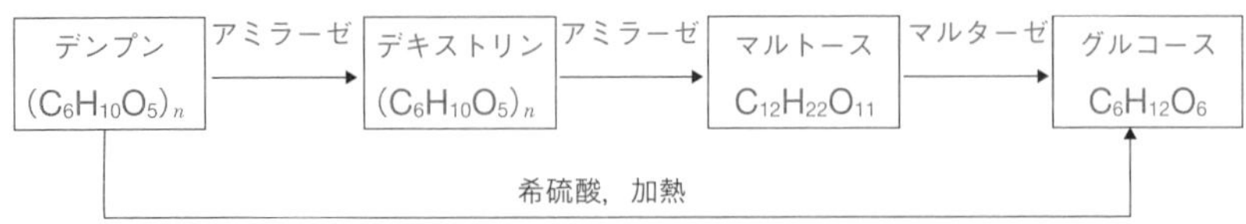

デンプンをアミラーゼで加水分解しても，グルコースは得られないんだよ。アミラーゼはデンプンを二糖であるマルトースまでしか加水分解できないことは注意しておこう！

3　セルロース

セルロースはすべてのβ-グルコースが1位と4位で結合しており，**枝分かれがありません**。また，セルロースはデンプンとは異なり**直線状**構造をしており，分子間に多数の水素結合をつくるため**水には溶けず**，また，**ヨウ素デンプン反応も起こさない**んですね。

セルロースは**セルラーゼ**という酵素により加水分解され，**二糖である**<u>**セロビオース**</u>となります。セロビオースを加水分解するには**セロビアーゼ**という酵素が必要ですね。デンプンと同様，希硫酸を使い加水分解すると，完全にグルコースにまで加水分解されます。

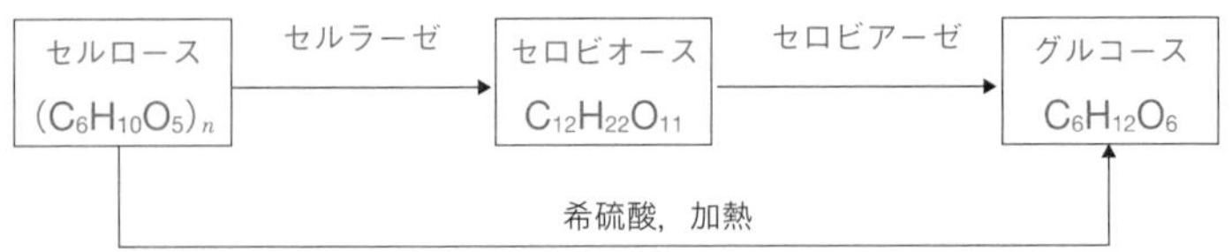

ヒトはセルラーゼという酵素をもっていないので，セルロースを加水分解して栄養源にはできないんだな。

セルロースの**グルコース単位には3つのヒドロキシ基**$-OH$があるため，$(C_6H_{10}O_5)_n$という化学式を$[C_6H_7O_2(OH)_3]_n$と書き表すことができます。

セルロースを**混酸(濃硝酸と濃硫酸の混合物)**と反応させると，**ニトロセルロース**が，セルロースを**無水酢酸**と反応させると，**アセチルセルロース**が生成します。セルロースの$-OH$が完全にアセチル化された**トリアセチルセルロース**のアセチル基$-COCH_3$の一部を加水分解した**ジアセチルセルロースを繊維状にしたものを，アセテート**といい，このように**高分子化合物の構造を一部変化させた繊維**は**半合成繊維**に分類されます。

Point 121 セルロースの反応

●混酸との反応(**エステル化**)

$$[C_6H_7O_2(OH)_3]_n + 3nHNO_3 \longrightarrow [C_6H_7O_2(ONO_2)_3]_n + 3nH_2O$$

トリニトロセルロース

●無水酢酸との反応(**アセチル化**)

$$[C_6H_7O_2(OH)_3]_n + 3n(CH_3CO)_2O \longrightarrow [C_6H_7O_2(OCOCH_3)_3]_n + 3nCH_3COOH$$

トリアセチルセルロース

ニトロセルロースは硝酸エステルとよばれるものの一種なので，反応名はエステル化ということになるんだね。ニトロセルロースが得られる反応をニトロ化と答えたらダメだよ。

4 再生繊維

セルロースは分子間に多数の水素結合をつくるため，水には溶けません。そこで，**セルロースを特定の溶媒に溶かして水素結合を一度切り離し，繊維状に再生したものを**レーヨンといい，これは**再生繊維**の一種です。

①銅アンモニアレーヨン

水酸化銅(Ⅱ) $Cu(OH)_2$をアンモニア水に溶かした**深青色**の**シュバイツァー試薬**($[Cu(NH_3)_4]^{2+}$を含む)**にセルロースを溶かし，細孔から希硫酸中に押し出す**とセルロースが再生され，**銅アンモニアレーヨン**(**キュプラ**)が得られます。

②ビスコースレーヨン(膜状にすると**セロハン**)

濃水酸化ナトリウム水溶液に溶かしたセルロースに**二硫化炭素 CS_2 を反応**させ，薄い水酸化ナトリウム水溶液に溶かすと**ビスコース**とよばれる粘性のある赤褐色のコロイド溶液が得られます。**ビスコースを細孔から希硫酸中に押し出す**とセルロースが再生され，**ビスコースレーヨン**という繊維が得られます。

チェック問題

54 次の文を読み，問いに答えよ。

糖類にはα-グルコースが縮合重合した(**ア**)とβ-グルコースが縮合重合した(**イ**)がある。(**ア**)のうち枝分かれのないものを(**ウ**)といい，枝分かれのあるものを(**エ**)という。(**ウ**)はすべてのα-グルコースが1位と(**オ**)位のヒドロキシ基が縮合しているのに対し，(**エ**)ではその他に1位と(**カ**)位のヒドロキシ基が縮合している。(**ウ**)および(**エ**)にヨウ素溶液を加えるとそれぞれ(**キ**)色および(**ク**)色を呈する。この反応を(**ケ**)反応という。(**ア**)は分解酵素である(**コ**)により加水分解され，二糖類である(**サ**)となる。(**イ**)のヒドロキシ基を完全に無水酢酸と反応させると(**シ**)が生成し，濃硝酸と濃硫酸の混合物と反応させると(**ス**)が生成する。

問1 文中の(**ア**)～(**ス**)に適当な語句を入れよ。

問2 (**ア**)が(**ケ**)反応を示す理由を簡潔に説明せよ。

問3 下線部の反応の化学反応式を書け。

解答

問1

ア	デンプン	**イ**	セルロース	**ウ**	アミロース
エ	アミロペクチン	**オ**	4	**カ**	6
キ	濃青	**ク**	赤紫	**ケ**	ヨウ素デンプン
コ	アミラーゼ	**サ**	マルトース	**シ**	トリアセチルセルロース
ス	ニトロセルロース				

問2 デンプンのらせん構造中にヨウ素分子が取りこまれるため。

問3 $[C_6H_7O_2(OH)_3]_n + 3n(CH_3CO)_2O \longrightarrow [C_6H_7O_2(OCOCH_3)_3]_n + 3nCH_3COOH$

テーマ

55 アミノ酸

① アミノ酸の種類を覚えよう！
② アミノ酸の等電点の違いを理解しよう！
③ ニンヒドリン反応を覚えよう！

1 アミノ酸の構造

分子内に，**塩基性のアミノ基$-NH_2$**と**酸性のカルボキシ基$-COOH$**をもつ**化合物をアミノ酸**といいます。特に，**同じ炭素原子にアミノ基とカルボキシ基が結合しているものを，α-アミノ酸**といいます。天然のタンパク質中に含まれるアミノ酸はすべてα-アミノ酸であり，側鎖−Rの種類によって約20種類のアミノ酸が存在します。R=Hであるグリシン以外のアミノ酸には**鏡像異性体**が存在し，その立体配置はすべて**L型**なんですね。

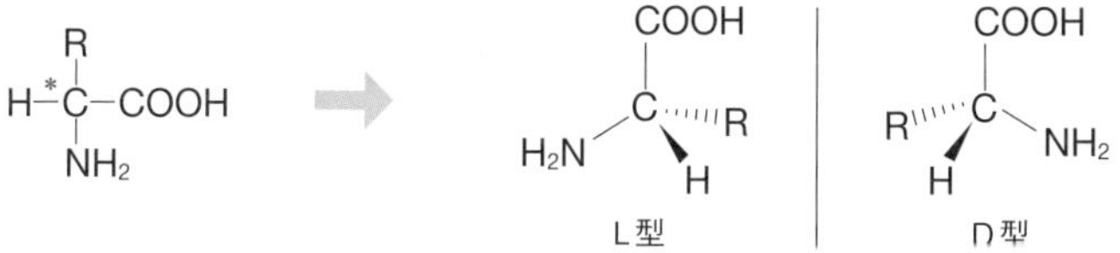

$H-C^{*}(R)(NH_2)-COOH$ → L型 / D型

L型　D型

以下に示す8種類のアミノ酸の構造式は覚えておきましょう。

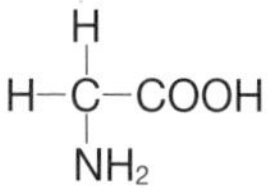

グリシン：$H-C(H)(NH_2)-COOH$

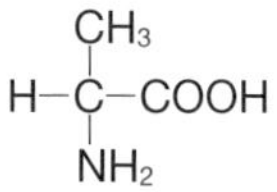

アラニン：$H-C(CH_3)(NH_2)-COOH$

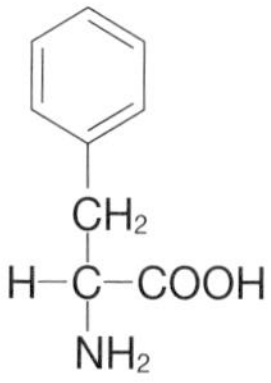

フェニルアラニン：$H-C(CH_2-C_6H_5)(NH_2)-COOH$

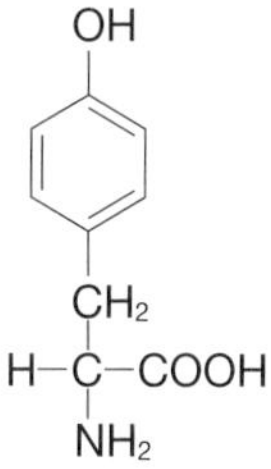

チロシン：$H-C(CH_2-C_6H_4-OH)(NH_2)-COOH$

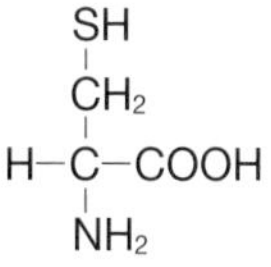

システイン：$H-C(CH_2-SH)(NH_2)-COOH$

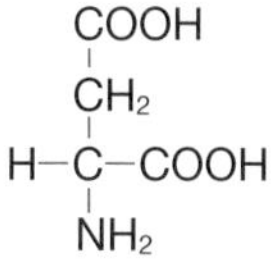

アスパラギン酸：$H-C(CH_2-COOH)(NH_2)-COOH$

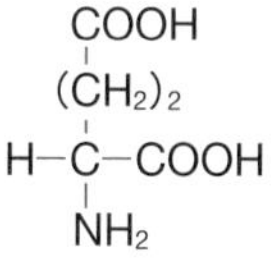

グルタミン酸：$H-C((CH_2)_2-COOH)(NH_2)-COOH$

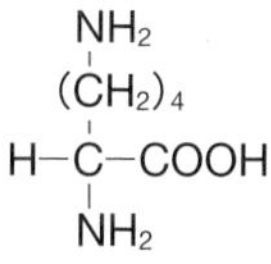

リシン：$H-C((CH_2)_4-NH_2)(NH_2)-COOH$

カルボキシ基とアミノ基を1つずつもつアミノ酸を**中性アミノ酸**といい，アスパラギン酸，グルタミン酸のように，**側鎖にカルボキシ基をもつアミノ酸**を**酸性アミノ酸**，リシンのように，**側鎖にアミノ基をもつアミノ酸**を**塩基性アミノ酸**といいます。また，**フェニルアラニン**やリシンは，**ヒトの体内で十分量合成できない必須アミノ酸**の一種になります。

2 アミノ酸の平衡

アミノ酸は，酸性と塩基性の両方の部分をもつ**両性電解質**であり，水に溶かすと**正と負の両方の電荷をもつ双性イオン**となります。アミノ酸の水溶液に**酸を加える**と**陽イオン**となり，**塩基を加える**と**陰イオン**となります。

$$\underset{\text{陽イオン}}{\mathrm{H-\overset{\displaystyle R}{\underset{\displaystyle NH_3^+}{C}}-COOH}} \underset{H^+}{\overset{OH^-}{\rightleftarrows}} \underset{\text{双性イオン}}{\mathrm{H-\overset{\displaystyle R}{\underset{\displaystyle NH_3^+}{C}}-COO^-}} \underset{H^+}{\overset{OH^-}{\rightleftarrows}} \underset{\text{陰イオン}}{\mathrm{H-\overset{\displaystyle R}{\underset{\displaystyle NH_2}{C}}-COO^-}}$$

アミノ酸の**総電荷が0になるpH**を**等電点**といいます。**中性アミノ酸の等電点はほぼ中性付近**(約pH 6)となるのですが，**酸性アミノ酸**の場合は，中性付近では負電荷の方が多いため，電荷をつりあわせるためには酸を加える必要があります。よって，**酸性アミノ酸の等電点は酸性付近**(約pH 3)となります。塩基性アミノ酸は中性付近で正電荷の方が多いため，**塩基性アミノ酸の等電点は塩基性付近**(約pH 9)となります。

酸性アミノ酸

$$\underset{\text{中性}}{\mathrm{H-\overset{\displaystyle COO^- \atop \displaystyle (CH_2)_2}{\underset{\displaystyle NH_3^+}{C}}-COO^-}} \xrightarrow{H^+} \underset{\text{酸性(等電点)}}{\mathrm{H-\overset{\displaystyle COOH \atop \displaystyle (CH_2)_2}{\underset{\displaystyle NH_3^+}{C}}-COO^-}}$$

塩基性アミノ酸

$$\underset{\text{中性}}{\mathrm{H-\overset{\displaystyle NH_3^+ \atop \displaystyle (CH_2)_4}{\underset{\displaystyle NH_3^+}{C}}-COO^-}} \xrightarrow{OH^-} \underset{\text{塩基性(等電点)}}{\mathrm{H-\overset{\displaystyle NH_2 \atop \displaystyle (CH_2)_4}{\underset{\displaystyle NH_3^+}{C}}-COO^-}}$$

塩基性アミノ酸は中性付近では正の電荷が多いため，等電点にするためには負電荷をもつ水酸化物イオンOH^-を加え塩基性にする必要があるんだ。だから，等電点が塩基性になるんだね。

3 アミノ酸の検出反応

アミノ酸は，**ニンヒドリン水溶液を加えて加熱すると紫色に呈色**します。これを**ニンヒドリン反応**といい，アミノ酸の検出反応に使われているんですね。これは，**ニンヒドリンの分子がアミノ酸の$-NH_2$と反応**し，紫色の物質が生じるからなんですね。

☑ チェック問題

55 次の文を読み，問いに答えよ。

アミノ酸は，分子中に酸性の(**ア**)基と塩基性の(**イ**)基をもつ化合物で，酸と塩基の両方の性質を示すため(**ウ**)とよばれる。天然に存在するアミノ酸は(**ア**)基と(**イ**)基が同じ炭素原子に結合しているため，(**エ**)といわれる。天然に存在するアミノ酸のうち(**オ**)以外のアミノ酸は，分子内に(**カ**)炭素原子をもつため(**キ**)異性体が存在する。また，アミノ酸の水溶液に(**ク**)水溶液を加えて加熱すると紫色に呈色する。

アミノ酸の水溶液はpHにより①陽イオン，②陰イオン，③(**ケ**)イオンが存在する。これら3種のイオンの混合物の電荷が全体として0になったpHを(**コ**)という。

問1 文中の(**ア**)～(**コ**)に適当な語句を入れよ。

問2 アラニンが①，②，③のイオンになったときの構造式を書け。

解答

問1 **ア** カルボキシ　**イ** アミノ　**ウ** 両性電解質(両性化合物)
エ α-アミノ酸　**オ** グリシン　**カ** 不斉　**キ** 鏡像
ク ニンヒドリン　**ケ** 双性　**コ** 等電点

問2

①
```
   CH3
    |
H - C - COOH
    |
   NH3+
```

②
```
   CH3
    |
H - C - COO-
    |
   NH2
```

③
```
   CH3
    |
H - C - COO-
    |
   NH3+
```

テーマ

56 タンパク質

① タンパク質の立体構造を理解しよう！
② タンパク質の検出反応を覚えよう！
③ 酵素の性質を覚えよう！

1 タンパク質

アミノ酸の**アミノ基$-NH_2$とカルボキシ基$-COOH$が縮合**すると，**ペプチド結合$-NH-CO-$**をもつ**ペプチド**が生成します。例えば，2種類のアミノ酸が縮合した化合物を**ジペプチド**といいます。

$$\underset{\text{H-N-CH-C-OH}}{\overset{\text{H R}^1\ \text{O}}{}} + \underset{\text{H-N-CH-C-OH}}{\overset{\text{H R}^2\ \text{O}}{}} \longrightarrow \underset{\text{H-N-CH-C-N-CH-C-OH}}{\overset{\text{H R}^1\ \text{O H R}^2\ \text{O}}{}} + H_2O$$

ペプチド結合
ジペプチド

タンパク質は，**多数のα-アミノ酸が縮合重合した****ポリペプチド**なんですね。タンパク質には，**加水分解するとアミノ酸のみを生じる****単純タンパク質**と，**アミノ酸の他に糖，色素，脂質，リン酸，核酸などを生じる****複合タンパク質**に分類されます。

アミノ酸どうしの間に生じたアミド結合をペプチド結合というんだね。構造は全く同じだね。そして，ポリペプチドが複雑な立体構造をもち，生体内で何らかの機能をもつと，そのポリペプチドはタンパク質とよばれるんだ。例えば，血液中にあるヘモグロビンは，色素を含む複合タンパク質なんだね。

2 タンパク質の構造

それでは，タンパク質の構造についてまとめてみましょう。タンパク質はアミノ酸の縮合重合体ですが，どのアミノ酸がどういう順序で結合しているかという，**アミノ酸の配列順序**をタンパク質の**一次構造**といいます。

タンパク質のポリペプチド鎖は，ペプチド結合の$N-H\cdots O=C$間にはたらく**水素結合**により，**規則正しい立体構造**が部分的に見られます。これをタンパク質の**二次構造**といい，**らせん状のα-ヘリックス構造**と**板状のβ-シート構造**があります。

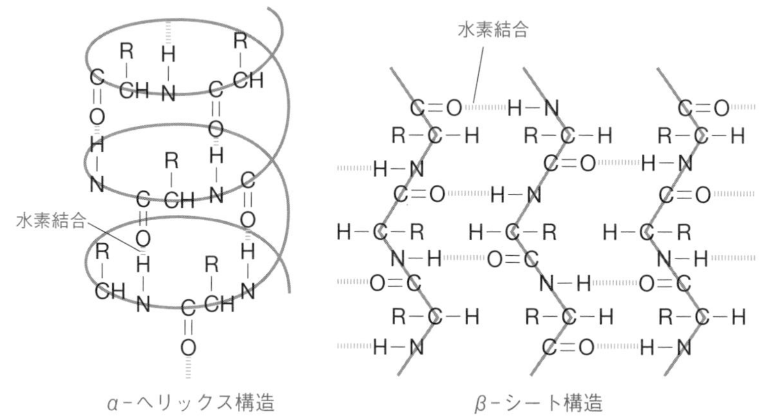

α-ヘリックス構造　　β-シート構造

タンパク質は，左下図のミオグロビンのように全体として**複雑な立体構造**をとっており，これをタンパク質の**三次構造**といいます。このような複雑な立体構造は，右下図のようにアミノ酸の**側鎖どうしの間にはたらく相互作用**や，**システインどうしの間につくられるジスルフィド結合−S−S−**により保持されています。

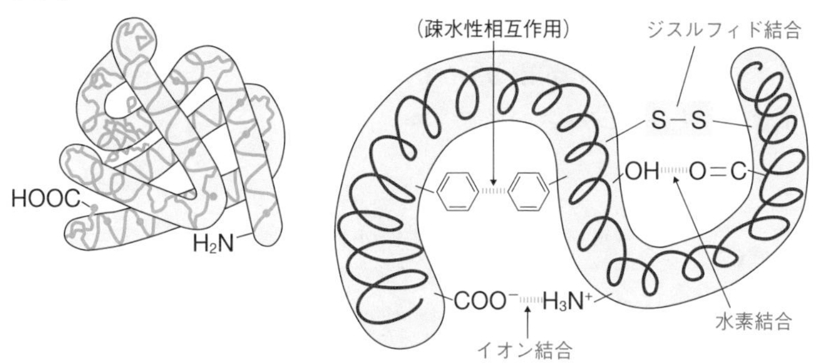

さらに，タンパク質によっては，三次構造を形成した**複数のポリペプチド鎖が集合**して１つの機能をもつタンパク質となります。これを**四次構造**といいます。

タンパク質に**熱や酸，塩基，有機溶媒，重金属イオン**などを加えると，凝固したり沈殿したりします。これを**タンパク質の変性**といいます。タンパク質の変性は，タンパク質の**高次構造が崩れる**ことで起こり，一度変性したタンパク質はもとの形には戻りにくいんですね。

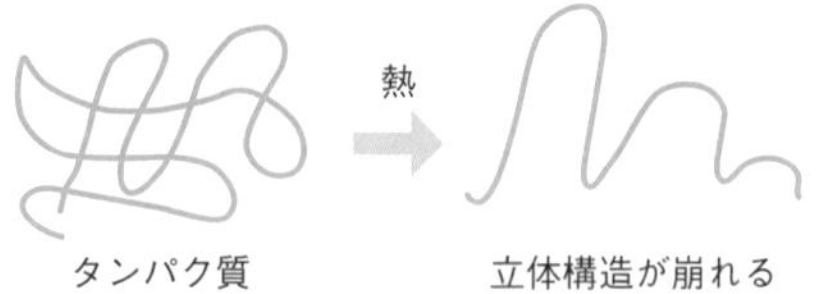

タンパク質は複雑な立体構造をもっていて，それが壊れることで変性するんだ。例えば，卵は加熱すると固まるよね。これがタンパク質の変性だよ。一次〜四次構造が何を表しているか，理解しておこうね。

3　タンパク質の検出反応

①ビウレット反応

アミノ酸が3つ以上つながった**トリペプチド以上のペプチドに，タンパク質**に水酸化ナトリウム水溶液を加えた後，**硫酸銅(Ⅱ) $CuSO_4$** 水溶液を加えると**赤紫色**に呈色します。

これを**ビウレット反応**といいます。これは，ペプチド結合の**窒素原子が銅(Ⅱ)イオン Cu^{2+} に対し配位結合する**ことで起こるんですね。

配位結合
タンパク質

Q ビウレット反応はどうして起こるのですか？

A タンパク質のペプチド結合中の窒素原子のもつ非共有電子対が，Cu^{2+} に対し配位結合することで起こるんだ。錯イオンのような形になることで，赤紫色を呈するんだね。ただし，トリペプチド以上のペプチドじゃないと呈色しないことに注意しよう。

②キサントプロテイン反応

フェニルアラニンや**チロシン**のように，**ベンゼン環をもつアミノ酸，またそれを含むタンパク質**に**濃硝酸**を加えて加熱すると，**黄色**に変化し，さらに**アンモニア水**などを加え塩基性にすると，**橙黄色**に変化するんです。この反応を**キサントプロテイン反応**といい，ベンゼン環の**ニトロ化**により起こるんですね。

③硫黄反応

システインのように**硫黄を含むアミノ酸，またそれを含むタンパク質**に濃水酸化ナトリウム水溶液を加えて加熱した後，**酢酸鉛(II) $(CH_3COO)_2Pb$** を加えると，**硫化鉛(II) PbS** の**黒色**沈殿を生じます。

Point 122 アミノ酸・タンパク質の検出反応

●アミノ酸・タンパク質の検出反応

名称	ニンヒドリン反応	ビウレット反応	キサントプロテイン反応	硫黄反応
基質	アミノ酸・タンパク質	トリペプチド以上のペプチド・タンパク質	ベンゼン環をもつアミノ酸・タンパク質	硫黄原子をもつアミノ酸・タンパク質
試薬	ニンヒドリン溶液	① NaOH 水溶液 ② $CuSO_4$ 水溶液	濃硝酸 (その後 NH_3 水)	① NaOH 水溶液，加熱 ② $(CH_3COO)_2Pb$
呈色	紫色	赤紫色	黄色→橙黄色	黒色
理由	$-NH_2$ とニンヒドリンが反応	ペプチド結合が Cu^{2+} に配位結合	ベンゼン環のニトロ化	PbS 沈殿生成

検出反応は，反応名，はたらく基質，加える試薬，色の変化，その反応が起こる理由の5点セットできちんと覚えておこう！　じゃないと，問題を解くときに知識として使えないからね。

4 酵素

生体内の化学反応において，**触媒のはたらきをするタンパク質**を酵素といいます。酵素は，無機触媒とは異なる性質をもちます。

まず，**酵素は特定の物質(基質)にのみはたらく**基質特異性があります。アミラーゼはデンプンを，リパーゼは**油脂**を…というように，触媒としてはたらくことができる相手が決まっているということなんですね。これは**酵素の反応する部分(活性部位)がそれに適合する基質のみとしか結合できない**からなんです。

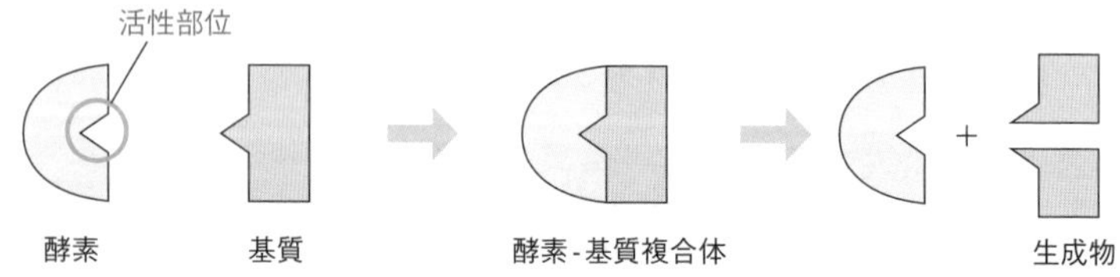

これは鍵と鍵穴の関係によく似ているよね。違う鍵では鍵穴に入らないみたいなもんだね。だから酵素は基質特異性をもつんだ。

次に，酵素は**最もよくはたらく温度**が決まっており，これを最適温度といいます。酵素は生体内ではたらくので，体内の温度である35～40℃が最もよくはたらくんですね。また，酵素はタンパク質なので，**高温にしてしまうと変性**し，酵素は失活してしまい，はたらかなくなります。

また，酵素は**最もよくはたらくpH**も決まっており，これを最適pHといいます。例えば，胃液中にあるペプシンはpH 2，すい液中にあるトリプシンはpH 8というように，その環境にあわせた最適pHをもちますね。

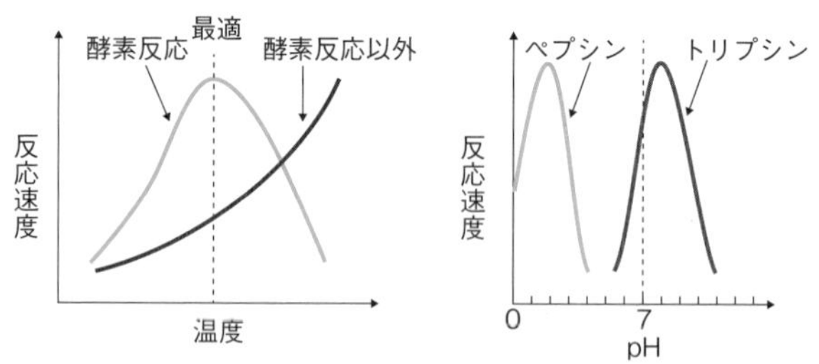

無機触媒は，高温ほど反応速度が大きくなるため，よくはたらくんだね。酵素はこれとは異なり，最適温度があるんだ。

チェック問題

56 次の文を読み，問いに答えよ。

タンパク質は，多数のアミノ酸が(**ア**)結合により連なった高分子化合物である。タンパク質には，加水分解したときアミノ酸のみ生じる(**イ**)と，アミノ酸の他に糖・色素・核酸・リン酸等が生じる(**ウ**)がある。タンパク質に水酸化ナトリウム水溶液を加え，塩基性にした後，硫酸銅(II)水溶液を加えると(**エ**)色を呈する。これを(**オ**)反応という。また，タンパク質に濃硝酸を加え加熱すると(**カ**)色に変化し，さらにアンモニア水を加え塩基性にすると(**キ**)色に変化する。これを(**ク**)反応といい，タンパク質中のベンゼン環が(**ケ**)化されるためである。タンパク質のポリペプチド鎖は部分的に(**コ**)構造とよばれるらせん構造のような規則正しい構造を形成している。タンパク質に熱や酸・塩基を加えると凝固・沈殿する。これを，タンパク質の(**サ**)という。

問1　文中の(**ア**)～(**サ**)に適当な語句を入れよ。

問2　下線部について，この現象が起こる理由を簡潔に説明せよ。

解答

問1
- **ア** ペプチド　**イ** 単純タンパク質　**ウ** 複合タンパク質
- **エ** 赤紫　**オ** ビウレット　**カ** 黄
- **キ** 橙黄　**ク** キサントプロテイン　**ケ** ニトロ
- **コ** α-ヘリックス　**サ** 変性

問2 タンパク質の高次構造が崩れるため。

テーマ

合成繊維

① 合成繊維の構造を覚えよう！
② 合成繊維の原料の名称と構造を覚えよう！
③ ビニロンの合成法を覚えよう！

1 高分子化合物

デンプンやタンパク質などの**分子量約１万以上の化合物**を高分子化合物といいます。デンプンやタンパク質は自然界に存在する天然高分子化合物であり，合成繊維や合成樹脂などに利用されている，人工的につくられる高分子化合物は合成高分子化合物といいます。

高分子化合物は，比較的小さい分子が次々と結合してできる非常に大きな分子です。このとき，**原料となる小さい分子**を単量体(モノマー)，**単量体がつながる反応**を重合，**得られた高分子化合物**を重合体(ポリマー)とよびます。また，重合体をつくる**繰り返し単位の数**を重合度といい，nで表すんですね。

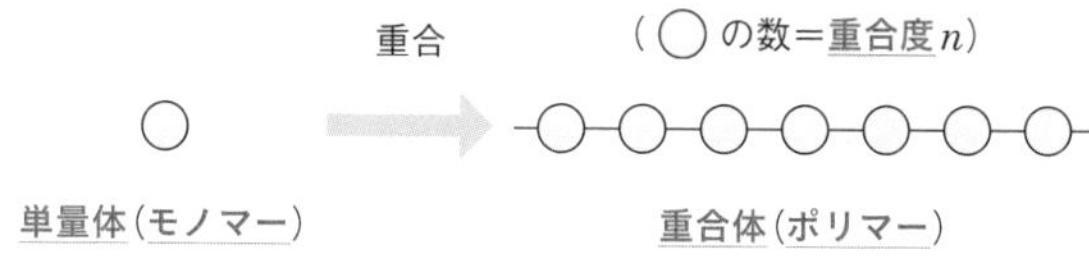

2 ポリアミド・ポリエステル

アミド結合でつながった高分子化合物をポリアミドといい，ナイロン66やナイロン6などがあります。ナイロン66は**アジピン酸とヘキサメチレンジアミンの縮合重合**で得られるポリアミドで，ナイロン6は**ε-カプロラクタムの開環重合**で得られるポリアミドです。

また，エステル結合でつながった高分子化合物をポリエステルといい，**テレフタル酸とエチレングリコール(1,2-エタンジオール)の縮合重合**で得られるポリエチレンテレフタラート(PET)があります。

ナイロン66は世界初の合成繊維なんだ。ポリエチレンテレフタラートはワイシャツやPETボトルの原料なんだ。高分子化合物は原料の構造式を覚えよう。生成物の構造式はつくれるからね。

Point 123 ポリアミド・ポリエステル

●ナイロン66の合成

$$n\,\mathrm{HO{-}\overset{\overset{\displaystyle O}{\|}}{C}{-}(CH_2)_4{-}\overset{\overset{\displaystyle O}{\|}}{C}{-}OH} + n\,\mathrm{H{-}\overset{\overset{\displaystyle H}{|}}{N}{-}(CH_2)_6{-}\overset{\overset{\displaystyle H}{|}}{N}{-}H}$$

アジピン酸　　　ヘキサメチレンジアミン

アミド結合

$$\xrightarrow{\text{縮合重合}} \left[\mathrm{\overset{\overset{\displaystyle O}{\|}}{C}{-}(CH_2)_4{-}\overset{\overset{\displaystyle O}{\|}}{C}{-}\overset{\overset{\displaystyle H}{|}}{N}{-}(CH_2)_6{-}\overset{\overset{\displaystyle H}{|}}{N}}\right]_n + 2n\mathrm{H_2O}$$

ナイロン66

●ナイロン6の合成

$$n\ \begin{matrix} & \mathrm{CH_2{-}CH_2{-}C{=}O} \\ \mathrm{CH_2} & \\ & \mathrm{CH_2{-}CH_2{-}N{-}H} \end{matrix} \xrightarrow{\text{開環重合}} \left[\mathrm{\overset{\overset{\displaystyle O}{\|}}{C}{-}(CH_2)_5{-}\overset{\overset{\displaystyle H}{|}}{N}}\right]_n$$

ε-カプロラクタム　　　ナイロン6

アミド結合

●ポリエチレンテレフタラートの合成

$$n\,\mathrm{HO{-}\overset{\overset{\displaystyle O}{\|}}{C}{-}C_6H_4{-}\overset{\overset{\displaystyle O}{\|}}{C}{-}OH} + n\,\mathrm{HO{-}(CH_2)_2{-}OH}$$

テレフタル酸　　エチレングリコール(1,2-エタンジオール)

エステル結合

$$\xrightarrow{\text{縮合重合}} \left[\mathrm{\overset{\overset{\displaystyle O}{\|}}{C}{-}C_6H_4{-}\overset{\overset{\displaystyle O}{\|}}{C}{-}O{-}(CH_2)_2{-}O}\right]_n + 2n\mathrm{H_2O}$$

ポリエチレンテレフタラート

3 ビニロン

ビニロンは日本で開発された合成繊維であり，適度な吸湿性をもちます。ビニロンは次のように合成されます。

Step1 アセチレンに酢酸を付加して生じる**酢酸ビニルを付加重合する**ことにより**ポリ酢酸ビニル**を合成する。

Step2 ポリ酢酸ビニルの**エステル結合を水酸化ナトリウムでけん化する**ことで，**ポリビニルアルコール**を得る。

Step3 ポリビニルアルコールのヒドロキシ基の一部を**ホルムアルデヒドで処理する**ことで**アセタール化**し，**ビニロン**を合成する。

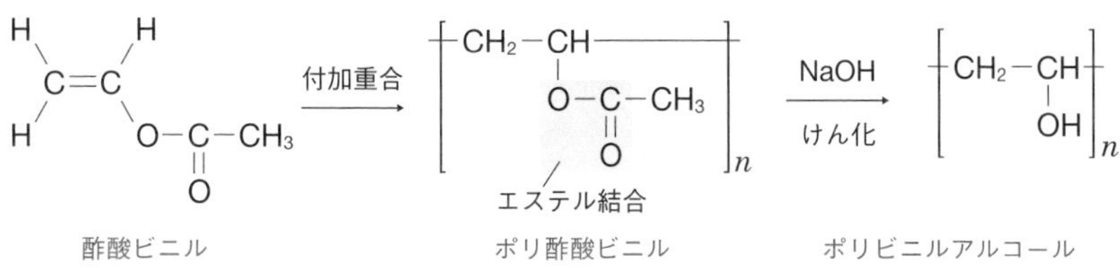

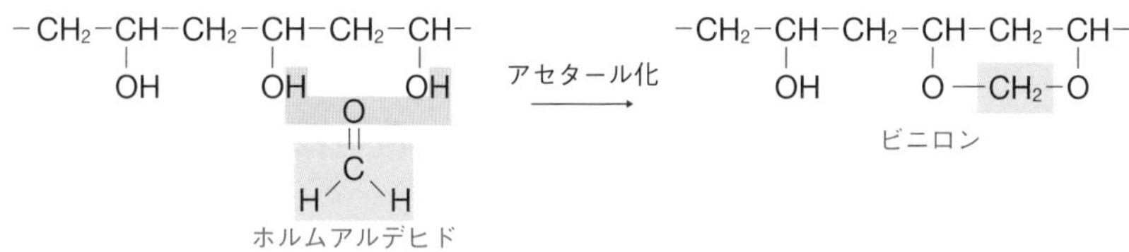

ビニロンは，**適度にヒドロキシ基－OH（親水基）を残す**ことで，**吸湿性をもつ繊維**とすることができるんですね！また，**ビニルアルコールは不安定**（➡ p.227）で重合することができないため，ポリ酢酸ビニルのけん化でポリビニルアルコールを得る必要があるんですね。

ビニロンの合成法は入試によく出るので，その合成法はしっかり暗記しておこう。ちなみに講義編のゴールまで，あと少しですよ！

☑ チェック問題

57 次の文を読み，問いに答えよ。

さまざまな合成高分子化合物が合成繊維として利用されている。ポリアミドの一種である①ナイロン66は，(**ア**)と(**イ**)を縮合重合させることで合成することが，②ナイロン6は(**ウ**)を(**エ**)重合させることで合成することができる。ポリエステルの一種である③ポリエチレンテレフタラートは(**オ**)と(**カ**)を縮合重合させて合成することができる。

日本で開発された合成繊維としてビニロンがある。ビニロンはポリ酢酸ビニルを加水分解してできる(**キ**)に(**ク**)を作用させることで(**ケ**)化したものである。ビニロンは分子中に(**コ**)基が存在するため，適度な(**サ**)性をもつ繊維として，衣類などに使われている。

問1　文中の(**ア**)～(**サ**)に適当な語句を入れよ。

問2　下線部①～③の構造式を書け。ただし，重合度をnとする。

解説

問1　**ア，イ**　アジピン酸，ヘキサメチレンジアミン(順不同)

ウ　ε-カプロラクタム　　**エ**　開環

オ，カ　テレフタル酸，エチレングリコール(1,2-エタンジオール)(順不同)

キ　ポリビニルアルコール　　**ク**　ホルムアルデヒド

ケ　アセタール　　**コ**　ヒドロキシ(親水)

サ　吸湿

問2　①

$$\left[\begin{array}{c}\mathrm{O}\\ \|\\ \mathrm{C}\end{array}-(\mathrm{CH_2})_4-\begin{array}{c}\mathrm{O}\\ \|\\ \mathrm{C}\end{array}-\begin{array}{c}\mathrm{H}\\ |\\ \mathrm{N}\end{array}-(\mathrm{CH_2})_6-\begin{array}{c}\mathrm{H}\\ |\\ \mathrm{N}\end{array}\right]_n$$

②

$$\left[\begin{array}{c}\mathrm{O}\\ \|\\ \mathrm{C}\end{array}-(\mathrm{CH_2})_5-\begin{array}{c}\mathrm{H}\\ |\\ \mathrm{N}\end{array}\right]_n$$

③

$$\left[\begin{array}{c}\mathrm{O}\\ \|\\ \mathrm{C}\end{array}-\mathrm{C_6H_4}-\begin{array}{c}\mathrm{O}\\ \|\\ \mathrm{C}\end{array}-\mathrm{O}-(\mathrm{CH_2})_2-\mathrm{O}\right]_n$$

テーマ

58 合成樹脂・ゴム

① 合成樹脂の名称を覚えよう！
② イオン交換樹脂の構造とはたらきを理解しよう！
③ ゴムの構造と性質を覚えよう！

1 合成樹脂の分類

熱や圧力で成形や加工することができる合成高分子化合物を合成樹脂(プラスチック)といいます。合成樹脂のうち，**熱を加えると軟らかくなるもの**を熱可塑性樹脂，**熱を加えると硬くなるもの**を熱硬化性樹脂といいます。分子構造が異なるためその性質の違いが現れ，熱可塑性樹脂は**直鎖状構造**をもち，熱硬化性樹脂は**立体網目状構造**をもつんですね。

2 熱可塑性樹脂

熱可塑性樹脂は，**直鎖状構造**をもつ高分子化合物であるため，**付加重合で合成できるもの**が多いんですね。Point 105 で扱ったポリビニル化合物のほとんどが熱可塑性樹脂として使われています。

$$n\ \mathrm{CH_2{=}CHX} \xrightarrow{\text{付加重合}} \left[\mathrm{CH_2{-}CH(X)}\right]_n$$

−X	名称	用途
−H	ポリエチレン	容器，ごみ袋
$-CH_3$	ポリプロピレン	耐熱容器
$-C_6H_5$	ポリスチレン	発泡スチロール
−Cl	ポリ塩化ビニル	パイプ，消しゴム
$-OCOCH_3$	ポリ酢酸ビニル	接着剤，ガム

また，縮合重合や開環重合で得られる**ナイロン66，ナイロン6，ポリエチレンテレフタラート**も直鎖状構造をもつため，**熱可塑性樹脂**になるんですね。

さらに，**メタクリル酸メチル**を**付加重合**した**ポリメタクリル酸メチル**も**メタクリル樹脂**という熱可塑性樹脂として使われているんですね。これは有機ガラスとよばれ，コンタクトレンズなどに使われているんですね。

$$n\ \mathrm{CH_2{=}C(CH_3)COOCH_3} \xrightarrow{\text{付加重合}} \left[\mathrm{CH_2{-}C(CH_3)(COOCH_3)}\right]_n$$

メタクリル酸メチル　　　ポリメタクリル酸メチル

3 熱硬化性樹脂

熱硬化性樹脂は**立体網目状構造をもつ合成高分子化合物**であるため，**付加反応と縮合反応を繰り返して進む付加縮合**という反応で合成されるものが多いです。例えば，熱硬化性樹脂の一種である**フェノール樹脂**は，**フェノール**と**ホルムアルデヒド**が**付加した後，さらに別のフェノール分子と縮合**して重合が進みます。それを繰り返すことでフェノール樹脂が合成されていくんですね。

$$\mathrm{C_6H_5OH} + \mathrm{H{-}CO{-}H} \xrightarrow{\text{付加反応}} \mathrm{HOC_6H_4CH_2OH} + \mathrm{C_6H_5OH} \xrightarrow{\text{縮合反応}} \mathrm{HOC_6H_4{-}CH_2{-}C_6H_4OH} \xrightarrow{\text{繰り返す}} \text{フェノール樹脂}$$

フェノール樹脂

また，フェノール樹脂を合成するときには，フェノールとホルムアルデヒドを**酸触媒とともに反応させて得られるノボラック**と，**塩基触媒とともに反応させて得られるレゾール**を混ぜ，加熱する操作を行うんですね。

Point 124 熱硬化性樹脂

●熱硬化性樹脂の種類

原料	構造
フェノール + ホルムアルデヒド（H−C(=O)−H）	フェノール樹脂
尿素（H_2N−C(=O)−NH_2） + ホルムアルデヒド（H−C(=O)−H）	尿素樹脂
メラミン + ホルムアルデヒド（H−C(=O)−H）	メラミン樹脂

熱硬化性樹脂は構造を見て名称と原料を答えられるようにしておこう！

4 イオン交換樹脂

水溶液中のイオンを別のイオンと交換することのできる合成樹脂が**イオン交換樹脂**です。まずは，合成法から説明していきましょう。

まず，**スチレン**と***p*-ジビニルベンゼン**を**共重合**（2種類の化合物を重合）することで，立体網目状の構造をもつ樹脂が得られます。得られた樹脂のベンゼン環に，**適当な官能基を導入**することで，イオン交換樹脂をつくるこんとができるんですね！

$CH{=}CH_2$　$CH{=}CH_2$　$-CH-CH_2-CH-CH_2-$　$-CH-CH_2-CH-CH_2-$

＋　共重合→　置換基を導入→

$CH{=}CH_2$　$-CH-CH_2-CH-CH_2-$　X　$-CH-CH_2-CH-CH_2-$

スチレン　*p*-ジビニルベンゼン

X

p-ジビニルベンゼンを混ぜることで，橋かけの役割をして，立体網目状の丈夫な樹脂になるんだね。

①陽イオン交換樹脂

官能基として X ＝**$-SO_3H$（スルホ基）**を導入すると，**陽イオン交換樹脂**になります。陽イオン交換樹脂は，**溶液中の陽イオンと樹脂中の水素イオン H^+ を交換**します。例えば，陽イオン交換樹脂に塩化ナトリウム水溶液を加えると，Na^+ と H^+ が交換され，塩酸 HCl が得られます。

$-CH-CH_2-$　　　$-CH-CH_2-$

＋ NaCl ⟶　　＋ HCl

SO_3H　　　SO_3Na

②陰イオン交換樹脂

官能基として X＝$-CH_2N^+(CH_3)_3OH^-$ などの**塩基性の官能基**を導入すると，**陰イオン交換樹脂**になります。陰イオン交換樹脂は，**溶液中の陰イオンと樹脂**

中の水酸化物イオン OH^- を交換します。例えば，陰イオン交換樹脂に塩化ナトリウム水溶液を加えると，Cl^- と OH^- が交換され，NaOH が得られます。

（図：$-CH-CH_2-$ の主鎖にベンゼン環が付き，環に $CH_2N^+(CH_3)_3OH^-$ が結合した樹脂 ＋ NaCl ⟶ $CH_2N^+(CH_3)_3Cl^-$ をもつ同じ樹脂 ＋ NaOH）

使い終わった陽イオン交換樹脂に**塩酸などの強酸を加えることで，樹脂中の陽イオンが H^+ に交換**され，樹脂が再生されます。陰イオン交換樹脂は**水酸化ナトリウム水溶液などの強塩基を加えると，陰イオンが OH^- に交換**されます。これを，**イオン交換樹脂の再生**というんですね。

5　ゴム

ゴムは，**1,3- ブタジエンが付加重合した構造**をもちます。ポリブタジエンは炭素間二重結合をもつため**シス-トランス異性体が存在**し，**シス形**の方が**ゴム弾性が強い**んですね。

$$CH_2=CH-CH=CH_2 \xrightarrow{\text{付加重合}} \left[CH_2-CH=CH-CH_2 \right]_n$$

1,3-ブタジエン　　ポリブタジエン

（シス形のポリブタジエン：$\left[CH_2 \text{ と } CH_2 \text{ が } C=C \text{ の同じ側にあり，各 C に H が結合} \right]_n$）

シス形のポリブタジエン

ゴム弾性とは，もとの形に戻っていこうとするゴム特有の性質のことだね。シス形のポリブタジエンは丸まった構造をしているため，伸ばしてももとに戻ろうとしてゴム弾性をもつんですね。

ポリブタジエン構造をもつブタジエンゴム以外にも，置換基の種類により，さまざまなゴムが存在します。天然ゴムは**イソプレンゴム**と**同じ構造**をしており，ゴムの樹液である**ラテックス**を酸で処理することで得られます。

$$CH_2=CH-\underset{}{\overset{X}{C}}=CH_2 \longrightarrow \left[CH_2-CH=\overset{X}{C}-CH_2 \right]_n$$

−X	名称	用途
−H	ブタジエンゴム	ホース，ゴムボール
$-CH_3$	イソプレンゴム	タイヤ，長靴
−Cl	クロロプレンゴム	接着剤，ウェットスーツ

トランス形のポリイソプレンはグタペルカとよばれ，弾性に乏しくプラスチック状になるんだね。

ブタジエンとスチレンを共重合させて合成されるスチレン-ブタジエンゴム(SBR)のように，２種類の化合物を付加重合させて合成するゴムもあるんですね。ほかにも，アクリロニトリルとブタジエンを共重合したアクリロニトリル-ブタジエンゴム(NBR)もありますね。

$$x\,CH_2{=}CH{-}CH{=}CH_2 + y\,CH_2{=}CH(C_6H_5) \longrightarrow \left[CH_2{-}CH{=}CH{-}CH_2\right]_x\left[CH_2{-}CH(C_6H_5)\right]_y$$

ブタジエン　　スチレン　　スチレン-ブタジエンゴム(SBR)

天然ゴムは弾性が乏しいため，天然ゴムに数％の**硫黄を加えて加熱**することで，**炭素間二重結合の間に硫黄の原子が架橋構造をつくり，弾性の強いゴムになる**んですね。この操作を加硫といいます。さらに，硫黄を 30%以上加えて加熱すると，架橋構造の数が増え，プラスチック状のエボナイトになるんですね。

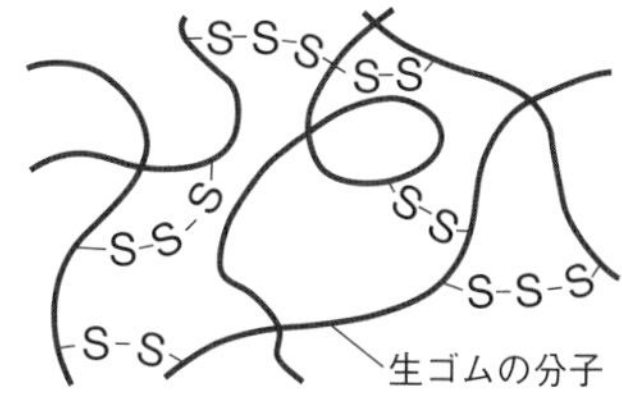

これで講義編は終わりだ！　化学の力はついたかな？　まだ不安な単元があれば，もう一度復習しよう！

チェック問題

58 次の文を読み，問いに答えよ。

プラスチックは合成樹脂ともよばれ，熱を加えると軟化する(**ア**)樹脂と熱を加えると硬化する(**イ**)樹脂がある。(**ア**)樹脂は直鎖状構造をしており，ポリスチレンやポリ酢酸ビニル，メタクリル樹脂など主に(**ウ**)重合で得られるものが多い。(**イ**)樹脂は立体網目状構造をしており，フェノール樹脂はフェノールと(**エ**)の(**オ**)により合成される。また，スチレンと(**カ**)を共重合した基本骨格にスルホ基を導入することで，(**キ**)樹脂を合成することができる。

天然ゴムは，ラテックスとよばれる樹液から得ることができ，その構造は(**ク**)が付加重合したポリ(**ク**)となっている。天然ゴムは分子内の炭素間二重結合が(**ケ**)形であるとより弾性が強く，また，硫黄を加えて加熱することで炭素間二重結合に(**コ**)構造をつくるため弾性が強くなる。この操作を(**サ**)という。

問1 文中の(**ア**)～(**サ**)に適当な語句を入れよ。

問2 下線部について，メタクリル樹脂の単量体の構造式を書け。

解答

問1 **ア** 熱可塑性　**イ** 熱硬化性　**ウ** 付加　**エ** ホルムアルデヒド
オ 付加縮合　**カ** *p*-ジビニルベンゼン　**キ** 陽イオン交換
ク イソプレン　**ケ** シス　**コ** 架橋　**サ** 加硫

問2 $CH_2=C(CH_3)COOCH_3$（H, H が一方の C に，CH_3, $COOCH_3$ がもう一方の C に結合した C=C）

索引

あ

い

え

お

か

し

す

せ

二冊一緒に進めるときのおすすめの順番

講義編と演習編をバランスよく進めたい場合は，次の順番で取り組むのがおすすめです

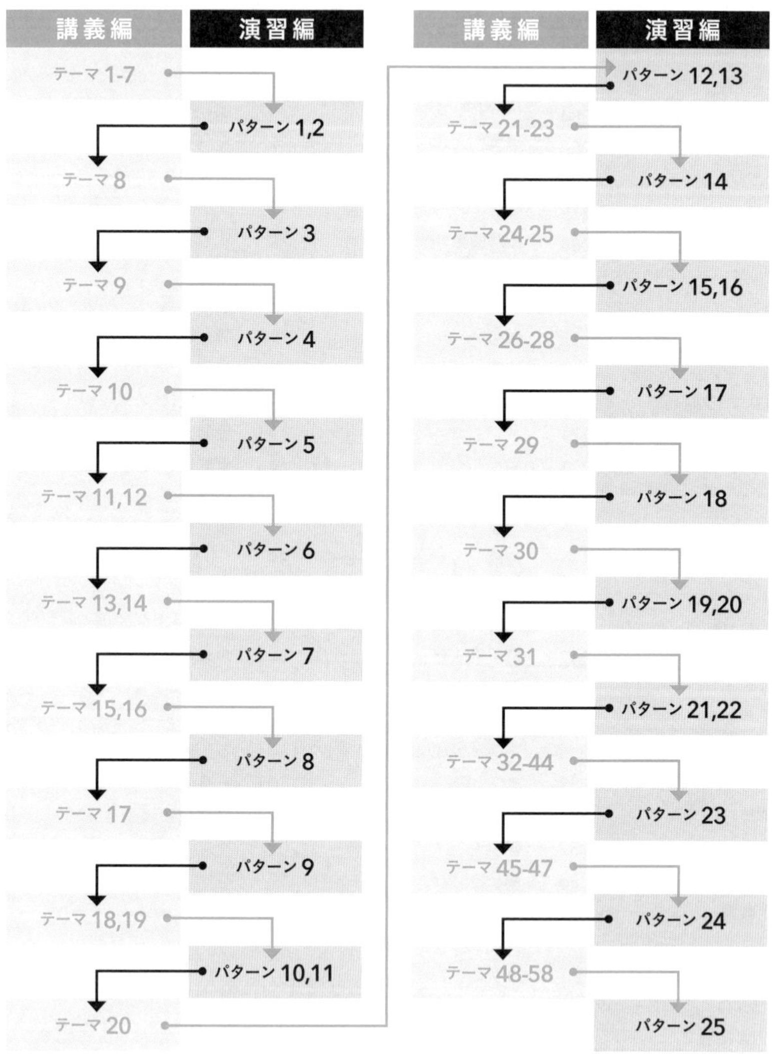

著者

西村 淳矢 Junya Nishimura

代々木ゼミナール講師。
愛媛県出身。早稲田大学大学院理工学研究科化学専攻（当時）修了。
受験生時代、代ゼミサテライン（映像授業）を受講し苦手科目の成績が伸びた経験から、生徒の成績を伸ばす側に立ちたいと思い、予備校講師になる。「理論と実践」をテーマにした授業は、理解が深まると多くの受験生に支持されている。また、代ゼミサテラインで理系受験生のための基幹講座「ハイレベル化学」などを担当。全国各地の受験生の成績を伸ばしている。
近年では授業での指導だけではなく、高校の化学の教科書編集にも携わり、学校教育の発展にも貢献。
『大学入試 全レベル問題集 化学』（旺文社）など著書多数。また、『全国大学入試問題正解』（旺文社）の解答執筆者も務める。

大学入試
参考書と問題集がセットで学びやすい
ニコイチ化学（講義編）

STAFF

デ ザ イ ン	山之口正和＋齋藤友貴（OKIKATA）
イ ラ ス ト	アツダマツシ
編 集 協 力	株式会社 オルタナプロ，出口明憲，福森美惠子
D T P	株式会社 ムサシプロセス
印 刷 所	株式会社 リーブルテック
企画・編集	樋口亨